DRITTE NATUR

03 | 1.2021

Editorial

Klima ist schon lange künstlich. Bereits am Ende des 18. Jahrhunderts, also auf der Schwelle zur Moderne, hielt es der Naturforscher Georges-Louis Leclerc de Buffon für ausgemacht, dass der Mensch seiner Himmelsgegend »gleichsam die Temperatur geben kann, welche er will«. Unsere Gewächshäuser und Saunalandschaften, Kühlschränke und Klimaanlagen scheinen Buffons aufklärerischem Optimismus Recht zu geben. Künstliche Klimata können der Bekämpfung des Hungers, dem Gesundheitsschutz und letztlich dem guten Leben dienen. Heutiges Climate Engineering, so seine Verfechter, ist jedoch keine Frage des guten Lebens, sondern eine des Überlebens. Es geht nicht mehr ums lokale Wettermachen, sondern um globale Klimatransformationen, darum, der Atmosphäre Kohlendioxid zu entziehen oder die Sonneneinstrahlung zu reduzieren, um die Erderwärmung aufzuhalten. Nur hat die technisch gestützte, auf den Menschen zugeschnittene Optimierung der natürlichen Umgebung Auswirkungen auf Mensch und Umgebung – vorhersehbare und unvorhersehbare. Über die Gemengelage der Argumente und Emotionen, die sich dem künstlichen Klima verbinden, gibt seine Imaginationsgeschichte Auskunft. Dieser Imaginationsgeschichte gehen wir in diesem kulturwissenschaftlich profilierten Sonderheft nach. Mit Literatur, Film und Computerspiel beleuchten wir ihre Medien. Wir fragen nach ihren je eigenen Ästhetiken und dem Zusammenhang der Imagination mit dem spezifischen Wissen der Klimamodelle aus Computersimulationen. Und wir widmen uns der Politik des künstlichen Klimas – sei es in Form geopolitischer oder militärischer Fantasien, sei es als Wechselwirkung zwischen physikalischem und sozialem Klima. Dabei erweist sich als beeindruckend, was der moderne Mensch in der Lage ist zu tun – und als beglückend, worauf er verzichtet. Vor allem aber zeigt diese Imaginationsgeschichte, dass die Idee eines vom Menschen unberührten natürlichen Klimas in den Bereich der ideologischen Fiktionen gehört.

STEFFEN RICHTER

Inhalt

URS BÜTTNER ist wissenschaftlicher Mitarbeiter am Institut für Germanistik der Heinrich-Heine Universität Düsseldorf und arbeitet an einer Habilitation zum Thema »Schnee. Eine Globalgeschichte literarischer Meteorologie«. Seine Forschungsschwerpunkte liegen im Bereich Literatur und Wissen(schaft)sgeschichte, sowie Wetterdarstellungen in der Literatur. Wichtige Publikationen sind unter anderem: *Verfahren literarischer Wetterdarstellung. Meteopoetik – Literarische Meteorologie – Meteopoetologie* (2021, mit M. Gamper) und *Globalgeschichten der deutschen Literatur. Methoden – Ansätze – Probleme* (2021, mit D. D. Kim).

DORIT MÜLLER ist Privatdozentin für deutsche Philologie an der Freien Universität Berlin. Zu ihren Forschungsschwerpunkten zählen das Verhältnis von Literatur und Technik, sowie Reiseliteratur und Reisemedien. In ihrer Habilitationsschrift hat sie sich mit den Verflechtungen zwischen Imaginations- und Wissensgeschichte der Polarforschung befasst. Zu ihren wichtigsten Publikationen zählen *Gefährliche Fahrten* (2004), *Raum, Wissen, Medien* (2012, mit S. Scholz), sowie *Versteckt, Verirrt, Verschollen. Reisen und Nichtwissen* (2016, mit I. Gradinari, J. Pause).

URS BÜTTNER
DORIT MÜLLER

Climate Engineering. Politische, epistemische und ästhetische Implikationen seiner Imaginationsgeschichte

Allerorten ist heute von Klimawandel, Klimakrise und Klimaschutz die Rede. Da viele Staaten die selbst gesteckten Ziele zur Reduktion von Emissionen verfehlen und damit die Chancen auf Begrenzung der Erderwärmung schwinden, rücken die Möglichkeiten und Grenzen technischer Klimamanipulation wieder verstärkt in den Blick.[1] Vor allem die USA und China ziehen den Einsatz solcher Technologien in Erwägung, aber selbst in der BRD gibt es ein politisches Positionspapier dazu.[2] In der kontrovers geführten Debatte beschwören die einen den immensen wirtschaftlichen Nutzen des *Climate Engineerings*,[3] während die anderen vor der Unkontrollierbarkeit solcher Eingriffe im Erdmaßstab warnen und um die ökologischen und sozialen Konsequenzen fürchten. Beide Seiten stützen sich in ihren Argumentationen auf Spekulationen, Modelle und Simulationen, denn bis heute ist es nicht gelungen, das Wettergeschehen oder gar die klimatischen Bedingungen selbst kleinräumig in der Atmosphäre einigermaßen kontrolliert zu beeinflussen.

Viele der wissenschaftlich und politisch diskutierten Szenarien wirken wie Science-Fiction. Tatsächliche Science-Fiction unterscheidet sich allerdings von den aktuellen Debatten durch die zum Einsatz gebrachten technischen Verfahren. Während die technischen Hoffnungen heute Verfahren gelten, mit denen sich Kohlendioxid aus der Atmosphäre binden oder die Sonneneinstrahlung reduzieren lässt, operieren Film und Literatur mit sehr viel avancierteren Technologien: So wird in Dean Devlins Film *Geostorm* das Wetter auf der Erde von einem System hochpräziser Satelliten kontrolliert, die punktuell regulierend eingreifen können. Und in Kim Stanley Robinsons Romanen der Mars-Trilogie wird der Nachbarplanet durch nukleare und geothermische Veränderungen des Planetenmantels sowie biochemische Eingriffe in das Gasgemisch der Atmosphäre so modifiziert, dass menschliche Auswanderer dort leben können.[4]

Weil sich der tatsächliche Einsatz solcher Technologien heute noch schwer vorstellen lässt oder vielleicht auch gar nicht wünschenswert erscheint, ist es einfach, *Climate Engineering* als »bloße« Vorstellung leichthin abzutun. Ob man darauf verweist, dass die technischen Visionen nicht umsetzbar sind, oder der Populärkultur vorwirft, sie vorwiegend als Generator von Spezialeffekten zu nutzen, macht dabei keinen großen Unterschied. Qualifiziert man die Vorstellungen jedoch näher als Imaginationen, lassen sich diese Einwände entkräften. Dann wird nämlich deutlich, dass die kulturelle Bedeutsamkeit dieser Vorstellungen lange vor ihrer Umsetzung oder ihrem Unterhaltungswert anfängt. Die Imaginationsgeschichte künstlichen Klimas, aus der dieser Band neuralgische Episoden zusammenträgt, beruft sich dazu auf einen Begriff von Imagination, der sich Ende des 18. Jahrhunderts in der philosophischen Diskussion etabliert hat.[5] Die Imagination stützt sich auf die sinnliche Erfahrung und vermag anschaulich Möglichkeiten und deren Grenzen zu erkunden. Das unterscheidet sie von der Fantasie, die nicht notwendig vorhergehende Anschauung braucht und der keine Grenzen gesetzt sind. Wenn, wie im Falle der Klimamanipulation, die empirischen Erfahrungswerte eher klein ausfallen, hingegen die Hoffnungen, die auf die Technologie zielen, groß sind, überlappen sich die Imaginationsräume wissenschaftlicher und künstlerischer Diskurse in großen Teilen.

Imaginationen bilden ontologisch gesehen einen Teil der Wirklichkeit.[6] Sie sind wirklich, aber eben als Vorstellungen. Die Wirklichkeit als das Reich des Nichtunmöglichen lässt sich unterteilen in anscheinend notwendig Gegebenes und kontingenterweise Mögliches. Imaginationen siedeln im Bereich des Möglichen. Das anscheinend Notwendige stabilisiert seinen ontologischen Status, indem es sich vom Möglichen abgrenzt. Gemessen am Notwendigen, scheinen Imaginationen weniger Wirklichkeit zu besitzen und damit ontisch als defizitär. Die Vorstellung, das Klima technisch zu verändern, ist mithin zwar real, aber realer scheint es, das Klima tatsächlich zu verändern. Das lässt sich aber auch anders sehen: denn vom Möglichen her gesehen, sind die Imaginationen durch einen kreativen Überschuss gegenüber dem schlechthin Gegebenen ausgezeichnet. In diesem Sinne ist es mehr, sich *Climate Engineering* schon einmal vorzustellen, als nur zu konstatieren, dass es momentan nicht machbar ist. Dieser kreative Überschuss bildet die Grundlage dafür, dass Imaginationen in jeglichen Entwurf zu handeln oder zu unterlassen konstitutiv mit eingehen. Hierbei wird nun nicht die Abgrenzung voneinander, sondern die Frage nach den Gemeinsamkeiten des Möglichen mit dem Notwendigen leitend: Wie weit sind also die Voraussetzungen für die Aktualisierung der Möglichkeit des *Climate Engineerings* bereits erfüllt oder leicht erfüllbar und wo tun sich noch große Hindernisse auf? Der Abgleich führt zu einer Binnenunterscheidung innerhalb des Bereichs des Möglichen, nämlich der zwischen Möglichkeiten in Situationen und möglichen Situationen. Ordnet man Imaginationen der ersten Kategorie zu, sieht man in Imaginationen Fiktionen im Sinne prinzipieller Möglichkeiten, von denen die grundlegenden Voraussetzungen vielleicht in Zukunft erfüllt sein können, aktuell jedoch nicht oder nur zum kleinen Teil gegeben sind. Die geschilderten Situationen lassen sich somit nur in geringem Umfang auf die momentan gegebenen Handlungsspielräume übertragen. Fiktionen klären das Notwendige über seine Notwendigkeit auf. Die Fiktion zeigt der mithin gegebenen Welt, worin sie sich von möglichen Welten unterscheidet. Wenn man folglich *Climate Engineering* für eine Fiktion hält, drückt man damit aus, dass es unter bestimmten Voraussetzungen umsetzbar wäre, diese Voraussetzungen aber hier und heute nicht gegeben sind. Man würde aber vermutlich aufhören, es eine Fiktion zu nennen, wenn man feststellte, dass die meisten Voraussetzungen doch hier und heute schon gegeben sind, es also ein Leichtes wäre, tatsächlich bald das Klima zu manipulieren.

In dem Maße also, in dem sich die Imaginationen mit den anscheinend notwendigen Gegebenheiten abgleichen lassen, wird es möglich, deren kreativen Überschuss in den Bereich des Notwendigen zu übertragen. Diese Einsicht verändert aber nicht nur den Status der Imagination, sondern auch den des schlechthin Gegebenen. Das anscheinend notwendig

1 Vgl. dazu *Jahrbuch Ökologie* 2011 (Themenheft: »Die Klima-Manipulateure: Rettet uns Politik oder Geo-Engineering?«); Hannes Fernow: *Der Klimawandel im Zeitalter technischer Reproduzierbarkeit. Climate Engineering zwischen Risiko und Praxis.* Wiesbaden 2014; Clive Hamilton: *Earthmasters. The Dawn of the Age of Climate Engineering.* New Haven, London 2013; Mike Hulme: *Can Science fix Climate Change? A Case against Climate Engineering.* Cambridge 2014; Oliver Morton: *The Planet Remade. How Geoengineering could change the World.* Princeton 2015; Holly Jean Buck: *After Geoengineering. Climate Tragedy, Repair, and Restoration.* London 2019; Daniel Edward Callies: *Climate Engineering. A Normative Perspective.* Lanham, London 2019; Jean Philippe Sapinski, Holly Jean Buck u. a. (Hg.): *Has It Come to This? The Promises and Perils of Geoengineering on the Brink.* New Brunswick u. a. 2020.

2 Zum aktuellen Stand der Diskussion um *Climate Engineering* in den USA und China vgl. https://www.ce-conference.org/what-climate-engineering (2. 2. 2020). Zur Haltung der deutschen Politik in Sachen *Climate Engineering* vgl. die Antwort der Bundesregierung von 2012 auf die Kleine Anfrage der Abgeordneten René Röspel, Ernst Dieter Rossmann, Oliver Kaczmarek, weiterer Abgeordneter und der Fraktion der SPD unter http://dip21.bundestag.de/dip21/btd/17/103/1710311.pdf (2. 2. 2020).

3 Da kein deutscher Ausdruck die Metaphorik des englischen *Climate Engineering* besitzt, wird er unübersetzt verwendet.

Gegebene zeigt sich dann als sehr viel kontingenter als zuvor angenommen, wodurch sich die Grenze zwischen Notwendigem und Möglichem verschiebt. Die Auffassung des Notwendigen modifiziert sich dadurch, indem vorher ungeahnte Handlungsoptionen aufscheinen: Klimamanipulation ist wohl nicht nur denkbar, sondern tatsächlich machbar. Die imaginierte mögliche Situation virtualisiert damit die gegebene Situation, indem sie zeigt, dass der kreative Überschuss tatsächlich durch Handeln oder Unterlassen in größerem Umfang aktualisierbar ist. Die Fähigkeit von Imaginationen zur Virtualisierung des anscheinend Notwendigen scheint deshalb in den Diskussionen um Fragen des ethischen, politischen, medizinischen und wirtschaftlichen Handelns und Unterlassens im Zusammenhang mit künstlicher Klimagestaltung deutlich auf.

Ganz alltäglich zählen heute bereits zahlreiche Verfahren technischer Klimagestaltung zu wichtigen Kulturtechniken. Kein Haushalt kommt mehr ohne Kühlschrank aus, Heizungen und Klimaanlagen bilden ein Standardelement in Gebäuden, Autos, Flugzeugen und Zügen.[7] Von solchen Erfahrungen mit Klimatechnik ausgehend, die ein komfortableres Leben erlauben, erkunden verschiedene Imaginationen deren Potenzial, das Überleben auf der Erde zu sichern. Entwürfe sogenannter Klimakapseln, wie sie etwa das Projekt *Biosphere 2* oder Werner Sobeks *R129* präsentieren, belegen die immense Imaginationskraft der Klimatechnik am Übergang zum 21. Jahrhundert.[8] Aber auch weniger haushaltsgängige Technologien haben die Klimatechnik-Imaginationen beflügelt. Eine Faszination, die seit Ende des 19. Jahrhunderts von starken Energiewellen, Atomkraft und der Raumfahrt ausgeht, hat kühne Pläne für Zugriffe auf nichtmenschliche Raumdimensionen, nämlich den ganzen Planeten Erde, inspiriert.[9] Die imaginativen Szenarien erkundeten aber nicht nur Möglichkeiten der Klimatechnik, sondern auch deren Grenzen und drohende Gefahren. Modellrechnungen und Simulationen haben bereits in den 1950er Jahren gezeigt, dass der kürzlich von Donald Trump angeblich wieder vorgeschlagene Einsatz von Atombomben Wirbelstürme nicht bekämpfen könnte (die freigesetzte Energie wäre zu schwach), sondern nur zur Verteilung beachtlicher Radioaktivität durch die atmosphärische Zirkulation führen würde.[10] Und auch *Geostorm* und die Mars-Trilogie feiern nicht unkritisch das *Climate Engineering.* Typisch für die Auseinandersetzung des Science-Fiction-Genres mit der Technologie erzählen sie von außer Kontrolle geratenen Experimenten, sabotierenden Softwareentwicklern, gezielt eingespeisten Computerviren oder ignorierten Prognosen, welche weltweite Naturkatastrophen hervorrufen. Es dominieren Narrative, die das Spannungsverhältnis zwischen Selbstermächtigung und Bestrafung, Fortschritt und Zerstörung, Weltuntergang und Weltrettung verdeutlichen. Während im Film oft spektakuläre Katastrophenszenarien und halsbrecherische Actionsequenzen dominieren, legen viele literarische Texte den Fokus auf die politischen, sozialen und ethischen Implikationen der menschlichen Eingriffe in die Klimabedingungen auf der Erde und anderen Planeten.[11]

Indem Imaginationen Möglichkeiten von *Climate Engineering* und deren Grenzen erkunden, befragen sie zugleich auch deren Prämissen und Konsistenz. Wissenschaftliche und technische Modellierungen sind durch ihre notwendige Vereinfachung gegenüber der Wirklichkeit gezwungen, die Auswahl relevanter Faktoren und die Annahme bestimmter Ausgangswerte zu reflektieren. Zudem kontrollieren sie den logischen und sachlichen Zusammenhang der Imaginationen.[12] Dies zeigt sich jenseits wissenschaftsinterner Auseinandersetzungen zwischen verschiedenen Forschungsansätzen besonders deutlich, wenn Simulationen auf ihre Tauglichkeit als politische Entscheidungsgrundlage hinterfragt werden oder in weiterer Vereinfachung im Spiel nachgeahmt werden. Demgegenüber wenden sich Film und Literatur oftmals stärker epistemologischen Fragen der Imaginationen zu und spielen physische und soziale Folgen für Mensch und Umwelt durch. Sie führen nicht allein auf drastische Weise vor Augen, was passieren könnte, wenn das Klima technisch manipuliert wird oder die Macht über das Wetter in die falschen Hände gerät. Sie geben auch Auskunft darüber, wie Klima jeweils konzipiert wird und dessen zukünftige Veränderungen modelliert werden, mit welchen Interessen Akteure sich dem Klima zuwenden und wie sie dabei mit nichtmenschlichen Akteuren in Berührung kommen. Imaginierte Szenarien – so die These des Bandes – können helfen, Wissensdefizite der eingefahrenen Klimaforschung und der Bekämpfung der

4 Dean Devlin: *Geostorm* (USA 2017); Kim Stanley Robinson: *Roter Mars, Grüner Mars, Blauer Mars.* München 1992–1996.

5 Vgl. dazu Jochen Schulte-Sasse: *Einbildungskraft/Imagination.* In: Karlheinz Barck, Martin Fontius u. a. (Hg.): *Ästhetische Grundbegriffe.* Stuttgart, Weimar 2001, Bd. 2, S. 88–120, hier S. 101–105.

6 Vgl. zum Folgenden Elena Esposito: *Fiktion und Virtualität.* In: Sybille Krämer (Hg.): *Medien Computer Realität. Wirklichkeitsvorstellungen und Neue Medien.* Frankfurt am Main 1998, S. 269–296.

7 Vgl. Ullrich Hellmann: *Künstliche Kälte. Die Geschichte der Kühlung im Haushalt.* Gießen 1990 und Eva Horn: *Air Conditioning. Die Zähmung des Klimas als Projekt der Moderne.* In: *Sinn und Form* (2015), H. 4, S. 455–462.

8 Ausdruck findet diese Imaginationskraft auch im Band von Friedrich von Borries: *Klimakapseln. Überlebensbedingungen in der Katastrophe.* Frankfurt am Main 2010.

9 Vgl. Jacob Darwin Hamblin: *Arming Mother Nature. The Birth of Catastrophic Environmentalism.* Oxford, New York 2013.

10 https://www.spiegel.de/wissenschaft/technik/donald-trump-hurrikans-mit-atombomben-bekaempfen-was-steckt-dahinter-a-1283637.html (2. 2. 2020).

11 Zum *Climate Engineering* in der *Science-Fiction* vgl. übergreifend http://www.sf-encyclopedia.com/entry/weather_control (2. 2. 2020).

12 Vgl. Reinhard Wendler: *Das Modell zwischen Kunst und Wissenschaft.* Paderborn 2013.

Erderwärmung aufzuzeigen; sie antizipieren technologische Lösungen und Praktiken und deuten auf mögliche Entwicklungen voraus oder besetzen Bereiche, die an den Rändern etablierter Wissensordnungen angesiedelt sind. Damit werfen sie letztlich die Frage auf, inwieweit sie fiktional bleiben oder ihr virtualisierendes Potenzial ausspielen sollen.

Dem aktuell im Zeichen der Klimakrise gesteigerten Interesse an *Climate Engineering* lässt sich Tiefenschärfe verleihen, blickt man auf die Geschichte der Vorstellungen von künstlichem Klima zurück. Eine genealogische Perspektive und der historische Vergleich wirken erhellend für die aktuellen Debatten und können als kritisch abwägender Kommentar gelesen werden. Erstaunlicherweise hat das *Climate Engineering* kulturwissenschaftlich bisher wenig Aufmerksamkeit gefunden. Mit Schwerpunkt auf den technisch-wissenschaftlichen Diskussionen liegen bislang nur drei monografische Studien vor.[13] Nur am Rande, in einem Atemzug mit magischen Praktiken und Betrügereien, finden künstlerische Imaginationen dort gewissermaßen als Skurrilität Erwähnung. Auch bleiben die Bände weitgehend den amerikanischen Debatten verhaftet. Methodologisch ist zudem einzuwenden, dass die Versuche und Diskussionen chronologisch oder nach Sachkategorien aneinandergereiht, jedoch kaum mit Blick auf die zugrunde liegenden Einstellungen und Voranfnahmen diskursiv systematisiert werden. Es fehlen mithin Untersuchungen, die wissenschaftlich-technische und künstlerische Imaginationen integral behandeln und verschiedene nationale Kontexte und kulturelle Konstellationen berücksichtigen. Ihre Defizite sind den Untersuchungen nicht allein vorzuwerfen. Denn zu künstlerischen Imaginationen liegen bislang nur verstreute Aufsätze vor.[14] Zudem erschweren Sprachbarrieren etwa die russischen Diskurse eingehender zu studieren. Der allein wissenschaftsgeschichtliche Zugriff und die Konzentration auf das 19. und 20. Jahrhundert beschränken zudem die Materialauswahl, so dass umfassendere kulturgeschichtliche Zusammenhänge und längerfristige Entwicklungslinien aus dem Blick geraten. Dies trägt dazu bei, dass es bisher nicht gelungen ist, durchgreifend Diskurssysteme herauszuarbeiten und Wegmarken der Umorientierung von Leitvorstellungen und Argumentationslogiken zu datieren. Zuletzt bedingt die eher positivistische Herangehensweise, dass Fragen nach den Medien, Genres und Ausdrucksformen, in denen die Möglichkeiten und Gefahren der Klimagestaltung imaginativ verhandelt werden, nicht ausreichend berücksichtigt wurden.

Die Beiträge des vorliegenden Bandes entwickeln ihre Fragestellungen, indem sie sich zentralen Episoden der Imaginationsgeschichte zuwenden. Dabei erkunden sie im eben gewünschten Sinne die historischen, diskursiven und medialen Bedingungen der Entstehung und Verbreitung von Vorstellungen künstlichen Klimas und untersuchen Verschiebungen in den Manipulationsszenarien und Wissensformationen. Sie erforschen mithin, was es bedeutet, wenn künstliches Klima zum rhetorischen Gegenstand politischer Debatten wird, als epistemisches Objekt Modellierungs- und Simulationspraktiken unterworfen ist oder durch ästhetische Konventionen und medientechnische Verfahren geformt wird. Der Fokus liegt demnach auch auf den Bedingungen, unter denen Imaginationen von Klimabeeinflussung und -kontrolle ein Erkenntnis- und Handlungspotenzial entfalten können, eine Art Zukunftswissen oder auch unsicheres Wissen bereitstellen, das die Legitimationsstrukturen des etablierten Wissens und seine stets kontextgebundene und notwendigerweise selektive Funktionsweise sichtbar macht.

Aus kulturwissenschaftlicher Perspektive scheint der Versuch einer Aufteilung des Gegenstandsfeldes in wissenschaftlich-technische und künstlerische Imaginationen des *Climate Engineerings* sachlich kaum begründbar. Denn systematisch gesehen gibt es keine Notwendigkeit, warum wissenschaftliche Imaginationen stärker virtualisierend, hingegen künstlerische eher fiktional fungieren sollten. Das schlägt sich auch in der Gliederung des Bandes nieder. Verschiedene methodische und disziplinäre Zugänge bevorzugen jedoch unterschiedliche Gegenstände, weil sie für ihre Fragestellungen ergiebiger scheinen. Ausgangspunkt bilden dabei häufig die in den Imaginationen bereits angelegten Problematisierungen ihrer Voraussetzungen. Wissens- und wissenschaftsgeschichtliche sowie sozialwissenschaftliche Ansätze richten ein besonderes Interesse auf Aushandlungsprozesse über die sachlichen Grundannahmen, die Konzeptualisierung von mutmaßlichen Zusammenhängen, Begriffsbildungen, Metaphorisierungen und diskursive Bezüge. Ferner bilden

13 Vgl. Spence C. Clarke: *The Rainmakers. American »Pluviculture« to World War II.* Lincoln u. a. 1980; James Rodger Fleming: *Fixing the Climate. The Checkered History of Weather and Climate Control.* New York 2010; Kristine C. Harper: *Make it Rain. State Control of the Atmosphere in Twenteenth-Century America.* Chicago, London 2017.

14 Vgl. die Überblicke bei Thomas Macho: *Wetter machen.* In: Petra Lutz, Thomas Macho (Hg.): *2°. Das Wetter, der Mensch und sein Klima.* Göttingen 2008, S. 132–137; Solvejg Nitzke: *Magie und Technik. Die Produktion und Manipulation der Atmosphäre bei Stanisław Lem.* In: Urs Büttner, Ines Theilen (Hg.): *Phänomene der Atmosphäre. Ein Kompendium Literarischer Meteorologie.* Stuttgart 2017, S. 68–82; Solvejg Nitzke: *Gut Wetter machen. Eine Reise zu den letzten Narrativen des Klimawandels.* In: *Kursbuch* 202 (Juni 2020), S. 111–126.

15 Hesiod: *Theogonie.* In: Hesiod: *Theogonie. Werke und Tage.* Hg. u. übersetzt von Albert von Schirnding. 5. überarb. Aufl., Berlin 2012, S. 6–81, hier S. 57: »Nicht mehr länger vermochte da Zeus seine Kampfwut zu zügeln, gleich […] schritt er vom himmelhohen Olympos eilends herab, von Blitzen umzuckt, und die feurigen Schläge flogen aus seiner gewaltigen Hand, von Donnergetöse unaufhörlich begleitet und Wetterleuchten, versprühend heilige Flammenfülle; rings schrie die nährende Erde, lichterloh brennend, rings stürzten im Feuer unendliche Wälder.«

die sozialen Zusammenhänge, in denen die Imaginationen diskutiert werden, und die handlungsleitende Macht der Entwürfe ein wichtiges Thema. Literatur- und medienwissenschaftliche Sichtweisen suchen den Zugang vermehrt über Bilder, Symbole und Narrative in den einzelnen Klimaszenarien. Die Frage ist dabei, welche Muster und *Images* im Erzählen über *Climate Engineering* geschaffen werden und unter welchen Bedingungen sich diese wandeln. Mittels Analyse rhetorischer und narrativer Verfahren kann zudem gezeigt werden, wie Wissensräume erschlossen und dabei Verfahren der Bedeutungskonstitution entwickelt und modifiziert werden. Der zeitliche Untersuchungsrahmen der Beiträge reicht vom 19. Jahrhundert bis in die unmittelbare Gegenwart, was die Frage aufwirft, wann denn eigentlich die Imaginationsgeschichte der technischen Klimagestaltung beginnt. Vorgeschlagen wird, Wettermachen im Sinne lokal und regional gebundener Maßnahmen mit (wenn überhaupt) kurzer Wirkung wie Regentänze, Wetterläuten oder Hagelschießen, aber auch das Impfen von Wolken mit Silberjodid durch Flugzeuge nicht zum *Climate Engineering* zu zählen. *Climate Engineering* soll mithin durch die dauerhaftere und häufig auch großräumigere Veränderung, eben im Sinne von Klima, qualifiziert werden.

Lokales Wettermachen

Konzepte und Techniken der Wetterbeeinflussung haben eine lange Tradition. Um dem Konzept des *Climate Engineerings* ein klares Profil zu geben und es abgrenzen zu können, ist es sinnvoll, zunächst auf die Geschichte des Wettermachens zu blicken. Die früheste Spielart des Wettermachens hat sich im Zusammenhang mit Formen göttlicher Beeinflussung der Atmosphäre herausgebildet – von der Manifestation göttlicher Macht durch bedrohliche Wetterphänomene, wie sie anschaulich in Hesiods Gedicht *Theogonie*[15] gestaltet wird, bis zur Besänftigung elementarer Naturgewalten, wie sie etwa Peter Paul Rubens' Gemälde *Quos ego! Neptun, die Wogen beschwichtigend* (1635) sichtbar macht.[16] In zahlreichen Mythen wird das Aufkommen meist schlechter Wetterlagen oder Klimaereignisse als direkte Mitteilung der Götter an bestimmte Personengruppen beschrieben, wobei Sturm, Donner oder Hagel nachlassen, sobald der erzieherische Effekt der Strafe eintritt. Nicht allein in animistischen Religionskulturen haben sich solche Versuche der Wetterbeeinflussung durch Gebete, Opfer und Zauber bis heute gehalten.[17] Sowohl Mächten des guten Heiligen als auch Dämonen wurde die Macht zugeschrieben, das Wetter zu beeinflussen. Während sie in dieser Fähigkeit lange Zeit eine eher untergeordnete Rolle spielten, sah man in ihnen eine mögliche Ursache für das schlechte Wetter während der heute sogenannten Kleinen Eiszeit. Nicht allein Marlowes Faust griff mithilfe des Teufels in das Wetter ein.[18] Im Europa des 16. und 17. Jahrhunderts klagte man auch viele mutmaßliche Hexen an, mit finsteren Mächten zu paktieren, um durch Hagel und kalten Regen die Ernten zu verderben. Theologiegeschichtlich gehören die Hexenprozesse in den Zusammenhang der Durchsetzung der rationalistischen Glaubenslehre der Aufklärung. Gott sorgte zunehmend nicht mehr in jedem Einzelgeschehen für dessen ordnungsgemäßen Ablauf, sondern wurde als Garant allgemein gültiger Naturgesetze installiert. Dadurch schwand die Möglichkeit für Wunder wie auch für das Wirken fremder Mächte. Erst entmachtete man die Verbündeten der Dämonen, später die Dämonen selbst. Auch vermeintlich außergewöhnliche Wetterereignisse sollten durchgängig im Einklang mit der göttlichen Naturordnung zu erklären sein.[19] Im Laufe des 18. Jahrhunderts setzte sich zunehmend eine Begründungslogik des Wettergeschehens im Rahmen des modernen Naturbildes durch.

Wenn Schiller in seine Glocke »*Vivos voco / Mortuos plango / Fulgura frango*«[20] (Die Lebenden rufe ich. Um die Toten klage ich. Die Blitze breche ich) eingraviert, belegt dies, dass die Praxis des Wetterläutens zu Beginn des 19. Jahrhunderts noch geläufig war. Sie befand sich damals aber bereits im Rückgang. Die angenommene Wirkung des Glockenläutens hatte sich daraus erklärt, dass die Glocken geweiht waren und ihr Klang sich mit großer Lautstärke verbreitete. Aber nicht nur durch Glockenläuten, Schreien und Gelärm hatte man dunkle Wolken vertreiben wollen, sondern auch durch dezidiert militärische Angriffsmanöver wie das Hagelschießen.[21] Diese Praxis erlebte Ende des 19. Jahrhunderts eine

16 Einen Überblick zur künstlerischen Gestaltung göttlichen Wettermachens gibt Ulrike Brunotte: *Die Bühne der Götter. Figurationen religiöser Meteorologie.* In: Petra Lutz, Thomas Macho (Hg.): *2 Grad. Das Wetter, der Mensch und sein Klima.* Göttingen 2008, S. 43–49.

17 Vgl. Marianne Pühringer: *Wetterzauberei und Schamanismus.* Frankfurt am Main u. a. 2008; François Ewald: *Katastrophen. Eine Kulturgeschichte vom 16. bis ins 21. Jahrhundert.* Stuttgart 2010 betont die Auffangfunktion theologischer Erklärungen und religiösen Handelns bis heute.

18 Vgl. Christopher Marlowe: *Die tragische Historie von Doktor Faustus.* Stuttgart 2008, S. 9 und 28.

19 Vgl. Keith Thomas: Religion and the Decline of Magic. Studies in Popular Beliefs in Sixteenth- and Seventeenth-Century England. London u. a. 1971; Heinz D. Kittsteiner: *Die Entstehung des modernen Gewissens.* Frankfurt am Main 1991, S. 31–100; Wolfgang Boehringer: *Kulturgeschichte des Klimas. Von der Eiszeit bis zur globalen Erwärmung.* München 2007, S. 173–179.

20 Friedrich Schiller: *Das Lied von der Glocke.* In: *Friedrich Schiller: Sämtliche Werke in 5 Bänden.* Hg. von Peter-André Alt, Albert Meier u. a. München 2004, Bd. 1, S. 429–442, hier S. 429.

21 Vgl. Victor Stegemann: *Art. Hagel, Hagelzauber.* In: Eduard Hoffmann-Krayer, Hanns Bächtold-Stäubli (Hg.): *Handwörterbuch des deutschen Aberglaubens.* Berlin, Boston 2002, Bd. 3, Sp. 1304–1320; Linda Richter: *Semiotik, Physik, Organik. Eine Geschichte des Wissens vom Wetter (1750–1850).* Frankfurt am Main, New York 2019, S. 167–184.

Wiederbelebung. Man erklärte sich seine Einwirkung auf das Wetter nun damit, dass die Ruß- und Staubpartikel, die beim Abfeuern freigesetzt würden, die Wolken zum Abregnen veranlassten.[22] Durch die Maßnahme sollte sich idealerweise kein Hagelschlag mehr bilden, sondern nur noch Graupel und Regen. Zielgenauer als mit den Kanonen brachte man seit den 1940er Jahren mit Flugzeugen zuerst Trockeneis und später der einfacheren Handhabung wegen Silberjodid in überkalte Wolken ein. Überkalte Wolken befinden sich in einer Höhe, in der das in der Luft gelöste Wasser keinen Regen bildet, sondern eisförmig kristallisiert, wenn der Spray sich verdichten und an Kristallisationskernen anlagern kann. Silberjodid bildet eine sehr ähnliche kristalline Struktur wie Eis, weshalb es sich genauso gut als Kristallisationskern wie Trockeneis für das Wasser eignet. In den 1950er und 1960er Jahren knüpften sich große wissenschaftliche, ökonomische und militärische Hoffnungen an das Wolkenimpfen, mit dem man zielgerichtet Wolken zum vorzeitigen Niederschlag bringen wollte. Auch wenn die UdSSR die radioaktiv verseuchten Wolken, die 1986 über Tschernobyl aufgestiegen waren, impfte, bevor sie ukrainisches Gebiet verließen, China bei der Eröffnung der Olympischen Spiele 2008 in Peking sonnigen Himmel garantieren wollte und auch in Deutschland die Technologie weiter zum Ernteschutz eingesetzt wird, gilt sie heute als unsicher. Dass sie nicht mehr als Kriegswaffe eingesetzt wird, hat maßgeblich mit den hohen Kosten bei gleichzeitig fraglicher Wirkung zu tun. Zudem stellen Berechnungen einen nachhaltigen Effekt selbst verhältnismäßig großer Mengen Silberjodids in der freien Atmosphäre infrage. Anders als im Laborversuch lassen sich die Kristallisationskerne aufgrund technischer Beschränkungen oft nicht in hinreichender Konzentration in die Wolken einbringen, so dass der Hagel statt auszubleiben nur in Form kleinerer Hagelkörner auf die Erde gelangt. Zum anderen sind die Entwicklungen des Wetters kaum kleinräumig genau vorauszusagen. Aktuell teilt der Deutsche Wetterdienst für seine Berechnungen die Atmosphäre über Land in Würfel von 2,7 Kilometer Kantenlänge ein, wobei die Modelle nur für die Eckpunkte Werte zurückspielen. Das ist zu grobmaschig für lokale Eingriffe, so dass immer noch schwer abzusehen ist, wo und in welchem Maß nach der Einbringung der Kristallisationskerne Niederschlag fallen wird.[23]

Globales Climate Engineering

Wie bereits angedeutet, kam es vom Ausgang des Mittelalters bis ins 18. Jahrhundert zu einer durchgreifenden Veränderung der Naturvorstellungen.[24] Ein Resultat dieses Umbaus war die Ablösung des aus der Antike überlieferten geografischen durch den noch heute geläufigen physikalischen Klimabegriff. Die antike Tradition hatte die Erdkugel in Bänder parallel zum Äquator aufgeteilt. Diese Bänder wurden »Klimaten« genannt. Ihre Einteilung leitete sich von der Dauer des Sonnenscheins am Tag der Sommersonnenwende ab. Nördlich und südlich des Äquators ging die Sonne in jeder Zone eine halbe Stunde früher unter. Die Bänder hatten daher keine einheitliche Breite, sondern wurden zu den Polen hin immer schmaler. Diese Konzeption, in der Witterungsbedingungen überhaupt keine Rolle spielen, wurde im 18. Jahrhundert allmählich durch eine Neudefinition des Begriffs abgelöst. Der neue Klimabegriff unterscheidet sich vom älteren dadurch, dass er nicht allein vom Sonnenstand abhängig ist, sondern die Gesamtheit aller physikalischen Faktoren umfasst, welche die Wärmeverteilung an einem Ort begründen. So bleibt er nicht nur beschreibend, insofern er über kausale Erklärungskraft verfügt, und es wird vorstellbar, dass das Klima sich über die Zeit verändern kann.[25] Schon die Begriffsgeschichte legt es nahe, von *Climate Engineering* erst mit der Etablierung des neuen Klima-Begriffs im 18. Jahrhundert zu sprechen. Denn erst im Rahmen der dynamisierten Naturordnung der Moderne wird es überhaupt denkbar.

Deshalb schildert Francis Bacon in seiner Utopie *Nova Atlantis* (1624) kein *Climate Engineering*, sondern institutionalisiertes Wettermachen. Während in antiken Utopien beständig gutes Wetter vorausgesetzt wurde, macht es Bacon zum ersten Mal den Bewohnern seiner Idealwelt zur Aufgabe, selbst für gutes Wetter zu sorgen. Bacon berichtet, dass auf der Insel Bensalem Türme errichtet wurden, welche »je nach ihrer verschiedenen Höhe und Lage, zu Bestrahlungen, Abkühlungen und Beobachtungen der verschiedenen Wettererscheinungen, wie der Winde, Regen- und Schneefälle, Hagelschläge und einiger Feuererscheinungen«[26] genutzt werden. Die Erforschung der Witterung ermöglicht es den Insulanern, in »weiten und geräumigen Gebäuden [...] Nachahmungen und Vorführungen der Wettererscheinungen an[zu]stellen, so etwa Schneefälle, Hagel, Regen, künstliche Regenfälle aus nicht mit Wasser gemischten Stoffen, Donner,

Blitz, Wetterleuchten«.[27] Außerdem verfügen sie über beheizbare Räume, worin mit Öfen verschiedener Art »verschiedene Grade von Hitze, […] also heftige und schnelle, starke und anhaltende, leichte und mäßig flackernde, ruhige, feuchte, trockene usw.« erzeugt werden können, welche eine »Nachahmung der Sonnen- und Sternenstrahlung«[28] ermöglichen. Kennzeichnend, und das gilt allgemein für das Wettermachen, ist hier die Vorstellung eines idealerweise isolierten Raumes, innerhalb dessen sich Witterungserscheinungen kontrollieren lassen. Wechselwirkungen mit dem Außen sind nicht mitbedacht oder liegen, wie später im Falle des Wolkenimpfens, außerhalb des meteorologisch Berechenbaren und damit Wissbaren.

Vergleicht man *Nova Atlantis* mit Charles Fouriers Utopie *Théorie des quatre mouvements et des destinées générales* (1816–18), so zeigt sich hier der Wandel der Naturvorstellung. Dort lässt sich von *Climate Engineering* sprechen, denn Fourier schafft keine isolierten Räume – schon die Vorstellung der Isolierbarkeit ist für ihn mit seinem monistischen Ansatz undenkbar –, sondern seine Eingriffe in die Natur modifizieren systemisch das auf dem ganzen Globus waltende Kräfte- und Stoffgefüge. Um in den im Grunde nicht mehr ganz treffenden älteren Kategorien des Innen und Außen zu sprechen, steht beim *Climate Engineering* das Zentrum des Eingriffs in mannigfaltigen Wechselwirkungen, so dass die Veränderungen nicht nur in der Kernzone wirken, sondern auch auf die Umgebung. Entscheidend ist dabei mehr der Gedanke der Rückwirkung auf die Umgebung und weniger, ob diese mehr geahnt oder großräumig mitbedacht wird.

Fourier entwirft in seiner Utopie eine *big history* des Menschengeschlechts, wie es sich im Idealfall die nächsten achtzigtausend Jahre entwickeln könnte. Bereits innerhalb der nächsten zehntausend Jahre rechnet er mit durchgreifenden Klimaveränderungen. Wenn die Menschheit ihre Siedlungsgebiete über den 65. Breitengrad Nord ausgedehnt haben wird (das ist die Höhe von Alaska, Island, der finnischen Stadt Oulu und der russischen Halbinsel Chukchi), wird deren Wärmeenergie die umliegenden Regionen aufheizen:

> Vom sechzigsten Grad bis zum Nordpol nimmt die Temperatur zu, so dass der Nordpol selbst sich eines Klimas wie in Andalusien oder Sizilien erfreuen wird. Zu dieser Zeit wird die ganze Erde bebaut sein, was eine Minderung um fünf oder sechs Grad erzeugt, ja selbst zwölf,

nämlich in den jetzt unbebauten Regionen wie Sibirien und dem nördlichen Kanada.[29]

Die Aufheizung im Norden hat Auswirkungen auf alle südlicher gelegenen Klimate, doch nimmt der Einfluss mit zunehmender Distanz ab, so dass dort, wo bereits warmes Klima herrscht, sich dieses kaum verändern wird. Um seine Überlegungen richtig einordnen zu können, müssen zwei Dinge beachtet werden: Zum einen mag es auf den ersten Blick schwerfallen, in der Körperwärme von Menschen, die den Norden besiedeln, eine Klimatechnik zu sehen. Sehr viel naheliegender schiene es, darin eine frühe Thematisierung des Treibhauseffekts zu sehen und Fourier als frühen Theoretiker des Anthropozäns zu adressieren. Das wäre jedoch ein Missverständnis.[30] Denn Fourier verstand seine Utopie nicht als reines Gedankenspiel, sondern als Handlungsappell und hat sich aktiv für die Umsetzung seiner Pläne eingesetzt. Ferner übersieht man den kosmologischen Anspruch des Entwurfs, wenn man die Veränderung des Klimas nur als Nebeneffekt der Etablierung einer neuen Gesellschaftsordnung versteht.[31] Tatsächlich wird man zugeben müssen, dass Fourier sich nicht sonderlich für »technische« Details der Wärmeerzeugung durch den Menschen interessiert. Als *Climate Engineering* lassen sich seine Imaginationen dennoch qualifizieren, da er, die Wärme einmal vorausgesetzt, in einer langen Fußnote über drei Druckseiten hinweg detailliert die meteorologischen Zusammenhänge und Wirkweisen des Eingriffs erläutert.[32] Zum anderen ist hier wie bei der Mehrzahl der später noch vorzustellenden *Climate Engineering*-Szenarien mitzubedenken, dass man im 19. und noch weithin bis ins letzte Drittel des 20. Jahrhunderts auf Dauer mit einer Abkühlung der Erde rechnete und nicht wie heute mit einem Anstieg der Temperaturen. Diese Vorstellungen gründeten auf der Erwartung einer neuen Eiszeit, später dem Entropie-Satz der Thermodynamik, der ein allmähliches Nachlassen der Strahlkraft der Sonne voraussagte, zuletzt auf Messungen, die auf sinkende Temperaturen hinwiesen, aber,

22 Auf derselben Idee beruht das Entfachen von Flächenbränden, um Regen hervorzulocken.

23 Vgl. William R. Cotton, Roger A. Pielke: *Human Impacts on Weather and Climate*. Cambridge u. a. 2007, S. 1–72.

24 Vgl. detailliert Keith Thomas: *Man and the Natural World. Changing Attitudes in England 1500–1800*. London u. a. 1983; Ernst Cassirer: *Die Philosophie der Aufklärung*. Hamburg 2007, S. 37–96.

25 Vgl. dazu ausführlich Lucian Boia: *The Weather in the Imagination*. London 2005, S. 41–65; Franz Mauelshagen: »Ein neues Klima im 18. Jahrhundert.« In: *Zeitschrift für Kulturwissenschaften* H. 1 (2016), Themenheft: »Romantische Klimatologie«, S. 39–57.

26 Francis Bacon: *Neu-Atlantis*. In: *Der utopische Staat. Utopia – Sonnenstaat – Neu-Atlantis*. Hg. von Klaus J. Heinisch. Reinbek 1960, S. 171–215, hier S. 206.

27 Ebenda, S. 207.

28 Ebenda, S. 210.

29 Charles Fourier: *Theorie der vier Bewegungen und der allgemeinen Bestimmungen*. Frankfurt am Main, Wien 1966, S. 93.

30 Vgl. James Rodger Fleming: *Historical Perspectives on Climate Change*. New York, Oxford 1998, S. 55–64.

31 Vgl. Eva Johach: *Die Dynamisierung des Kosmos. Charles Fouriers utopische Wissenschaft*. In: *Archiv für Begriffsgeschichte* 59 (2017), S. 101–120, hier S. 103, Fn. 8.

32 Die Fußnote steht bei Fourier: *Theorie*, S. 94–96.

wie man heute weiß, auf der immensen Erhöhung der Luftverschmutzung durch Industrie und Verkehr beruhten.[33]

Weder bei Bacon noch bei Fourier liegt das Augenmerk auf der Schaffung von Innenräumen mit eigenen Witterungsbedingungen, die das Klima entfernter Weltregionen nachzuahmen suchen. Dieses Anliegen charakterisiert aber einen weiteren wichtigen Diskursstrang, der genealogisch zum *Climate Engineering* führt. Dieser Zusammenhang lässt sich sehr gut an den im 17. Jahrhundert aufkommenden Orangerien nachvollziehen.[34] Barocke Gärten waren auf gutes Wetter angelegt. Bei schlechtem Wetter wurden die Gärten von den Hofgesellschaften im Grunde nicht genutzt.[35] Da die mediterranen Pflanzen nördlich der Alpen den Frost nicht gut vertrugen, setzte man für die kalte Jahreszeit auf eine Doppelstrategie: Die Zitrusgewächse, windgeschützt an einer nach Süden gewandten Ziegelmauer gepflanzt, verschalte man im Winter mit einem Holzkasten, dessen Ritzen man mit Stroh abdichtete. Und wenn die Temperaturen stark absanken, stellte man Feuerschalen bei den Pflanzen auf. Währenddessen feierte die Hofgesellschaft ihre Bälle in der Orangerie, die innen mit Malereien, Stuck und Plastiken geschmückt waren, welche nicht selten Orangen und Zitronen nachbildeten. In gewisser Weise spaltete man mit dieser Doppelstrategie die sommerlichen Hesperiden des Gartens, die eine symbolische Einheit von physischem Körper und zeichenhafter Bedeutung bildeten, im Winter. Die Pflanze wurde abgepackt und das Zeichen im Haus angebracht. Diese Doppelstrategie kam im 18. Jahrhundert an ihr Ende.

Die Zeit der barocken Feste war vorbei, und die Orangeriebauten nutzte man jetzt häufig als Wunderkammern und naturwissenschaftliche Kabinette. Während man dort Steine und ausgestopfte Tiere aus aller Welt sammelte, brachte der koloniale Handel auch eine zuvor ungekannte Fülle an exotischen Pflanzen in den Norden. Der Wunsch, exotische Pflanzen zu sammeln, führte zum Aufkommen von Treibhäusern, die die Verpackung von Gewächsen im Freien ablösten. Die materielle Grundlage dafür bildeten die zunehmend erschwingliche Verfügbarkeit von Glas, im 19. Jahrhundert auch der neue Baustoff Stahl und ausgeklügeltere Heizungssysteme. Bei der Konzeption von Treibhäusern bemühte man sich darum, immer größere Teile der Außenwände und des Daches aus Glas zu bauen, damit die Pflanzen ausreichend Licht bekämen. Man ersetzte Holz durch Stahlkonstruktionen, um die Feuchtigkeit auszusperren. Ferner experimentierte man mit Dämmstoffen gegen den Wind sowie Warmwasserheizungen, um die Pflanzen nicht weiter dem Kohlen- und Schwefeldioxid offener Feuer auszusetzen. Bei der Konstruktion von Treibhäusern kam es aber nicht allein darauf an, schädigende Einflüsse auszusperren, sondern durch zu öffnende Fenster auch für Belüftung zu sorgen, die Luftfeuchtigkeit zu regulieren und die Temperatur gegebenenfalls auch wieder absenken zu können. Im Gegensatz zu den barocken Holzkisten bilden Treibhäuser und ihre Nachfolger in diesem Sinne eine Technologie des *Climate Engineerings*. Sie wirken wie ein Filter, der den Ein-, aber auch Austritt verschiedener Witterungsgrößen steuert und dadurch Klima maßgeblich im Binnenraum und das Mikroklima der Umgebung modifiziert.

Hatten die Bemühungen um gezielte klimatische Regulierung von Innenräumen im Bereich der Pflanzenzucht ihre Anfänge, so verband sich der zunehmende Erfolg der Technologie im 19. Jahrhundert auch mit dem Hygienediskurs.[36] Im Neohypokratismus des 18. Jahrhunderts wurzelnd, versuchte er zur richtigen Regulierung der *res sex non-naturales* Anleitung zu geben. Darunter verstand man jene Faktoren, die auf das Wohlbefinden und die Gesundheit nicht *per se* günstig oder schädlich einwirken, sondern deren Einfluss von ihrem Maß abhängt. Dazu wurden auch Witterungseinflüsse und deren Reize auf den Menschen gezählt, wobei man die Wirkungen in Analogie zur Funktionsweise einer Batterie setzte: Ein rechtes Maß der Reize wirkt belebend und lädt die Lebenskraft auf, ein Mangel oder Übermaß vermindert die Energiereserve. Ist der Vorrat ganz aufgebraucht, stirbt der Mensch. Hygienische Vorstellungen bilden nicht nur die Grundlage für den aufkommenden Kurbetrieb seit Ende des 18. Jahrhunderts, der die Kranken in günstigere Klimate führte, sondern sind auch maßgebend für die medizinische und biometeorologische Fundierung von Innenraumklimatisierung und Klimaarchitekturen bis in die heutige Zeit.[37]

Bei beiden in diesem Abschnitt diskutierten Formen des *Climate Engineerings* läuft der Vektor der Effekte im Wechselwirkungsverhältnis vom Ort des Eingriffs und der Rückwirkungen aus der Umwelt fast immer stärker in eine Richtung:

33 Vgl. dazu Stephen G. Brush: *Die Temperatur der Geschichte. Wissenschaftliche und kulturelle Phasen im 19. Jahrhundert.* Braunschweig 1987; Spencer R. Weart: *The Discovery of Global Warming.* Cambridge 2008.

34 Vgl. zum Folgenden Sylvia Saudan-Skira, Michael Saudan: *Orangerien. Paläste aus Glas vom 17. bis zum 19. Jahrhundert.* Köln 1998.

35 Vgl. zum »höfischen« Naturbezug Hartmut Böhme, Gernot Böhme: *Das Andere der Vernunft. Zur Entwicklung von Rationalitätsstrukturen am Beispiel Kants.* Frankfurt am Main 1985, S. 34–38.

36 Vgl. Philipp Sarasin: *Reizbare Maschinen. Eine Geschichte des Körpers 1765–1914.* Frankfurt am Main 2001; Vladimir Janković: *Confronting the Climate. British Airs and the Making of Environmental Medicine.* Basingstoke 2010. – Das wirkmächtigste deutschsprachige Buch zur Klimahygiene ist von Willy Hellpach: *Die geopsychischen Erscheinungen. Die Menschenseele unter dem Einfluß von Wetter und Klima, Boden und Landschaft.* Leipzig 1911 (ab 1935 unter dem Titel *Geopsyche* mit acht Auflagen bis 1977).

37 Vgl. noch Angela Schuh: *Biowetter. Wie das Wetter unsere Gesundheit beeinflusst.* München 2007, S. 8 f. – Zur Geschichte der Klimaarchitekturen im 20. und 21. Jahrhundert vgl. Eva Horn: *Zukunft als Katastrophe.* Frankfurt am Main 2014, S. 124–139.

38 Vgl. dazu Peter Sloterdijk: *Im Weltinnenraum des Kapitals. Für eine philosophische Theorie der Globalisierung.* Frankfurt am Main 2005.

in der an Fourier veranschaulichten Gestalt deutlicher vom Ort des Eingriffs weg, bei den Treibhäusern ausgeprägter in den umschlossenen Raum. Gemeinsam ist beiden, dass die Klimate der Erde den Bezugspunkt bilden. Verändern sich im ersten Fall alle Klimazonen auf der Erde, so wird im zweiten Fall das Klima einer anderen Erdregion an einem Ort nachgebildet, wo dies nicht natürlicherweise herrscht. Man kann die in diesem Abschnitt charakterisierte Form des *Climate Engineerings* daher global nennen. Die Begriffsverwendung bezieht sich dabei auf eine Konzeption des Globalen, die von einem Punkt auf der Kugeloberfläche ausgeht und sich von dort aus auf andere Erdregionen bezieht.[38]

Planetarisches Climate Engineering

Vom globalen *Climate Engineering* lässt sich das planetarische unterscheiden. Jene zweite Form des *Climate Engineerings* ersetzt nicht die historisch ältere, sondern tritt zu ihr hinzu. Charakteristisch dafür ist der Eingriff in größere Maßstäbe, die über die menschlichen Zeit- und Raumgrößen hinausgehen. Die Vorstellung des Planetarischen formierte sich maßgeblich in Diskursen der 1920er und 1930er Jahre, gewann aber erst in der Zeit nach dem Zweiten Weltkrieg Prominenz in der philosophischen Debatte. Das planetarische Denken gewinnt sein Konzept der Erde nicht von einem Punkt auf der Kugeloberfläche aus, sondern von einem Ort in einigem Abstand zur Kugel. Die Erde wird mithin aus dem Vergleich mit anderen Planeten gedacht. Wo der Blickpunkt im Einzelnen zu lokalisieren ist, wandelt sich im Laufe der Zeit. Als sich der Diskurs formierte, war noch die alte Idee des archimedischen Punktes leitend. Später, als die Raumfahrt tatsächlich eine Perspektive auf den blauen Planeten im Weltall erlaubt, überschrieb sie die ältere Vorstellung. Kennzeichnend für das planetarische Denken sind nichtmenschliche Bezugsdimensionen – spatial der ganzen Erdkugel und temporal der Erdzeit.[39]

Planetarisches *Climate Engineering* knüpft sich an ganz unterschiedliche Vorstellungen seiner technischen Umsetzung. Kaum eine der Zukunftstechnologien der Moderne, die Zugriffe des Menschen auf nichtmenschliche Maßstäbe versprochen hat, blieb ausgelassen. Eine große Faszinationskraft für das *Climate Engineering* in planetarischen Dimensionen ging seit Beginn des 20. Jahrhunderts aber zunächst von der Idee aus, den Golfstrom umzulenken und dadurch das Klima auf der ganzen Erde umzugestalten.[40] Diese Idee spielt eine ganze Reihe von Science-Fiction-Romanen durch, angefangen von Max Hoffmanns *Der Golfstrom* (1911) und Hans Ludwig Roseggers *Der Golfstrom* (1913) über Otto Erich Kiesels *Der Golfstrom* (1923) und Frank Thieß' *Der Zentaur* (1931) bis hin zu Freder van Holks *Das Ende des Golfstroms* (1976). Bei der Lektüre der Romane zeigt sich, dass die Idee des *Climate Engineerings* fortschrittsoptimistisch und technikbegeistert zunächst prinzipiell begrüßt wird, selbst wenn den handelnden Figuren die tatsächliche Klimamanipulation oftmals misslingt. Im Laufe der Zeit wird sie aber immer skeptischer beurteilt und bildet in dem letzten der Romane eine Drohkulisse, die es zu verhindern gilt. Planetarisch, und nicht global, kann man diese Form des *Climate Engineerings* deshalb nennen, weil hier die Umgestaltung des Klimas dezentral durch den koordinierten Einsatz verschiedener Infrastrukturmaßnahmen erzielt werden soll. Auch sind die Auswirkungen des *Climate Engineerings* nicht als Folgen und weiträumigere Folgefolgen gedacht, die ihren Ausgang von einer Mitte nehmen, sondern von Anfang an konzeptionell auf die Umgestaltung des Klimas des ganzen Planeten Erde hin ausgerichtet.

Pläne, den Golfstrom umzulenken, waren aber kein reines Science-Fiction-Szenario. Noch 1973 veröffentlichte der russische Ingenieur Petr Mikhaĭlovich Borisov auf Englisch, und damit an den politischen Gegner im Kalten Krieg adressiert, eine Schrift mit dem Titel *Can Man change the Climate?*[41] Darin beantwortet er die Frage mit einem klaren Ja und macht dazu den Vorschlag, den Nordpol abzuschmelzen, indem man verschiedene Meeresströmungen umlenke. Er behauptet, bereits seit 1957 an Berechnungen und Entwürfen für einen gigantischen Damm zu arbeiten, der die Beringstraße zwischen Alaska und Sibirien überbrücken und Wasser aus dem Nordpolarmeer in den Pazifik pumpen solle. Ziel sei es, ein gemäßigtes Klima in Sibirien und einen Temperaturanstieg von etwa drei Grad Celsius in Mitteleuropa herbeizuführen. Durch die Trennung von Pazifik und Nordpolarmeer sollten der kalte Ostgrönland- und Labradorstrom versiegen, der warme Golfstrom ins Nordpolarmeer strömen und dort Tauwetter bringen. Durch das Schmelzwasser würden sich die Niederschlagsmengen weltweit erhöhen, so dass die zusätzlichen Gewinne der Wasserkraftwerke die Kosten für die Pumpstationen im Damm mehr als ausglichen. Borisov strebt zunächst die klimatischen Bedingungen der Mindel-Riss-Warmzeit mit eisfreiem Polarmeer und gemäßigtem Klima in

Sibirien an. Doch könne seinen Berechnungen zufolge durch Steigerung der Pumpleistung auch ein tropisches Klima auf der ganzen Erde erzeugt werden, wenn dies gewünscht sei.

In Zeiten, in denen *Fridays for Future* für eine Eindämmung der Erderwärmung auf maximal 1,5 Grad Celsius demonstrieren, sind Borisovs Überlegungen dazu geeignet, einen regelrechten Schauer beim Lesen auszulösen. Sein Angebot werden die meisten Leser*innen dankend ablehnen und froh sein, dass er sein Dammprojekt nie realisiert hat. In seinen Plänen denkt Borisov Wechselwirkungen der ozeanischen Wasserzirkulation mit atmosphärischen Prozessen, der Veränderung der Landschaft und des pflanzlichen und organischen Lebens nicht mit, sondern setzt sie *ceteri paribus*.[42] Das ist der Grund, warum seine Technikimagination heute ihre Plausibilität weitgehend verloren hat. Von möglichen Kosten für den Staudamm ganz zu schweigen.

In den frühen Tagen des Atomzeitalters, als selbst Experten die Gefahren der Radioaktivität nach heutigen Maßstäben noch unzureichend einschätzen konnten, sah man auch in der Kernkraft ein Instrument, das Klima umzugestalten. In seinem während des amerikanischen Exils verfassten Hauptwerk *Das Prinzip Hoffnung* (1938–47) malt sich der Philosoph Ernst Bloch die »Grundrisse einer besseren Welt« folgendermaßen aus:

> Wie die Kettenreaktionen auf der Sonne uns Wärme, Licht und Leben bringen, so schafft die Atomenergie, in anderer Maschine als in der Bombe, in der blauen Atmosphäre des Friedens, aus Wüste Fruchtland aus Eis Frühling. Einige hundert Pfund Uranium und Thorium würden ausreichen, die Sahara und die Wüste Gobi verschwinden zu lassen, Sibirien und Nordkanada, Grönland und die Antarktis zur Riviera zu verwandeln.[43]

Bezeichnend für Blochs Vision ist, dass er die Kernfusionsprozesse der Sonne, in denen Wasserstoff zu Helium verschmilzt, und die Zerfallsreaktion radioaktiver Stoffe nicht unterscheidet. Sie zeigt nicht allein, dass der Philosoph offenbar in der neueren Physik wenig bewandert war, sondern auch, wie unkonkret die Vorstellungen waren, die sich an die neuen Technologien banden. Die Karriere der Idee, mit Atombomben das Klima umgestalten zu wollen, ist kurz geblieben. Schon im Laufe der 1950er Jahre wich die Vision der Angst, unkontrolliert und mit verheerenden Wirkungen weltweit einen nuklearen Winter herbeizuführen.[44]

John von Neumann, der am Atombombenprogramm der USA, dem Manhattan Projekt, beteiligt war und großes Ansehen als Pionier der computergestützten Meteorologie genoss,[45] veröffentlichte 1955 im Juniheft der Zeitschrift *Fortune*, einem der wichtigsten amerikanischen Wirtschaftsmagazine, einen Artikel zur Frage *Can we survive technology?*[46] Darin mahnt er zur Vorsicht mit Technologien des *Climate Engineerings* und weist auf die Risiken hin, sollten Eingriffe ins Klima einseitig von einem der beiden Gegner im Kalten Krieg unternommen werden. Die Folgen ließen sich derzeit noch nicht genau vorherberechnen. Dennoch zeigt er sich optimistisch, dass dies in absehbarer Zeit möglich sei. Von Neumann appelliert an Völkerverständigung und befürwortet Eingriffe, die zwischen beiden Seiten abgestimmt sind. Denn die Gewalt der Atombombe wird von weltweit koordinierten klimatechnischen Maßnahmen in ihren Auswirkungen um ein Vielfaches übertroffen werden. Von Neumann entwickelt zwei Ideen zur Klimamanipulation, die beide darauf beruhen, die Sonneneinstrahlung zu kontrollieren. Er gesteht zwar zu, dass sich nicht direkt beeinflussen ließe, wie viel Energie die Sonne abstrahlt, ist aber überzeugt, dass die Menge der Einstrahlung durch die Erdatmosphäre als auch die Abstrahlung zurück ins Weltall regulierbar sei. Er verweist sowohl auf die weltweite Abkühlung nach Ausbruch des Südseevulkans Krakatau im Jahr 1883 als auch auf die durch Kohlendioxidemissionen seit der industriellen Revolution angestiegene Durchschnittstemperatur. Dieser Effekt ließe sich in der Zukunft noch weiter steigern und weltweit tropisches oder subtropisches Klima herbeiführen. Eine andere Möglichkeit, die aber zum selben Ergebnis führe, bestünde darin, eine dünne Schicht Farbpartikel auf die Eisgebiete der Erde aufzutragen. Deutlich weniger Sonnenlicht werde dadurch rückgestrahlt, und Eis und Schnee tauen. Auch auf diese Weise werde das weltweite Klima deutlich wärmer.

Bemerkenswert an von Neumanns Imaginationen ist der Umstand, dass die von ihm diskutierten Technologien heute unter umgekehrten Vorzeichen, nämlich als Mittel, die

39 Vgl. dazu ausführlich Ulrike Bergermann: Das Planetarische. Vom Denken und Abbilden des ganzen Globus. In: Ulrike Bergermann, Isabell Otto u. a. (Hg.): *Das Planetarische. Kultur – Technik – Medien im postglobalen Zeitalter.* München 2010, S. 17–42.

40 Vgl. dazu Martin Meiske: *Die Geburt des Geoengineerings. Großbauprojekte in der Frühphase des Anthropozäns*. Göttingen 2021.

41 Vgl. zum Folgenden Petr Mikhaĭlovich Borisov: *Can Man Change the Climate?* Moskau 1973, S. 87–168. – Einen Überblick über weitere Projekte gibt Daniel Deudney: *Dark Skies. Space Expansionism, Planetary Geopolitics, and the Ends of Humanity.* Oxford 2020.

42 Vgl. dazu Mark Lynas: *Six degrees. Our Future on a hotter Planet*. Washington 2008.

43 Ernst Bloch: *Gesamtausgabe in 16 Bänden*. Frankfurt am Main 1977, Bd. 5 (Das Prinzip Hoffnung, Kap. 33–42), S. 775.

44 Vgl. Carl Sagan, Richard Turco: *A path where no man thought. Nuclear Winter and the End of the Arms Race.* London u. a. 1990; Horn: *Zukunft als Katastrophe*, S. 149–164.

45 Vgl. dazu George Dyson: *Turings Kathedrale. Die Ursprünge des digitalen Zeitalters*. Berlin 2016, S. 227–255.

46 Vgl. zum Folgenden John von Neumann: *Can we survive Technology?* In: F. Bródy, Tibor Vámos (Hg.): *The Neumann Compendium*. Singapur u. a. 1995, S. 658–673.

Erderwärmung einzudämmen, wieder diskutiert werden. Mit derselben Idee, die Sonneneinstrahlung zu manipulieren, gingen russische Wissenschaftler wenige Jahre später noch einen Schritt weiter. Der Wettlauf ins All nährte den Gedanken, die dazu geeignete *Climate-Engineering*-Technik in den Weltraum zu verlegen. So hatte der Ingenieur Michail Gorodsky 1958 vorgeschlagen, einen Staubring um die Erde zu erzeugen, wie er vom Planeten Saturn bekannt ist.[47] Der Ring sollte in einem festen Orbit über beide Pole verlaufen und 1200 Kilometer über dem Erdboden schwebend rund 8800 Kilometer breit ins Weltall hinausragen. Er werde zwar die unmittelbare Sonneneinstrahlung schwächen, aber durch diffuse Ablenkung die Energiemenge, welche die Erde erreicht, im Ganzen erheblich steigern. Gorodsky rechnet mit der Steigerung auf 22 Billionen Kilowatt. (Zum Vergleich: Ein Atomkraftwerk der frühen 1960er Jahre konnte gerade einmal zweihunderttausend Kilowatt Maximalleistung produzieren.) Nutznießer der zusätzlichen Energie seien besonders Regionen nördlich und südlich des 55. Breitengrades. Diese Linie durchläuft auf der Nordhalbkugel Moskau, Nowosibirsk, die Hudson Bay und Edinburgh und auf der Südhalbkugel Kap Hoorn. Mittelfristig solle jenseits dieser Grenze ein Klima wie in Moskau herrschen, wenn nicht sogar wie am Schwarzen Meer. Überall würden die Meeresspiegel steigen, und auch am Äquator würde sich der Sonneneinfall um rund sieben Prozent erhöhen. Das Klima werde weltweit dadurch deutlich feuchter und wärmer.

Nach solchen Überlegungen, wie Eingriffe in die Atmosphäre vom Weltall aus möglich sein könnten, ist es der konsequente Schritt, diese Ideen auf andere Planeten auszuweiten. Die Veränderung anderer Planeten in einer Weise, dass dort erdähnliche Bedingungen herrschen, hat der Science-Fiction-Autor Jack Williamson bereits 1942 *Terraforming* genannt. Diese Begriffsprägung gelangte später in wissenschaftliche Diskussionen über die Chancen und Probleme eines solchen Unternehmens und setzte sich allgemein durch.[48] Letztlich zielt das *Terraforming* stets darauf, einen möglichen Ausweichplaneten für die Menschheit zu gestalten, sollten sich die Lebensbedingungen auf der Erde, nicht zuletzt durch den Klimawandel, nachhaltig verschlechtern. Es ist daher kein Zufall, dass 2016 ein Brettspiel *Terraforming Mars* erschienen ist, das sogleich auch mehrfach ausgezeichnet wurde. Inzwischen gibt es mehrere Erweiterungen zu dem Spiel, so etwa um nach dem Mars auch noch die Venus für »Erdlinge« bewohnbar zu machen.[49] *Terraforming Mars* ist ein Strategie- und Simulationsspiel.

Die Spieler*innen bemühen sich darum, in der Rolle von Konzernen Technologien aufzubauen, mit denen sich der Sauerstoffgehalt der Atmosphäre, die Temperatur und der Anteil der Ozeanflächen auf dem Planeten steigern lassen. Für ihre Maßnahmen bekommen die Spieler*innen Siegpunkte. Gewonnen hat, wer die meisten Punkte erzielt hat, wenn mit vierzehn Prozent Sauerstoff, einer Temperatur von plus acht Grad Celsius und neun Ozeanflächen Bedingungen erreicht sind, unter denen erdähnliches Wetter herrschen würde und damit humane Lebensbedingungen geschaffen wären. Natürlich stellt das Spiel mit seiner Konzentration auf nur drei, wenngleich zentrale, Klimafaktoren eine grobe Vereinfachung dessen dar, was wissenschaftlich als *Terraforming* diskutiert wird. Auch Rückkopplungseffekte durch den Anstieg, und insbesondere den ungleichen Anstieg der Parameter, sind nicht im Modell erfasst. Vielleicht liegt die Stärke des Spiels – im Lichte der tollkühnen *Climate-Engineering*-Szenarien des Kalten Kriegs – gerade darin zu zeigen, wie komplex sich das Unternehmen *Terraforming* schon unter diesen stark idealisierten Bedingungen anlässt.

Blickt man nach diesem historischen Durchlauf auf die Imaginationsgeschichte des *Climate Engineerings* zurück, scheint deutlich auf, dass die meisten großdimensionierten Vorschläge heute kaum noch ernsthaft diskutiert werden, und was noch diskutiert wird, hat selten Aussicht auf schnelle Umsetzung. Die meisten Leser*innen werden wohl aber im Grunde recht froh sein, dass der ohnehin tauende Nordpol nicht auch noch absichtlich abgeschmolzen wird, der Golfstrom noch in angestammten Bahnen fließt, selbst Donald Trump Hurrikans nicht mit Atombomben bekämpft, neben allem Weltraumschrott nicht auch noch ein Staubring die Erde umgibt und Mars und Venus zu weit weg sind, um jenseits des Spielbretts für *Terraforming* infrage zu kommen. Viele für den Fortbestand der Menschheit bedrohliche Torheiten sind in der Vergangenheit vermieden worden, weil sie Imaginationen geblieben sind. Die Möglichkeiten, die Imaginationen eröffnen, so lässt sich daraus schließen, ge-

47 Vgl. Nikolai Petrovich Rusin, Liya Abramovna Flit: *Man versus Climate*. Übers. v. Dorian Rottenberg. Moskau 1966, S. 60–63.

48 Vgl. Martin Beech: *Terraforming. The Creating of Habitable Worlds*. New York 2009; Michio Kaku: Abschied von der Erde. Die Zukunft der Menschheit. Reinbek 2019, S. 113–138. – Zur *Science-Fiction* vgl. Chris Pak: *Terraforming. Ecopolitical Transformation and Environmentalism in Science-Fiction*. Liverpool 2016.

49 Jacob Fryxelius: *Terraforming Mars*. Schermbeck 2016 und Jacob Fryxelius: *Terraforming Mars. Nächster Halt: Venus*. Schermbeck 2017.

50 Vgl. dazu Giorgio Agamben: *On Potentiality*. In: Giogio Agamben: *Potentialities. Collected Essays in Philosophy*. Stanford 1999, S. 177–184.

winnen ihren Wert oft gerade dadurch, dass sie Möglichkeiten bleiben und nicht aktualisiert werden. Häufig sind der Aktualität und dem Handeln tatsächlich die Virtualität und das Unterlassen vorzuziehen.[50]

Möglichkeiten nicht zu aktualisieren, ist auch die Strategie desjenigen *Climate-Engineering*-Verfahrens, das aktuell am aussichtsreichsten scheint, die Erderwärmung aufhalten zu können. Alle technischen Ansätze gelten im Vergleich dazu als wenig praktikabel, kaum wirksam und außerdem verhältnismäßig teuer. Als effektivstes *Climate Engineering* gilt heute Kohlendioxid, das man ausstoßen könnte, nicht auszustoßen – also die Virtualisierung von CO_2.

Die Beiträge des Bandes

Den zuvor diskursiv eingeordneten Veränderungen des *Climate Engineerings* seit dem 19. Jahrhundert spüren im Einzelnen die Autor*innen dieses Bandes aus verschiedenen Perspektiven nach. Das Spektrum der Ideen und Inszenierungen, das sie untersuchen, reicht dabei von Darstellungen meteorologischer Experimente zur Eindämmung saisonaler Wetterschwankungen über Entwürfe von Klimakapseln bis hin zu Szenarien großangelegter globaler Klimamanipulationen, die als Weltrettungsversuch, Kriegstechnik oder *Terraforming* fungieren können. Im Fokus der einzelnen Beiträge, die wissenschaftliche und politische Debatten, journalistische Diskurse, literarische Texte, bildmediale und ludische Artefakte zum Untersuchungsgegenstand haben, stehen dabei sowohl die politischen, technischen und wissenschaftlichen Ambitionen menschlicher Akteure als auch die Bedingungen und Ausdrucksformen literarischer und medialer Inszenierungen von Klimatechniken. Die Bandbreite der untersuchten medialen Genres erstreckt sich von früher Science-Fiction-Literatur bis zu aktuellen Dystopien, von Werbe- bis zu Katastrophenfilmen, von Zeitungsartikeln bis zu philosophischen Essays und von Simulationsspielen bis hin zu artifiziellen Installationen. Analysiert werden Denkfiguren der wissenschaftlichen Klimadebatte wie »Treibhauseffekt« und »Trigger«, die Herstellung und Wahrnehmung von Klimabildern in Computerspielen, das Konzept der Klimakapsel in Literatur und Kunst, die Inszenierung therapeutischer Funktionen von Klimaarchitekturen und -techniken sowie ihre militärische Vereinnahmung und Propagierung in deutscher Science-Fiction-Literatur,

Essayistik und Philosophie sowie sowjetischer Auftragsliteratur und amerikanischem Propagandafilm.

Bei dieser Spannbreite an Themen, Aspekten, Inszenierungsweisen und Formaten der Imaginationen künstlichen Klimas war es eine Herausforderung, Kriterien für die Systematisierung der Beiträge auszuwählen. Letztlich schien eine Unterteilung nach Diskurszusammenhängen des *Climate Engineerings* sowie nach Bezugnahmen auf konkrete Formen und räumliche Dimensionen des Einsatzes der Techniken am produktivsten zu sein. So adressiert die erste Sektion vor allem politische und wissenschaftliche Zusammenhänge der technischen Klimagestaltung, die zweite befasst sich mit konkreten Raumfigurationen und Klimaarchitekturen, während die Beiträge der dritten Abteilung Denkformen und Medien planetarischer Klimagestaltung ins Zentrum stellen.

I. Klimawissen und Klimapolitik: Die erste Sektion eröffnet ein Beitrag von FRANZ MAUELSHAGEN und STEFAN SCHÄFER, welcher der Ideengeschichte des *Climate Engineerings* seit dem 18. Jahrhundert nachgeht. Die Autoren zeigen anhand von Grenzverschiebungen auf, wie sich seit Herders Reflexionen über das künstliche Klima die Denkbarkeit menschlicher Beeinflussung des Klimas auf politischer und wissenschaftlicher Ebene entfaltet hat. Sie argumentieren, dass insbesondere die Kohlendioxid-Messungen seit den 1950er Jahren und die gesteigerte Leistung computerbasierter Klimasimulationen in wissenschaftlichen Untersuchungen der Gegenwart eine Sogwirkung in Richtung *Climate Engineering* erzeugt haben. Der Beitrag hinterfragt zudem kritisch dominierende politische Zukunftsmodelle, die auf neue Technologien und Marktmechanismen setzen und damit eine klimakonforme Fortführung bestehender Lebens- und Wirtschaftsweisen propagieren.

Mit seinem Fokus auf die Klimatransformationen Turkmenistans im frühen 20. Jahrhundert wählt CLEMENS GÜNTHERS Studie einen historisch und räumlich enger gefassten Bezugsrahmen. Er rückt zudem den bislang wenig beachteten nichtwestlichen Klimadiskurs in den Blick. Sein Beitrag untersucht die literarisch-kulturelle Wahrnehmung großangelegter Natureingriffe wie Wüstenbewässerung, Aufforstungsprogramme und Umleitung von Flüssen, welche die Sowjetrepublik Turkmenistan zu einem Laboratorium des Klimawandels werden ließen. Deutlich wird hier zum einen, dass die Leitwissenschaften des sowjetischen *Climate Engineerings* weniger die Meteorologie als vielmehr die Bodenkunde und Hydrogeografie waren. Zum anderen manifestiert die Analyse von Erzähltexten und Filmen, dass das staatlich gesteuerte Projekt der Naturzähmung von Beginn an sowohl affirmativ als auch kritisch rezipiert wurde. Zum Ende der 1950er Jahre zeichnet sich dann eine eher radikale Infragestellung der Steuerbarkeit klimatischer Prozesse in der Literatur ab.

MANUEL KAISER interessiert sich in seiner wissensgeschichtlichen Untersuchung für eine zentrale Denkfigur des Klimamodifikationsdiskurses – den *Trigger*. Er rekonstruiert den verschlungenen Weg dieser Wissensfiguration, die auf der Vorstellung beruht, dass minimale Eingriffe enorme Auswirkungen haben können. Während um 1900 Wetterbeeinflussung noch der Logik äquivalenter Energiezufuhr folgte, etwa mit Praktiken des Hagelschießens verbunden wurde, beginnt die wolkenphysikalische Forschung seit den 1930er Jahren ein kolloidchemisches Erklärungsmodell zu nutzen. Es stellt eine Beeinflussung von Wetterphänomenen durch kleine und plötzliche Auslöser mit großer Wirkung in Aussicht. Das *Trigger*-Modell gewinnt schließlich in neuen Niederschlagstheorien nach 1945 Wirksamkeit für *Climate-Engineering*-Konzepte, da nicht mehr nur lokale Eingriffe in atmosphärische Phänomene, sondern auch permanente und großräumige Klimabeeinflussung denkbar werden. Sorgt diese Vorstellung zunächst für megalomane Kontrollutopien, so ruft sie im Kontext von Klimawandel und Fortschrittskritik auch Szenarien unkontrollierter wie selbstverschuldeter Katastrophen hervor.

Im Zentrum von JULIA SCHUBERTS Beitrag steht die *Politische Imagination eines künstlichen Klimas*. Bezogen auf den US-amerikanischen Kontext zeichnet sie nach, wie das Konzept der gezielten Klimaintervention für politische Entscheider so aufbereitet wird, dass *Climate Engineering* zu einer Option werden kann. Ihrer Analyse zufolge sind es zwei wissenschaftliche Beobachtungsmodi, welche die politische Imagination maßgeblich prägen. Zum einen zählen dazu Klimamodelle, die das komplexe Problem des Klimawandels in empirisch und theoretisch isolierbare Mechanismen übersetzen und somit eine Art Kontrolle veranschaulichen. Zum anderen nennt sie natürliche Analogien wie etwa den Vergleich von *Climate Engineering* mit Vulkanausbrüchen, die suggerieren, klimatechnische Eingriffe wären quasi natürliche Prozesse und damit prinzipiell funktionierende und durchschaubare Abläufe. Beides speist die Hoffnung, die Klimakatastrophe wissenschaftlich-technisch und letztendlich politisch kontrollierbar zu machen.

Auch GABRIELE GRAMELSBERGER analysiert den Umgang mit dem künstlichen Klima in wissenschaftlichen Diskussionszusammenhängen, wobei es ihr jedoch um die Modellierungs- und Simulationspraktiken der Klimawissenschaft geht, die sie als Imaginationsmedien begreift. In ihrem Beitrag veranschaulicht sie, wie die Einführung von GeoMIP-Szenarien als Einfallstor des künstlichen Klimas in die wissenschaftliche Debatte dient. Mit den Experimenten des *Geoengineering Model Intercomparison Project* transformiere sich das künstliche Klima von einem spekulativen in ein epistemisches Imaginationsobjekt der Wissenschaft. Gramelsbergers Analyse macht auch deutlich, dass die Modellvergleiche und Simulationen darauf hinweisen, dass Eingriffe in das globale Klima weder zu klimarelevanten noch zu kontrollierbaren Effekten führen.

II. Klimaarchitekturen und Klimakapseln: Die Beiträge des zweiten Schwerpunkts verlagern ihr Interesse von den aktuellen politischen Debatten und neuesten wissenschaftlichen Modellen auf die Vorgeschichten heutiger imaginierter Klimakontrolle, die meist in einem spezifisch räumlichen Setting spielen. Gegenstand von UTA CAROLINE SOMMERS Artikel sind Jules Vernes Romane *Die Propellerinsel* (*L'île à hélice*, 1895) und *Kein Durcheinander* (*Sans dessus-dessous*, 1889). In ihnen werden am Beispiel schwimmender Stahlinseln und zurechtgerückter Erdachsen Fragen von lokalem Wettermachen und globaler Klimamanipulation behandelt. Während es sich bei der Propellerinsel um die technische Utopie einer insularen Klimaregulation auf lokaler Ebene handelt, stellt der in *Kein Durcheinander* angestrebte Plan einer Erdachsenbegradigung zur Erhöhung der Sonneneinstrahlung einen planetarischen Makroeingriff dar. Zwar handele es sich bei beiden Visionen nicht um *Climate Engineering* im heutigen Sinne, doch werden hier Register früher Techniken der Klimaregulation und -gestaltung in den Blick genommen. Insbesondere die *Propellerinsel* lasse sich als frühes Zeugnis eines Disziplinar- und Sicherheitsdispositivs lesen und damit auch im Kontext einer gouvernementalen Macht verorten. Dass beide Projekte scheitern, könne schließlich auch als Satire auf einen Machbarkeitsglauben gesehen werden, der noch die heutigen Debatten um *Climate Engineering* bestimme.

Mit seiner Untersuchung zum Treibhauskonzept wendet sich SERGEJ RICKENBACHER nicht nur einer tatsächlich praktizierten Form der Klimaregulierung, sondern auch einer virulenten Denkfigur zu. Denn mit dem Treibhaus wird sowohl die Architektur der Gewächshäuser adressiert als auch eine Metapher und ein Narrativ angesprochen, welche die Wechselwirkungen zwischen früher meteorologischer Modellbildung, lokaler Klimatechnik und dem ästhetischen Topos Treibhaus bis in die Gegenwart sichtbar machen. Rickenbacher zeigt auf, dass das Gleichnis vom »Treibhaus Erde« gleichermaßen für die Rettung und für den Untergang durch ein künstliches Klima stehen kann. Während in der Literatur des frühen 20. Jahrhunderts der insulare Experimentalraum »Treibhaus« auf die ganze Erde ausgeweitet und die Erschaffung eines neuen Menschen durch ein künstliches Klima imaginiert wird, entwickelt sich der »Treibhauseffekt« im Wissenschaftsdiskurs zu einem einflussreichen Erklärungsmodell mit negativer Konnotation. Die Treibhaus-Analogie könne als absolute Metapher im Sinne Blumenbergs betrachtet werden, da sie in Phasen epistemologischer Unsicherheit das Hyperobjekt »Klima« versinnlicht und experimentierbar macht. Dabei überkreuzen sich bis heute zwei wirksame Narrative – das Treibhaus als Zähmung des Klimas und schützender Ort der Einkehr auf der einen Seite und der Treibhauseffekt als Warnung vor einer schleichenden Klimakatastrophe auf der anderen.

FRANZ KATHERS Beitrag verortet sich an der Schnittstelle zwischen Medizingeschichte, Architektur und Klimatologie. Anhand des nie verwirklichten architektonischen Projekts einer Klimaheilanstalt mit dem verheißungsvollen Namen *Südpalast*, das der Arzt Robert Froriep Mitte des 19. Jahrhunderts für Schwindsuchtkranke entwarf, untersucht Kather den Zusammenhang zwischen Raumgestaltung, Therapiepraxis und frühem *Climate Engineering*. So arbeitet er heraus, dass der *Südpalast* samt angegliedertem zoologischen Garten als Kosmogramm eines globalen Raumes fungierte, dessen Durchschreiten im Schutz des künstlichen Klimas strapaziöse Reisen der Kranken in die Welt und die Zeit ersetzen sollte. Im Südpalast wurde die Regulierung der Einflüsse von Luft, Temperatur und Feuchtigkeit mit der Erziehung und Disziplinierung der Kranken zu Hygiene und diätetischer Vernunft verbunden. Kathers These lautet, dass die Vorstellung von der »Beherrschung des Klimas« eine Beherrschung und Regierung des Raumes und seiner (menschlichen wie nichtmenschlichen) Bewohner*innen implizierte. In den Techniken dieser Beherrschung zeige sich zudem die Überlagerung zwischen Innenwelt und Umwelt; in der Klimakapsel des Glaspalastes blieben innen und außen stets aufeinander bezogen.

Auch CHRISTIANE HEIBACH beschäftigt sich mit Klimakapseln. Anhand ausgewählter fiktiver, realer und surrealer Imaginationen arbeitet sie deren Funktionswandel unter veränderten sozialen und epistemischen Paradigmen heraus. Erscheint die Klimakapsel in Jules Vernes Roman *Die Propeller-Insel* noch in Gestalt einer Wohlstandsinsel, auf der das menschliche Zusammenleben dem Prinzip des Kapitals unterworfen ist und schließlich am Konkurrenzdenken scheitern muss, so folgt das Realexperiment *Biosphere 2* dem Paradigma der Kybernetik und spiegelt sowohl die Sehnsucht nach Sicherheit und Kontrolle als auch die Hoffnung auf ein nachhaltig selbsterhaltendes Ökosystem. Auch heutige Klimakapselkonzepte, wie das architektonische Gedankenexperiment *Globus Cassus* von Christian Waldvogel, verbinden Nachhaltigkeitsdenken und Hochtechnologie, wobei sie gleichermaßen als Satire auf die menschliche Hybris und als »übertriebene« Utopie einer sozial gerechten Neuordnung von Atmosphäre und Biosphäre lesbar werden. Konzeptuell sei allen Imaginationen seit Jules Verne gemeinsam, dass sich schöpferische Allmachtfantasien mit der Unwägbarkeit komplexer Systeme und sozialer Dynamiken verbinden. Allein die Kunst, so scheint Waldvogels ästhetisches Experiment nahezulegen, könne funktionierende künstliche Welten erschaffen und unsere Technikgläubigkeit kritisch reflektieren.

Standen bisher in den Beiträgen textuelle und künstlerische Projekte der Klimagestaltung im Vordergrund, so rückt mit der Studie von LYDIA KRAY und SEBASTIAN MÖRING erstmals das digitale Medium des Computerspiels in den Blick. Am Beispiel von *Pokémon Smaragd*, *Ori and the Blind Forest* sowie *Never Alone* gehen die Autor*innen der Frage nach, wie unterschiedliche Computerspiele komplexe Netzwerke aus Umwelt, Klima, Technologie und menschlicher Agenzialität jeweils darstellen. Sie unterscheiden dabei grundsätzlich zwei Spieleanordnungen: Ist für das Spiel *Pokémon Smaragd* die Fähigkeit eines Avatars zur geschickten und strategischen Beherrschung natürlicher Ressourcen im Sinne des *Climate Engineerings* entscheidend, so zielen die anderen Spiele auf die Wiederherstellung der Umwelt. Zudem betonen Kray und Möring, dass die Computerspiele ein Agieren in komplexen Netzwerken mit nichtmenschlichen Wesen trainieren, deren Wissen und Fähigkeiten eine neue Verbindung zur Umwelt vermitteln. Die Spiele könnten so dazu beitragen, Handlungsräume zu simulieren, in denen komplexe Akteursnetzwerke ins Verhältnis zu technologischen Mitteln und der Gestaltung klimatischer Bedingungen gesetzt werden.

III. Planetarische Klimagestaltung: Im letzten Schwerpunkt des Bandes steht die Imaginationsgeschichte planetarischer Klimagestaltung im Zentrum. Anhand von französisch- und deutschsprachigen Science-Fiction-Romanen untersucht ROLAND INNERHOFER die literarische Inszenierung großskaliger Klimamanipulationen um 1900. Seine Analyse macht deutlich, dass die großtechnisch durchgeführten Klimaexperimente im Rahmen der frühen Science-Fiction-Literatur allesamt scheitern oder katastrophale Folgen haben. Indem die Ursachen dieser gescheiterten Versuche entweder in der Unfähigkeit (Jules Verne), der Verrücktheit (Oskar Hoffmann) oder der Machtgier (Karl Hans Strobl) der Klimawissenschaftler gefunden werden, verweisen die Romane auf eine fundamentale Verunsicherung hinsichtlich undurchschaubarer Wissenschaftspraktiken. Darüber hinaus fördern sie die Einsicht, dass Eingriffe in das weltweite Klima weder gezielt therapeutische Wirkungen hervorbringen können (Hans Ludwig Rosegger) noch von einer übermächtigen Natur ungestraft bleiben. Handlungsmacht könne die Menschheit nur zurückgewinnen, wenn sie ein Bündnis mit der Natur eingehe (Alfred Döblin).

Solche eher skeptischen Beurteilungen der menschlichen Handlungsmacht veränderten sich spätestens in der Mitte des 20. Jahrhunderts. Ein Wandel im wissenschaftlichen Naturbild und das Aufkommen neuer Technologien lassen den Menschen als prägende Einflussgröße des jüngsten Erdzeitalters erscheinen. URS BÜTTNER geht den Grundlagen dieses neuen Selbstverständnisses anhand von Ernst Jüngers Essay *An der Zeitmauer* (1959) nach. Jünger plädiert dafür, dass der Mensch die Verantwortung für seine Evolution übernehmen solle und sich den veränderten Klimabedingungen der Zukunft anpasse – entweder durch biopolitische Maßnahmen oder mittels eines zielgerichteten *Climate Engineerings*. Dabei geht es Jünger nicht darum, natürliche Klimaveränderungen rückgängig zu machen, sondern um die Schaffung eines idealen Reizklimas, das eine Höherentwicklung des Menschen fördert. Büttners Untersuchung legt dar, dass Jüngers Überlegungen gerade nicht an die ideologisch gefärbten Klimakontroll-Diskurse der Nachkriegszeit anschließen, sondern eine Art Klimaethik in erdgeschichtlichen Maßstäben darstellen.

Ganz anders als im philosophischen Essay wurden Klimaveränderungen im Medium des Nachkriegsfilms verhandelt. TOBIAS NANZ und JOHANNES PAUSE zeigen in ihrem Beitrag zu Wetterszenarien im Kalten Krieg, dass Wetter anfangs als Fantasie globaler Kontrolle, später auch des Kontrollverlusts fungierte. An die Stelle von militärischen *weather control*-Operationen in Lehrfilmen wie *Eyes in Outer Space* (1957), welche die Handlungsmacht von Militär und Wissenschaft illustrierten, tritt in den 1980er Jahren das diskursbestimmende Szenario des nuklearen Winters und erzeugt die Vision absoluter Ohnmacht. Zwar referieren Spielfilme wie Roland Emmerichs *Das Arche Noah Prinzip* (1984) weiterhin auf die Gedankenexperimente der Nachkriegszeit und auf ein »meteorologisches Imaginäres«, jedoch arbeiten sie nun einer radikalen Trennung wissenschaftlicher Fakten und politischer Fiktion zu. Einerseits veranschaulichen die Filme, dass meteorologische Phänomene grundsätzlich in weltumspannende Dynamiken eingebunden sind, wodurch der Einsatz von *weather control* im Rahmen taktischer Operationen diskreditiert wird. Andererseits werden der Wissenschaft eine prophetische Kraft und ein überparteilicher Status zugeschrieben, wenn sie jenseits politischer Systeme für die Erhaltung der Welt den Kampf antritt.

In einem abschließenden Beitrag wendet sich SOLVEJG NITZKE den Funktionen von Klimagestaltung in der aktuellen Literatur zu. In ihrer Lektüre des *Science-Fiction*-Romans *Feldeváye* (2014) von Dietmar Dath zeigt sie auf, dass hier Szenarien künstlichen Klimas nicht nur eine Reflexion der Beziehung von Mensch und Umwelt erzwingen, sondern vor allem auch das Verhältnis von Welt und Text thematisieren. Indem der Roman das gesamte Klima des titelgebenden Planeten dem der Erde nachmodelliert und Klima ganz selbstverständlich als gemachte Größe betrachtet, rückt er die Manipulierbarkeit von Welt insgesamt und die Freiheit ihrer Gestaltung in den Fokus. *Climate Engineering* wird demnach in der *Science-Fiction* nicht nur thematisch, sondern auch als Instrument der Welterzeugung und mithin als poetologisches Prinzip relevant. Auch führt der Roman mit seiner Thematisierung von *Climate Engineering* über planetare Maßstäbe hinaus und vermittelt scheinbar inkommensurable Größenordnungen. Auf diese Weise erkundet er programmatisch die Grenzen des Denkbaren.

Die große Bandbreite der hier dargestellten Diskurse und Themen gibt eine Idee davon, wie weit das Spektrum der Narrative und Inszenierungsformen des *Climate Engineerings* ist und zeigt vielfältige Perspektiven für weitere Untersuchungen auf. Dazu gehören unter anderem interkulturelle Studien, die Spezifika der *Climate-Engineering*-Diskurse vergleichend herausarbeiten, sowie medienhistorische Untersuchungen, die Vermittlungsfunktionen und Erklärungsmodelle der jeweiligen Präsentationsmedien in den Blick nehmen. Außerdem bieten sich Studien an, welche die Wahrnehmungsformen neuer technologischer Erfindungen und Praktiken thematisieren sowie die Konsequenzen der technischen Prozesse für das menschliche und nichtmenschliche Leben erforschen. Nicht zuletzt gilt es, das spezifische Potenzial der literarischen, filmischen, spielerischen und künstlerischen Klimatechnik-Entwürfe weiter zu erkunden und Forschungen zu den Wechselwirkungen der ästhetischen Gestaltungen mit wissenschaftlich-technischen Diskursen und gesellschaftlich-politischen Prozessen auf den Weg zu bringen.

***

Herzlich bedanken möchten wir uns bei Michael Gamper und Julia Weber, die es uns ermöglicht haben, im Februar 2018 eine Tagung zum *Climate Engineering* an der Freien Universität Berlin abzuhalten, aus der dieser Band hervorgegangen ist. Steffen Richter und Andreas Rötzer vom Verlag Matthes & Seitz zeigten gleich von Anfang an großes Interesse an der Thematik und haben sich engagiert, dass dieser Band am besten dafür denkbaren Ort, in der Reihe der *Dritten Natur*, erscheinen kann.

DÜSSELDORF, BERLIN IM SOMMER 2020

Paperback bei Matthes & Seitz Berlin

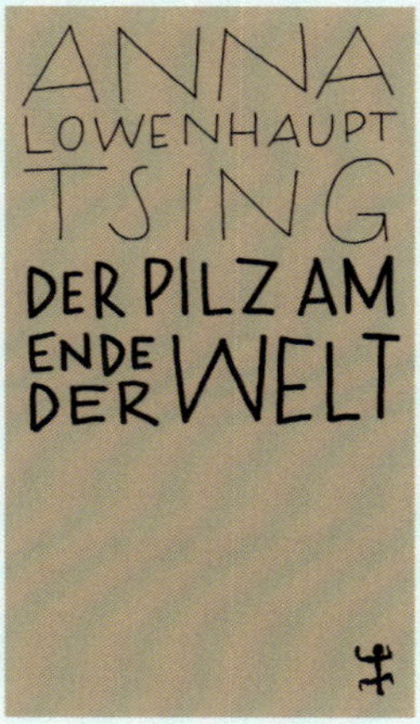

Anna Lowenhaupt Tsing

Der Pilz am Ende der Welt

Über das Leben in den Ruinen des Kapitalismus

445 Seiten, Broschur

Das erste neue Leben, das sich nach der nuklearen Katastrophe in Hiroshima wieder regte, war ein Pilz. Ein Matsutake, einer der wertvollsten Speisepilze Asiens, der bevorzugt auf von der Industrialisierung verwüsteten Böden wächst und nicht kultivierbar ist. In ihrem kaleidoskopischen Essay geht die Anthropologin Anna Lowenhaupt Tsing den Spuren dieses Pilzes sowie seiner biologischen und kulturellen Verbreitung nach und begibt sich damit auch auf die Suche nach den Möglichkeiten von Leben in einer vom Menschen zerstörten Umwelt.

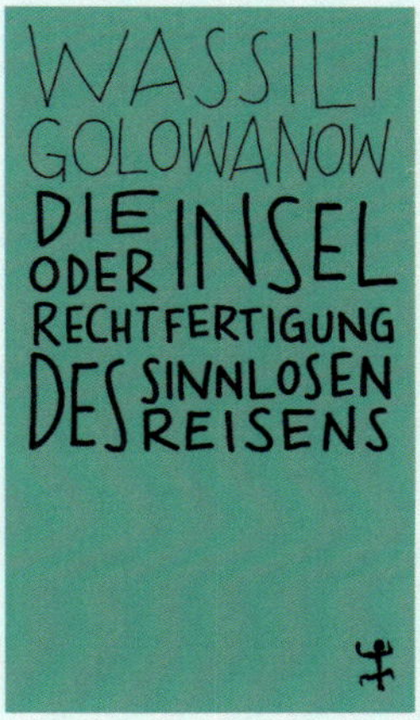

Wassili Golowanow

Die Insel

oder Rechtfertigung des sinnlosen Reisens

528 Seiten, Broschur

Mit unerhörter Intensität beschreibt Wassili Golowanow seine Reisen auf die Insel Kolgujew in der östlichen Barentssee. Er entwirft eine von Mythen, Märchen und Legenden getränkte Sinfonie der Region, die sich aus geologischen, mythischen und historischen Elementen zusammensetzt. Seine Reisen führen ihn nicht nur auf eine karge Insel, deren Bewohner von Rentierzucht leben und auf der Erdöl gefördert wird, sondern auch in eine archaische Welt, in der er nach erschütternden Lebenskrisen zu sich selbst kommt.

Philippe Mirowski

Untote leben länger

Warum der Neoliberalismus nach der Krise noch stärker ist

352 Seiten, Broschur

Der Ökonom Philip Mirowski verfolgt das neoliberale Projekt bis zu seinen Anfängen zurück und zeigt, wie es gelingen konnte, der Welt eine ökonomische Theorie nach starren mathematischen Gesetzen überzustülpen. Seine tiefgreifende, bissig und anschaulich geschriebene Untersuchung zeigt, dass sich der Neoliberalismus zu einer Kultur verdichtet hat, die auch unser Denken fest im Griff hat. Die Krise der Wirtschaft entpuppt sich so auch als intellektuelle Krise.

www.matthes-seitz-berlin.de

STEFAN SCHÄFER ist Forschungsgruppenleiter am Institute for Advanced Sustainability Studies in Potsdam und Fellow an der Harvard Universität sowie der Universität Oxford. Er untersucht u.a. die sozialen, ethischen und epistemologischen Dimensionen neuer planetarer Wissenschaften und Technologien. Schäfer ist Mitbegründer des LiCo Kollektivs, dessen jüngste Arbeiten der Essay »The Missing Mineral«. In: *Migrant Journal* #5 und das Video »This Extraordinary Rock« für die Ausstellung *Lithium* (Het Nieuwe Instituut, Rotterdam) sind.

FRANZ MAUELSHAGEN ist Historiker an der Universität Bielefeld mit Forschungsschwerpunkten in der Klimageschichte, der Wissenschaftsgeschichte, der Geschichte großer Transformationen und der Naturkatastrophen. Zu seinen wichtigsten Veröffentlichungen zählen *Klimageschichte der Neuzeit* (2011); *Palgrave Handbook of Climate History* (2018), sowie zuletzt »The dirty metaphysics of fossil freedom«, in: *The Anthropocenic Turn: The Interplay Between Disciplinary and Interdisciplinary Responses to a New Age* (2020).

Die technologische Kolonisierung des Klimas

STEFAN SCHÄFER
FRANZ MAUELSHAGEN

> Nun ist keine Frage, dass, wie das Klima ein Inbegriff von Kräften und Einflüssen ist, zu dem die Pflanze wie das Tier beiträgt und der allen Lebendigen in einem wechselseitigen Zusammenhange dienet, der Mensch auch darin zum Herrn der Erde gesetzt ist, dass er es durch Kunst ändre.[1]
>
> JOHANN GOTTFRIED HERDER

Die Sätze, die als Motto am Anfang dieses Beitrags stehen, treffen ganz unmittelbar einen Nerv der Debatte um *Climate Engineering*. Sie legitimieren die Änderung des Klimas mit den Mitteln der »Kunst«, bei der Johann Gottfried Herder (1744–1803) zweifellos das griechische Wort τέχνη (*téchne*) im Sinn hatte. Herder, das werden wir später zeigen, steht an der Schwelle zu einem neuen Klimaverständnis in Wissenschaft und Gesellschaft. Dieser Paradigmenwechsel bedingte, dass sich lange zuvor bestehende Vorstellungen menschlicher Wettermanipulation vom Lokalen aufs Globale und vom Kurzfristigen ins Dauerhafte ausdehnen konnten. Das ist Bedingung der Möglichkeit von *Climate Engineering* und markiert eine historische Schnittstelle. Im Unterschied zu anderen Autoren gehen wir chronologisch nicht hinter diese Schnittstelle zurück.[2] Wir verstehen Imaginationsgeschichte von den Grenzen des Vorstellbaren her und damit als Spezialfall einer umfassenderen Ideengeschichte. Das bedeutet, dass wir uns in unserer Schilderung vor allem an Grenzverschiebungen als prägnanten Momenten in der Imaginationsgeschichte des Klimas und des *Climate Engineerings* leiten lassen. So lässt sich außerdem der Versuchung widerstehen, eine historische Nacherzählung aller Versuche technologischer Naturmanipulation anzustreben, die aus heutiger Sicht mit Wetter oder Klima in Verbindung gebracht werden könnten.

Herder hatte in Buffon seinen Widerpart auf Seiten der Naturgeschichte. Beide gemeinsam markieren für uns den prägnanten Moment, in dem erstmals die Vision technologischer Klimakontrolle Form annahm, noch unbelastet von moralischen Skrupeln, generellen Ängsten gegenüber einer zurückschlagenden Natur, den konkreteren Befürchtungen der Risikofolgenabschätzung oder den möglichen Folgen eines Überschreitens sogenannter Kippunkte (engl. *tipping points*), an denen das Klimasystem den bisher stabilen Zustand des Holozän verlässt und in einen neuen Systemzustand umkippt.[3] Was sich Ende des 18. Jahrhunderts herausbildete und heute im zeitgenössischen Klimadiskurs weiterwirkt, bezeichnen wir als *Kolonisierung des Klimas*. »Kolonisierung« ist dabei auch, aber keineswegs nur Metapher. Wir drängen mit der Wahl dieses Ausdrucks auf Anerkennung des Umstands, dass die Ideengeschichte technologischer Klimabeherrschung zutiefst in die zivilisatorische Mission des europäischen Kolonialismus und seine Folgen verstrickt ist. Beherrschung der Natur war gleichbedeutend mit ihrer Transformation, was besonders in der sogenannten »Neuen Welt« bedeutete, die vorgefundene, vermeintlich wilde Natur umzuformen. Wir werden zeigen, dass auch die Veränderung des Klimas ab einem bestimmten Punkt Teil dieses »Masterplans« wurde. Auch über ihren ursprünglichen kolonialen Zusammenhang hinaus bleibt die Imaginationsgeschichte technologischer Klimabeherrschung in Vorstellungen gesellschaftlicher Transformation verstrickt. Mit diesem Nexus zwischen Natur- und Gesellschaftstransformation ist der Kern unserer Überlegungen benannt. Unser historisch-politischer Längsschnitt vom späten 18. Jahrhundert bis in die Gegenwart wird dabei sowohl Kontinuitäten als auch Brüche in der Imaginationsgeschichte des Klimas und seiner Manipulierbarkeit erkennbar machen.

Die koloniale Vision der Klimakontrolle

Die Imagination menschlicher Klimamanipulation reicht bis ins späte 18. Jahrhundert zurück, denn schon damals waren zwei Bedingungen für die Denkbarkeit menschlicher Beeinflussung des Klimas erfüllt: Zum einen herrschte bereits die Vorstellung von einem Weltklima, das durch die Atmosphäre ein global verbundenes und zusammenhängendes System der Wärmeverteilung auf dem Planeten Erde bildet. Zum anderen galt das Weltklima als veränderbar und nicht als statisch oder konstant.

Beide Vorstellungen waren keine Selbstverständlichkeit. Sie entwickelten sich mit der ersten Debatte über Klimawandel, die im 18. Jahrhundert geführt wurde. Und diese Debatte war kolonial. Sie war Teil einer umfassenderen Auseinandersetzung um die Neue Welt und den Zustand ihrer Natur im Vergleich zum »alten Kontinent« Europa. Und sie war von der Idee geprägt, dass Entwaldung und Trockenlegung ganzer Landschaften durch agrarische Kolonisierung das Klima in günstiger Weise zu modifizieren vermögen. Diese Idee war keineswegs Konsens. Über sie wurde vielmehr kontrovers debattiert, unter Beteiligung vieler Denker von Rang und Namen: Benjamin Franklin, der Comte de Buffon, Thomas Jefferson, später auch François Arago und Alexander von Humboldt, um nur einige zu nennen.[4] Ausgangspunkt war die Erfahrung ungewöhnlich kalter Winter in den englischen und französischen Kolonien des amerikanischen Nordostens. Die kalte Jahreszeit fiel erheblich kälter aus als das westeuropäische Klima in Ländern und an Orten vergleichbarer geografischer Breite. Über die Ursachen kursierten unterschiedliche Theorien. Eine davon schien sich in der milden zweiten Hälfte des 18. Jahrhunderts zu bestätigen, jedenfalls aus Sicht ihrer Anhänger: die These einer Veränderung des rauen nordamerikanischen Klimas durch Entwaldung.

Am Ende dieser Entwicklung, die mit der Debatte über das nordamerikanische Klima begonnen hatte, stand die vergleichende Klimatologie Alexander von Humboldts.[5] Humboldt selbst hat an verschiedenen Stellen seines Gesamtwerkes auf diesen Zusammenhang hingewiesen. So heißt es etwa im Spätwerk *Kosmos*: »Die Fortschritte der Klimatologie sind auf eine merkwürdige Weise dadurch begünstigt worden, daß die europäische Civilisation sich an zwei einander gegenüberstehenden Küsten verbreitet hat, daß sie von unserer westlichen Küste zu einer östlichen jenseits des atlantischen Thales übergegangen ist.«[6] Der transatlantische Temperaturvergleich war schon 1817 zentrales Anliegen für die Veröffentlichung der ersten Isothermenkarte gewesen.[7] Erstmals konnte Humboldt durch eine kritische Auswahl von Messdaten belegen, dass die Unterschiede zwischen den beiden Atlantikküsten keine Fiktion waren. Allerdings war Humboldt wie viele andere Forscher seiner Zeit, etwa Arago oder der Däne de Schouw, skeptisch, ob sich dieser Unterschied durch Entwaldung aufheben ließ.

Die Diskussion um die Eiszeiten, die um 1830 einsetzte, drängte die Debatte um einen anthropogenen Klimaeinfluss nach und nach in den wissenschaftlichen Hintergrund.[8] Die Vorstellung einer Art kolonialen Klimamanagements durch Entwaldung blieb gleichwohl auch im 19. und 20. Jahrhundert lebendig. Vor allem blieb sie koloniales Programm, das auch zu Widerspruch herausforderte, wie Richard Grove schon in den 1990er Jahren gezeigt hat.[9] Als systematisch angewandte und intentional auf Klimaveränderung ausgerichtete Maßnahme gehört das Flächenmanagement des europäischen Kolonialismus in unseren Zusammenhang. Es inspirierte noch im 18. Jahrhundert sogar die imaginative Ausdehnung dieser Idee aufs globale Ganze und auf die geologische Zeitskala. So bei Buffon, der in den *Epochen der Natur* (1781) eines der historischen Vorläuferkonzepte für das entwickelte, was seit der Jahrtausendwende unter der Bezeichnung »Anthropozän« diskutiert wird, also eine erdgeschichtliche Epoche, die von menschlichem Einfluss geprägt ist.[10] Die siebte und letzte Epoche in seiner Periodisierung der Erdgeschichte war in der Vorstellung Buffons dadurch gekennzeichnet, dass nun »die Kraft des Menschen die Kraft der Natur unterstützte«.[11] Letztlich übertrug Buffon damit nur die aufklärerische Vision einer totalen Transformation der ersten in eine bessere zweite Natur aus der Geschichtsphilosophie seiner Zeit in das Gebiet der Erdgeschichte.[12] Gegen Ende seiner Ausführungen erwog er, dass menschliche Kraft sogar in der Lage sein könnte, der allmählichen Abkühlung der Erde entgegenzuwirken:

> Nichts scheint schwerer, ja selbst unmöglicher zu sein, als sich dem allgemeinen Kaltwerden der Erde zu widersetzen und das Klima eines Landes wärmer zu machen; indeß kann der Mensch es und hat es schon wirklich gethan. Paris und Quebec liegen ohngefähr unter einer Breite, und gleich hoch, auf dem Erdboden; es würde daher in Paris eben so kalt seyn, als in Quebec, wären Frankreich und die angränzenden Länder eben so von Menschen entblößt, eben so mit Waldung bedeckt, und eben so von dem Wasser überströmt, als die Länder, welche an Canada gränzen. Wenn man ein Land gesünder macht, anbauet und bevölkert, so theilt man demselben auf viele Tausend Jahre Wärme mit, und diese Bemerkung kömmt dem einzigen vernünftigen Vorwurfe zuvor, welchen man gegen meine Meynung, oder vielmehr gegen die wirkliche Thatsache des Kaltwerdens der Erde machen kann.[13]

Herder hat diese Überlegungen Buffons, die ihm zweifellos bekannt waren, nur wenige Jahre später wieder in die Geschichtsphilosophie rückgeholt und damit den Kreis zwischen Menschen- und Naturgeschichte von der anderen Seite her geschlossen. In seinen *Ideen zur Philosophie der Geschichte der Menschheit* resümierte er den menschlichen Einfluss auf das Klima in einer kurzen historischen Erzählung:

> Seitdem er das Feuer vom Himmel stahl und seine Faust das Eisen lenkte, seitdem er Tiere und seine Mitbrüder selbst zusammenzwang und sie sowohl als die Pflanze zu seinem Dienst erzog, hat er auf mancherlei Weise zur Veränderung desselben mitgewirket. Europa war vormals ein feuchter Wald, und andre jetzt kultivierte Gegenden waren's nicht minder: es ist gelichtet, und mit dem Klima haben sich die Einwohner selbst geändert. Ohne Polizei und Kunst wäre Ägypten ein Schlamm des Nils worden: es ist ihm abgewonnen, und sowohl hier als im weitern Asien hinauf hat die lebendige Schöpfung sich dem künstlichen Klima bequemet. Wir können also das Menschengeschlecht als eine Schar kühner, obwohl kleiner Riesen betrachten, die allmählich von den Bergen herabsteigen, die Erde zu unterjochen und das Klima mit ihrer schwachen Faust zu verändern. Wie weit sie es darin gebracht haben mögen, wird uns die Zukunft lehren.[14]

Herders künstliches Klima war zugleich Tatsachenbehauptung und Zukunftsvision, angetrieben von einem Gestaltungsauftrag, der im Schöpfungsgedanken der *Genesis* verankert war, wie das Eingangszitat am Beginn unseres Beitrags bereits zeigte. Dieser Auftrag beschränkte sich keineswegs nur auf die den Menschen *umgebende* Natur, das Klima, seine Umwelt im Ganzen, sondern er wirkte zurück auf die *menschliche* Natur selbst.

Die anthropologische Basis für diese Rückkopplung bot die Verbesserungsfähigkeit (*perfectibilitas*) des Menschen. Das war auch schon Montesquieus (1689–1755) Idee in seiner Auseinandersetzung mit dem Klima gewesen. Sie zielte letztlich auf ein besseres Verständnis institutioneller, insbesondere juristischer Möglichkeiten ab, die von geografischer und klimatischer Vielfalt geprägte menschliche Natur auf die Bahn der Zivilisation zu lenken.

Die Idee der Perfektibilität des Menschen war einerseits Kern einer optimistischen Anthropologie. Andererseits wurde sie mit einer Metageschichte der Zivilisierung verknüpft, in der die prinzipielle Gleichheit aller Menschen praktisch wieder einkassiert wurde. In diesem Denken, das zwar von Ausnahmen wie Rousseau abgelehnt wurde, aber politisch bis ins 20. Jahrhundert äußerst wirkmächtig blieb, sahen sich Europäer an der Spitze eines Stufenmodells der Zivilisation, in dessen Verlauf bestimmte Entwicklungsphasen unweigerlich zu durchlaufen waren. Die kulturelle Vielfalt der Gegenwart war in dieser Hinsicht geprägt von Ungleichzeitigkeit, die in Ungleichheit übersetzt wurde. Nichteuropäer hatten sich an europäisches Zivilisationsniveau anzupassen, bevor sie gleiches Recht oder auch nur Selbstbestimmung für sich beanspruchen konnten. Der Zivilisierungsauftrag, der an die Stelle des älteren Christianisierungsauftrags trat, ohne ihn völlig zu ersetzen (es wurde natürlich weiter missioniert), verschaffte kolonialer Herrschaft Legitimation, die im Extremfall bis zur Rechtfertigung der Sklaverei reichen konnte. Zivilisatorische Geschichtsmetaphysik schränkte so die universale Geltung der Menschenrechte ein.

Auch koloniale Visionen intendierter Klimaveränderung gehören in diesen Kontext. Das bedeutet aber nicht, dass Denker wie Herder, die diese Idee grundsätzlich befürworteten, sich blind einer Politik der Zivilisierung durch Klimaveränderung verschrieben hätten. Es spricht für die Komplexität, die das organische Zusammenwirken klimatischer und kultureller Faktoren im Denken Herders erreichte, dass er kruden Formen der Umweltveränderung eine Absage erteilte. So warnte er davor zu meinen, »*daß die Kunst der Menschen mit stürmender Willkür einen fremden Erdteil sogleich zu einem Europa umschaffen könne*, wenn sie seine Wälder umhauet und seinen Boden cultivieret: denn die ganze lebendige Schöpfung ist im Zusammenhange und dieser will nur mit Vorsicht geändert werden«.[15]

Es ließe sich zeigen, dass in der Imagination kolonialer Klimakontrolle und seiner Verknüpfung mit dem Zivilisationsgedanken ein Überrest der alten Einheit von Natur- und Menschengeschichte steckt, die im 19. Jahrhundert von der Evolutionstheorie und mit Entdeckung der geologischen Tiefenzeit aufgekündigt wurde. Schon Ende des 18. Jahrhunderts befand sich die alte Naturgeschichte im Auflösungszustand. Man sieht dies unter anderem daran, dass sich die Vorzeichen der Geschichtsmetaphysik in der Aufklärung umkehrten: An die Stelle des Zulaufens auf ein apokalyptisches Ende trat der Fortschritt in eine bessere Zukunft. Die Wirkungsgeschichte dieser verführerischen Metahistorie erstreckte sich über Europa hinaus. Sie besetzte durch die koloniale Expansion ein welthistorisch bedeutendes Spielfeld und diente als Legitimation, dort die Verwandlung »wilder«

Umwelten, die Europäer in den beiden Amerikas vorzufinden meinten, und die »Zivilisierung« indigener Bevölkerungen anzustreben. Wir werden sehen, dass sich dieses Muster bis ins 20. Jahrhundert durchhielt und in verschiedenen *Climate-Engineering*-Projekten weiterwirkte. Erst an dem Punkt, an dem das moderne Klimawissen um die Einsicht erweitert wurde, dass das fossile Energieregime einen anthropogenen, aber alles andere als kontrollierten Klimawandel in Gang gesetzt hat, gerieten *Climate-Engineering*-Visionen in ein verändertes Umfeld.

Climate Engineering im Kontext ingenieurstechnischer Großprojekte

Das koloniale Projekt mit den Bausteinen des zivilisatorischen Wandels und der parallelen Naturtransformation wurde auch im 19. Jahrhundert fortgesetzt. Dabei rückte zunehmend der afrikanische Kontinent in den Mittelpunkt der Anstrengungen und trat gleichsam in die Fußstapfen der »neuen Welt« als Bühne für die Entfaltung europäisch-imperialer Zivilisierungsvorstellungen. Im »Wettlauf um Afrika«, der um 1880 einsetzte, spielten Großbauprojekte eine besondere Rolle, mit denen moderne Ingenieurskunst Natur nach menschlichen Vorstellungen neu gestalten sollte. Die Planer arbeiteten sich mit besonderer Vorliebe an großen Wassermassen ab: Neue Meere sollten entstehen, alte trockengelegt werden. Erfolge im Damm- und Kanalbau befeuerten den Glauben an die Machbarkeit solch großangelegter Eingriffe. Zur selben Zeit, als der Suezkanal bereits befahren wurde, der Panamakanal sich im Bau befand und man dabei war, die Zuiderzee trockenzulegen, erschienen ein Fluten der Sahara oder ein Trockenlegen des Mittelmeers als vielversprechende Projekte vernünftiger Umgestaltung unwirtlicher Naturräume.[16] Dabei rekurrierten die Protagonisten nun stets auch auf die zu erwartenden Klimaeffekte großangelegter Naturmanipulation.

Koloniale Pläne zur Flutung der Sahara fanden im Rahmen der deutsch-ägyptischen Entwicklungspolitik in den 1960er und 1970er Jahren ihre Fortsetzung. Mitte der 1960er Jahre widmete sich der deutsche Wasserbauingenieur Friedrich Bassler (1909–1992), der die Region in den frühen 1940er Jahren als Offizier in Erwin Rommels Afrikafeldzug kennengelernt hatte, der Frage, ob eine Flutung der ägyptischen Kattara-Senke machbar wäre. Bassler argumentierte, dass der Kanalbau, für den zuvor die technischen Möglichkeiten gefehlt hätten, nun durch die Technik des »Nuklearausbruchs« zu bewerkstelligen wäre.[17] Die Landmassen, die für eine Flutung der Kattara-Senke bewegt werden mussten, sollten durch Atombomben beiseitegeschafft werden. Die libysche Regierung zeigte sich von solchen Plänen alarmiert, die USA interessiert.[18] Schließlich gab die ägyptische Regierung den Plan auf. Den umgekehrten Effekt einer Flutung der Sahara verfolgte seit den späten 1920er Jahren der deutsche Architekt Hermann Sörgel (1885–1952). Dessen Plan sah vor, den Wasserspiegel des Mittelmeers mithilfe eines Staudamms an der Straße von Gibraltar um 200 Meter zu senken. Doch auch diesem Projekt, das Europa und Afrika zum Kontinent »Atlantropa« vereinen sollte, blieb die Umsetzung glücklicherweise verwehrt.[19] Die oftmals tragische Geschichte technischer Großprojekte im 20. Jahrhundert ist hinreichend dokumentiert.[20]

Es sind diese Vorstellungen großtechnischer Bearbeitung von Natur, die auch die ersten Überlegungen zur Klimamanipulation unter dem Vorzeichen des anthropogenen Klimawandels, wie er uns heute in Wissenschaft und Politik begegnet, bestimmten. Die Wissenschaftsgeschichte des anthropogenen Klimawandels wird meist so erzählt, als beginne sie mit der Entdeckung des Treibhauseffekts durch Joseph Fourier (1768–1830).[21] Dabei haben wir bereits gesehen, dass sie ideengeschichtlich mindestens bis in die zweite Hälfte des 18. Jahrhunderts zurückreicht.[22] Aber erst die Kohlendioxidmessungen, die auf Mauna Loa und an anderen Orten ab Ende der 1950er Jahre durchgeführt wurden, erlaubten es, bis dahin bestehende Ungewissheiten für ausgeräumt zu erklären, ob und in welchem Maße sich die Kohlenstoffemissionen aus der Verbrennung fossiler Brennstoffe in der Atmosphäre konzentrieren. Dies erwies sich als entscheidende Voraussetzung dafür, das Problem in seiner heute allgegenwärtig proklamierten Dringlichkeit zu artikulieren, Gegenmaßnahmen zu erwägen und die zu befürchtende Klimaerwärmung zum Gegenstand politischen Handelns zu machen.[23]

Es genügten weniger als zehn Jahre atmosphärischer CO_2-Messungen durch Charles Keeling (1928–2005), bis das Thema politische Wirkkraft zu entfalten begann. Auf Initiative von Keelings einflussreichem Förderer Roger Revelle (1909–1991), der dem President's Science Advisory Committee (PSAC) angehörte, erwähnte Präsident Lyndon B. Johnson (1908–1973) in seiner *Special Message to the Congress on Conservation and Restoration of Natural Beauty* vom 8. Februar 1965 unter der Überschrift »Pollution« unter anderem »eine stetige Zunahme von Kohlendioxid aus der Verbrennung fossiler Brennstoffe«.[24] Das PSAC veröffentlichte im November 1965 *Restoring the Quality of Our Environment* – den ersten an hochrangige US-Regierungsmitglieder adressierten Bericht, der den anthropogenen Klimawandel als potenziell schadenbringende Entwicklung benannte. Darin warnten die Wissenschaftler, dass als Folge ansteigender Kohlendioxidkonzentrationen in der Atmosphäre mit einer veränderten Wärmebilanz der Atmosphäre zu rechnen wäre, in dem Maße, »dass markante Klimaveränderungen, unkontrollierbar durch lokale oder sogar nationale Anstrengungen, auftreten könnten«.[25] Diesen könne jedoch durch eine Erhöhung der planetarischen »Albedo oder Rückstrahlung der Erde« entgegengewirkt werden, »beispielsweise durch Verteilung kleiner reflektierender Partikel über große Teile des Ozeans«.[26] Das PSAC ging von der Diagnose des anthropogenen Klimawandels also unmittelbar zum Lösungsansatz *Climate Engineering* über. Das Reduzieren von Treibhausgasemissionen als Antwort auf den anthropogenen Klimawandel war hier also noch keineswegs »Plan A« und *Climate Engineering* im Verhältnis dazu nur »Plan B«, was heute eine der gebräuchlichsten Diskursfiguren ist.[27]

Noch in den 1970er Jahren waren die alten kolonialen Ideen großtechnischer Ingenieursleistungen präsent. So veröffentlichten die Klimawissenschaftler William Kellogg und Stephen Schneider 1974 einen Beitrag im Fachmagazin *Science*, in dem sie Maßnahmen zur Klimastabilisierung in einer anschaulichen Weltkarte einzeichneten (siehe Abb. 1).[28] Zu diesen Maßnahmen gehörten eine Manipulation der Beringstraße und des Golfstroms sowie das Erzeugen künstlicher Seen in Nordafrika. Auch könnten tropische Wälder abgeholzt und arktisches Meereis eliminiert werden, Letzteres zum Beispiel durch den Einsatz »sauberer thermonuklearer Bomben«. Auch das Erzeugen einer »stratosphärischen Staubschicht« wurde erwähnt – ein Vorschlag, der auch heute unter den Maßnahmen des *solar radiation management* (SRM) erwogen wird. Der anthropogene Klimawandel war zwar thematischer Aufhänger der Überlegungen Kelloggs und Schneiders, es ging ihnen jedoch in erster Linie darum, dass »die Menschheit, mit so viel Energie in ihrer Kontrolle, sehr wahrscheinlich die technologische Fähigkeit habe, das Klima sowohl absichtsvoll als auch unbeabsichtigt zu verändern« – ohne dass sie diese zukünftige Macht notwendigerweise an eine Eindämmung globaler Erwärmungstrends zweckgebunden sahen.[29] Die Klimastabilisierung konnte in der Vorstellung von Kellogg und

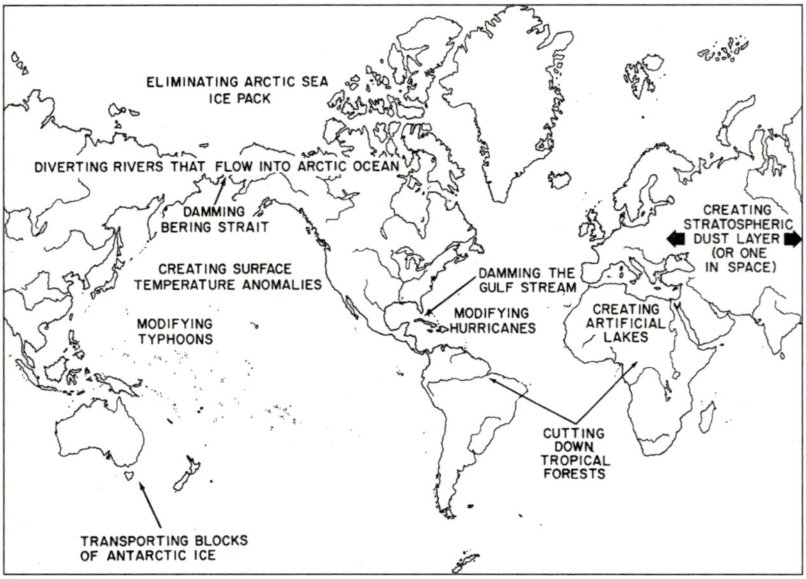

Abb. 1 Weltkarte aus Kellogg und Schneider 1974, in der unterschiedliche Ansätze zur Klimamanipulation eingezeichnet sind.

Schneider sowohl zur allgemeinen Verbesserung des Klimas als auch zur Abwehr möglicher Verschlechterungen genutzt werden, gleichgültig ob diese natürlich oder anthropogen waren. Ganz im Geiste Herders erscheint der Mensch hier als ein klimabestimmender »kleiner Riese«, nur war er inzwischen mithilfe neuer Technologien zu einem planetaren Baumeister geworden.

Jenseits des Beitrags von Kellogg und Schneider gab es zahlreiche weitere Veröffentlichungen zum Thema. Besonders in den USA diskutierten Bewertungsstudien zum Klimawandel seit 1965 immer wieder, inwiefern *Climate Engineering* ein Beitrag zur Lösung des Problems sein könnte.[30] Insofern verwundert, dass der Nobelpreisträger Paul Crutzen im Jahr 2006 dafür plädierte, die Forschung zu *Climate Engineering* solle keinem Tabu unterliegen – wurde doch bereits Jahrzehnte daran geforscht. Dennoch entwickelte sich der von Crutzen proklamierte Tabubruch zur wirkmächtigen Diskursfigur. Viele Autoren griffen die Vorstellung auf, dass mit Crutzens Essay eine neue, tabubefreite Ära der *Climate-Engineering*-Forschung ins Leben gerufen wurde. Hier zeichnet sich also eine Sollbruchstelle in der Vorstellungswelt großangelegter Naturmanipulation im Kontext globalen Klimawissens ab, auf die wir im Folgenden näher eingehen wollen.

Climate Engineering als globales Optimierungsproblem

Tatsächlich bewegte sich etwas nach der Veröffentlichung von Crutzens Beitrag. So haben Oldham et al. (2014) anhand einer bibliografischen Analyse gezeigt, dass die Zahl der wissenschaftlichen Veröffentlichungen zum *Climate Engineering* nach 2006 stark anstieg.[31] Auch erschien eine neue Welle von Bewertungsstudien zum Thema, und das nicht nur in den USA. Die britische Royal Society legte im Jahr 2009 einen Bericht vor, das deutsche Bundesministerium für Bildung und Forschung legte 2011 nach.[32] Im Jahr 2015 wurden ein Bericht im Auftrag der Europäischen Kommission und zwei Berichte der amerikanischen National Academy of Sciences veröffentlicht.[33] In Deutschland, dem Vereinigten Königreich und China wurden staatlich geförderte Forschungsprogramme ins Leben gerufen.

Diese Entwicklungen allein auf Crutzens Beitrag zurückzuführen, wäre zu einfach. Doch vor dem Hintergrund der oben ausgeführten Imaginationsgeschichte großangelegter Naturtransformation im Kontext globalen Klimawissens bietet sich eine Interpretation an, in der Crutzens Beitrag und vor allem dessen Inszenierung als gezieltem Tabubruch durchaus eine gewichtige Rolle zukommt. In der heutigen postkolonialen Diskursordnung sind technische Großprojekte wie das Fluten der Sahara oder die Trockenlegung des Mittelmeers ebenso wie jüngere Überlegungen zur Naturtransformation mittels »Nuklearausbruch« (Bassler) weitgehend diskreditiert. Dennoch stand, wie wir gezeigt haben, das *Climate Engineering* bis in die 1970er Jahre noch im Schlagschatten genau dieser großtechnischen, kolonial geprägten Imaginationsgeschichte. Aus diesem Kontext musste es sich erst lösen, bevor es Eingang in den wissenschaftlichen und politischen Mainstream des frühen 21. Jahrhunderts finden konnte. Der Topos des Crutzen'schen Tabubruchs steht im Dienst dieser Emanzipation. Sie markiert eine Bruchstelle, die Vorangegangenes aus dem Diskursraum verbannt. Dazu zählen auch inzwischen in Misskredit geratene Ambitionen, Klimamanipulation und Umwelttransformation explizit mit Zielen zur Zivilisierung vermeintlich rückständiger Bevölkerungen zu verknüpfen. Erst dieser imaginationsgeschichtliche Bruch mit der kolonialen Vergangenheit machte es möglich, die neue Forschungsliteratur zu *Climate Engineering* als rational, technologisch und wissenschaftlich avanciert sowie moralisch unverdächtig zu positionieren. Wir kommen am Schluss darauf zurück.

Der Anstieg an wissenschaftlichen Fachpublikationen, den Oldham und seine Koautoren im Anschluss an Crutzens Beitrag verzeichnen, weist aber noch auf einen weiteren Bruch hin. Er deutet darauf hin, dass das *Climate Engineering* nun vollends Eingang in den modernen Wissenschaftsbetrieb gefunden hat. Die Arbeitsweisen der Klimawissenschaft unterscheiden sich heute zwar nicht fundamental von den bereits in den 1970er Jahren etablierten Verfahren, auf die sich auch Kellogg und Schneider schon bezogen. Aber die großtechnologische Bearbeitung von »Leverage Points«, die Kellogg und Schneider vorschwebte, tritt nun zunehmend in den Hintergrund, was unter anderem auf die Dominanz und gesteigerte Leistung computerbasierter Klimasimulationen zurückzuführen ist. Dabei werden die technologisch-infrastrukturellen Aspekte von *Climate Engineering* aus dem Blickfeld gerückt, zum Beispiel wenn in ökonomisch-physikalischen Modellrechnungen davon ausgegangen wird, dass gigantische Mengen Kohlendioxid aus der Atmosphäre entfernt werden können. Solche Annahmen unterfüttern auch die Modellrechnungen des Weltklimarats IPCC (Intergovernmental Panel on Climate Change), auf dessen Kalkulationen sich die Klimapolitik beruft. So sind die Pariser Temperaturziele, die vorsehen, die globale Erwärmung auf 2 Grad Celsius und wenn möglich auf 1,5 Grad Celsius zu begrenzen, in den Berechnungen des IPCC fast ausschließlich mithilfe großangelegter Kohlendioxidentnahme aus der Atmosphäre zu erreichen. Genau dies schwebte auch Cesare Marchetti vor, als er 1977 in der ersten Ausgabe der Fachzeitschrift *Climatic Change* den Begriff des »Geoengineering« prägte.[34]

Durch die computerbasierte Klimasimulation erhalten aber auch jene Ansätze Aufwind, die, mit vermeintlich geringem Materialaufwand, die bereits von Kellogg und Schneider ins Spiel gebrachten »Leverage Points« bedienen können. Statt über gigantische Kanäle oder Dämme soll das Klimasystem nun durch angeblich kleine Eingriffe mit großer Wirkung manipuliert werden, wobei der Fokus vor allem auf einer Reduktion des einfallenden Sonnenlichts durch SRM liegt. Die Klimawissenschaft steht hier ganz im Zeichen einer breiteren Entwicklung in Wissenschaft und Gesellschaft, in deren Mittelpunkt Konzepte wie »System« und »Netzwerk«, »Hebelwirkung«, »Flow« und »Design« stehen. *Climate Engineering* soll so als »Designproblem« gedacht werden, durch dessen Bearbeitung »multiple simultane Klimaziele« zu erreichen sind.[35] Zielkonflikte sollen durch »optimale Wahl nichtuniformen Strahlungsantriebs«[36] vermieden werden, also durch die räumliche und zeitliche Optimierung der Verteilung reflektierender Partikel in der Stratosphäre. Die Manipulation des globalen Klimas soll so »aretooptimierend« durchgeführt werden. Es sollen also nur so lange »Verbesserungen« am Klima vorgenommen werden, wie niemand »schlechter« gestellt wird.[37] Die Weltkarte, die diese Vorstellung illustriert, weist keinerlei Infrastrukturen zur Naturtransformation mehr auf – lediglich vier rote Punkte kennzeichnen die Koordinaten, an denen eine Partikelinjektion stattfinden soll (siehe Abb. 2).[38] Das Klimamodell wird hier Experimentierraum und Erfindungswerkstatt.[39]

Climate Engineering als Natur- und Gesellschaftstransformation

Wir haben in einem imaginationsgeschichtlichen Längsschnitt vom Ende des 18. Jahrhunderts bis in die Gegenwart Vorstellungen großangelegter Naturtransformation im Kontext globalen Klimawissens rekonstruiert. Dabei konnten wir Aspekte des Wandels und der Kontinuität aufzeigen, jedoch keine Konstanten. Selbst diejenige Kontinuität, die den gesamten Zeitraum überspannt – die Vision gezielter Klimamanipulation – hat verschiedene Konjunkturen erlebt und findet sich dabei in immer neuen wissens- und wissenschaftsgeschichtlichen Kontexten wieder. Auch die politischen Rahmenbedingungen haben im Verlauf von mehr als zwei Jahrhunderten stets neue Voraussetzungen geschaffen. So haben sich koloniale Ambitionen der Klimamodifikation im Laufe des 19. Jahrhunderts immer mehr von der »neuen Welt« auf den afrikanischen Kontinent verlagert. Dabei zeigt sich auch der epochale technologische Wandel, der durch die Industrialisierung bewirkt wurde: Neben die von agrarischer Erschließung vorangetriebene Entwaldung traten industrielle Großtechnologien wie Damm- und Kanalbau oder sogar die Trockenlegung ganzer Meere. Beide Vorstellungen hatten eine gewisse Lebensdauer: Auch der Wald, einmal als Kohlenstoffsenke entdeckt, beflügelt heute noch Ideen der Sequestrierung von Kohlenstoff durch großangelegte Wiederaufforstung.[40] Die Entwicklungspolitik hat die Lebenszeit der erwähnten Großbauprojekte über das Ende der Kolonialzeit hinaus verlängert und selbst frühe Überlegungen zum *Climate Engineering* in den 1960er und 70er Jahren noch beeinflusst.

Der große Bruch in diesen Linien wurde mit der Debatte um den anthropogenen Klimawandel herbeigeführt. Sie hat im letzten Drittel des

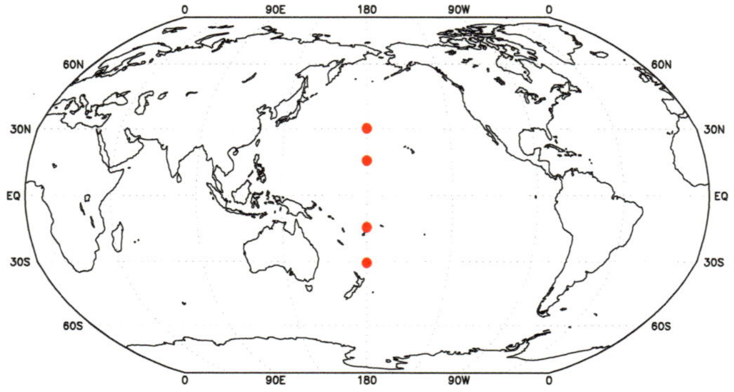

Abb. 2 Weltkarte aus Kravitz et al. 2017, in der vier Injektionspunkte eingezeichnet sind, von denen aus reflektierende Partikel in die Atmosphäre eingebracht werden könnten, um »multiple simultane Klimaziele« zu verfolgen. Das globale Klima erscheint so als Optimierungsproblem.

20. Jahrhunderts und noch deutlicher ab 2006 eine Neuordnung des Diskurses zur Klimamodifikation bewirkt. Befeuert von computergestützter Klimamodellierung ist seitdem ein neuer Machbarkeits- und Dringlichkeitsdiskurs entstanden, der das koloniale Vorbild mit dem Begriff des *Climate Engineering* diskursiv neu besetzt hat. Tabu erscheinen seitdem die alten großtechnologischen Planspiele, die sich Kolonialgebiete und später Entwicklungsländer als Spielfeld suchten. Spielfeld ist nun der Planet als Ganzes, wobei nationalstaatliche Grenzen und die mit ihnen verbundenen Fragen nach Souveränität, Herrschaft und zwischenstaatlichen Beziehungen zunächst aus dem Blickfeld bewegt werden. Auch der alte koloniale Nexus zwischen Naturtransformation und Zivilisierung oder Entwicklung, die *mission civilisatrice*, scheint somit der Vergangenheit anzugehören.

Dennoch, so meinen wir, ist das koloniale Band nicht so einfach zu durchschneiden. Das *Climate Engineering* kann seine Herkunft aus der Vorstellungswelt imperial-industrieller Welt- und Naturbeherrschung auch heute kaum verleugnen. Zunächst bleibt die technologische Kolonisierung des Klimas selbst als basale Tatsache bestehen. Nur war die Art und Weise, in der diese Kolonisierung stattfand, nämlich vor allem durch Verbrennung enormer Mengen fossiler Brennstoffe, keineswegs intendiert. Der anthropogene Klimawandel ist ein unbeabsichtigter Nebeneffekt der industriellen Expansion der Technosphäre (Peter Haff).[41] Mit ihr hat der »kleine Riese« Mensch einen großen Riesen geschaffen, der vermag, was die »schwache Faust« alleine nicht vermochte. Dabei ist auch jene Expansion der Technosphäre durch Erschließung okkupierter agrarischer Flächen, Verbreitung der kommerziellen Landwirtschaft und Extraktion von Rohstoffen (einschließlich fossiler Brennstoffe) tief in die koloniale Vergangenheit verstrickt. Dass sich die Folgen nun in Form des anthropogenen Klimawandels und damit einhergehender Angst vor zerstörtem Lebensraum, Massenmigration, ökonomischem Niedergang und Artensterben manifestieren, also genau jenen Gräueln, die Europäer jahrhundertelang den Einwohnern anderer Erdteile angetan haben, ist bittere Ironie der Geschichte.

Die Suche nach technologischen Lösungen ist Merkmal eines Klimadiskurses, der stillschweigend in kolonialen Mustern verharrt. Es entspricht diesem Muster und überrascht daher nicht, dass die bisher offenbar unzureichenden internationalen Anstrengungen zur Emissionsreduktion eine immer stärker werdende Sogwirkung in Richtung *Climate Engineering* erzeugen. Zwar stellt für viele der anthropogene Klimawandel die »imperiale Lebensweise« des globalen Nordens infrage,[42] eine Abkehr davon ist jedoch kaum zu beobachten. In Industrie- wie in Schwellenländern setzen die dominierenden politischen Zukunftsmodelle auch bei der Reduktion von Treibhausgasemissionen durch Transformation aller Wirtschaftssektoren auf neue Technologien und Marktmechanismen, die eine vermeintlich klimakonforme Fortführung bestehender Lebens- und Wirtschaftsweisen ermöglichen sollen. *Climate Engineering* ist dann nur die nächste Steigerungsform der Fortschreibung kolonial-imperialer Herrschaftsverhältnisse.

1 Johann Gottfried Herder: *Ideen zur Philosophie der Geschichte der Menschheit* [1784–1791]. München, Wien 2002, Bd. III.1, S. 244.

2 Anders z. B. James Rodger Fleming: *Fixing the Sky. The Checkered History of Weather and Climate Control.* New York 2010.

3 Vgl. z. B. IPCC: *Global Warming of 1.5°C. An IPCC Special Report on the Impacts of Global Warming of 1.5°C above Pre-industrial Levels and Related Global Greenhouse Gas Emission Pathways, in the Context of Strengthening the Global Response to the Threat of Climate Change, Sustainable Development, and Efforts to Eradicate Poverty.* Schweiz 2018, S. 559, im Glossar zu »tipping point«.

4 Die Debatte ist bis heute nicht vollständig aufgearbeitet, aber doch in wichtigen Umrissen bei Antonello Gerbi: *La disputa del Nuovo Mondo. Storia di una polemica, 1750-1900.* Mailand 1955, englische Übersetzung: Antonello Gerbi: *The Dispute of the New World. The History of a Polemic, 1750-1900.* Pittsburgh, PA 2010 und bei Clarence J. Glacken: *Traces on the Rhodian Shore. Nature and Culture in Western Thought from Ancient Times to the End of the Eighteenth Century.* Berkeley, CA 1967, S. 429–460. Siehe auch James Rodger Fleming: *Historical Perspectives on Climate Change.* New York, Oxford 1998, S. 11–32.

5 Diese Entwicklung ist ausführlicher dargestellt bei Franz Mauelshagen: *Ein neues Klima im 18. Jahrhundert.* In: *Zeitschrift für Kulturwissenschaften* 10.1 (2016), S. 39–57. Erweiterte englische Fassung dieses Beitrags: Franz Mauelshagen: *Climate as a Scientific Paradigm — Early History of Climatology to 1800.* In: Sam White

u. a. (Hg.): *The Palgrave Handbook of Climate History.* Basingstoke 2018, S. 565–588. Dort auch ausführliche Belege und kartografische Beispiele zur alten Klimalehre.

6 Alexander von Humboldt: *Kosmos. Entwurf einer physischen Weltbeschreibung* [146–1862]. Frankfurt am Main 2004, S. 167. Ähnlich Alexander von Humboldt: *Über die Haupt-Ursachen der Temperatur-Verschiedenheit auf dem Erdkörper* (Gelesen in der Akademie der Wissenschaften am 3. Juli 1827). In: *Abhandlungen der Königlichen Akademie der Wissenschaften zu Berlin. Aus dem Jahre 1827.* Berlin 1830, S. 295–316, hier S. 310.

7 Alexander von Humboldt: *Des lignes isothermes et de la distribution de la chaleur sur le globe.* In: *Mémoires de physique et de chimie de la Société d'Arcueil 3* (1817), S. 462–602. In deutscher Übersetzung: Alexander von Humboldt: *Von den isothermen Linien und der Verteilung der Wärme auf dem Erdkörper.* In: Alexander von Humboldt: *Schriften zur physikalischen Geographie* (Werke VI, Darmstädter Ausgabe). Hg. v. Hanno Beck. Darmstadt 2008, S. 18–96.

8 Franz Mauelshagen: *Historische Klimaforschung. Ursprünge, Trends und Zukunftsperspektiven eines interdisziplinären Forschungsfeldes.* In: *Frühneuzeit-Info* 28 (2017), S. 56–74, hier S. 58–60, sowie Franz Mauelshagen: *I cambiamenti climatici. Il caso della piccola era glaciale.* In: *Gnosis 3* (2018), S. 67–75.

9 Grove identifiziert im Widerspruch sogar koloniale Anfänge des Umweltschutzes, vgl. Richard Grove: *Green Imperialism: Colonial Expansion, Tropical Island Edens, and the Origins of Environmentalism, 1600–1860.* Cambridge, New York 1995, hier S. 435–437.

10 Obwohl schon früher geprägt, wurde das Anthropozän erst im Jahr 2000 von dem Nobelpreisträger Paul Crutzen in Umlauf gebracht, der auch in der Klimaengineering-Debatte eine zentrale Rolle spielte. Vgl. Paul J. Crutzen: *Geology of Mankind.* In: *Nature* 415 (2002), S. 23.

11 Georges Louis Le Clerc de Buffon: *Epochen der Natur.* St. Petersburg 1781, Bd. 2, S. 135.

12 Die Denkfigur der »zweiten Natur« reicht bis in die Antike zurück, vgl. Glacken: Traces on the Rhodian Shore, S. 116–149. Cicero bezeichnet sowohl die menschliche Gewohnheit als altera natura als auch die von Menschenhand veränderte Natur. Vgl. Cicero: *De finibus bonorum et malorum / Über das höchste Gut und das größte Übel.* Lat. / Dt. Hg. v. Harald Merklin. Stuttgart 1989, V, 25, 74, sowie *De natura deorum / Über die Natur der Götter.* Lat. / Dt. Hg. v. Ursula Blank-Sangmeister. Stuttgart 1995, II, 152, 60. Die anthropologische Dimension des Konzepts während der Aufklärung ist Thema bei Norbert Rath: *Zweite Natur. Konzepte einer Vermittlung von Natur und Kultur in Anthropologie und Ästhetik um 1800.* Münster 1996. Die Naturtransformation in Nordamerika wird u. a. bei Richard William Judd: *Second Nature. An Environmental History of New England.* Amherst 2014, thematisiert.

13 Buffon: *Epochen der Natur*, S. 157.

14 Herder: *Ideen zur Philosophie der Geschichte der Menschheit.* Bd. III/1, S. 244.

15 Herder: *Ideen zur Philosophie der Geschichte der Menschheit,* Bd. III/1, S. 256. Zur Komplexität des Herder'schen Klimaverständnisses siehe auch Eva Horn: *Klimatologie um 1800. Zur Genealogie des Anthropozäns.* In: *Zeitschrift für Kulturwissenschaften* 10.1 (2016), S. 87–102, hier S. 92 f.

16 Beispielhaft seien genannt die Planungen von François Élie Roudaire: *Une mer intérieure en Algérie.* In: Revue des Deux Mondes 3 (1874), S. 323–350; Donald Mackenzie: *The Flooding of the Sahara. An Account of the Proposed Plan for Opening Central Africa to Commerce and Civilization from the North-West Coast, with a Description of Soudan and Western Sahara, and Notes of Ancient Manuscripts, &c.* London 1877 und John Ball: *Problems of the Libyan Desert.* In: *The Geographical Journal* 70 (1927), S. 21–38, S. 105–128 und S. 209–224.

17 Friedrich Bassler: Nuklearausbruch und Pumpspeicherung als Kostenfaktoren der WKA Kattara-Senke. In: *Wasserbau-Mitteilungen der TH Darmstadt 7* (1971).

18 Vgl. zur Geschichte der deutschen Bemühungen um die Flutung der Kattara-Senke Theresa Lennert: *Vom »Jahrhundertwerk« zum »Politikum«. Machtpolitik in der west-deutschen Entwicklungspolitik mit Ägypten in den 1970er Jahren am Beispiel des »Kattara-Projektes«.* In: Christian Kleinschmidt, Dieter Ziegler (Hg.): *Dekolonisierungsgewinner: Deutsche Außenpolitik und Außenwirtschaftsbeziehungen im Zeitalter des Kalten Krieges.* Berlin, Boston, MA 2018, S. 75–102.

19 Dazu ausführlich Philipp Nicolas Lehmann: *Infinite Power to Change the World. Hydroelectricity and Engineered Climate Change in the Atlantropa Project.* In: *The American Historical Review* 121 (2016), S. 70–100.

20 Vgl. dazu Dirk van Laak: *Weiße Elefanten. Anspruch und Scheitern technischer Großprojekte im 20. Jahrhundert.* München 1999.

21 Etwa Spencer R. Weart: *The Discovery of Global Warming. Cambridge* (MA), London 2003.

22 Vgl. etwa Fleming: *Historical Perspectives on Climate Change,* S. 11–32 und Jan Golinski: *British Weather and the Climate of Enlightenment.* Chicago, IL und London 2007, S. 170–202.

23 Joshua P. Howe: *Behind the Curve. Science and the Politics of Global Warming.* Seattle 2014.

24 Public Papers of the Presidents of the United States: *Lyndon B. Johnson, 1965.* Volume I, entry 54, Washington (D.C.): Government Printing Office, 1966, S. 155–165. Gekürzte Version in Jerald C. Mast (Hg.): *Climate Change Politics and Policies in America. Historical and Modern Documents in Context.* Santa Barbara 2019, Bd. 1, S. 39 f.

25 John W. Tukey, Martin Alexander u. a.: *Restoring the Quality of Our Environment. Report of the Environmental Pollution Panel, President's Science Advisory Committee.* Washington (D. C.) 1965, S. 9. (»[...] to such an extent that marked changes in climate, not controllable through local or even national efforts, could occur«).

26 Tukey, Alexander u. a.: *Restoring the Quality of Our Environment*, S. 127.

27 Zur Charakterisierung als »Plan B« siehe z. B. https://www.zdf.de/nachrichten/heute/geo-engineering-als-plan-b-im-kampf-gegen-die-erderwaermung-100.html (5. 2. 2019); http://www.spiegel.de/wissenschaft/natur/klimawandel-geoengineering-als-plan-b-fuer-eine-zu-heisse-erde-a-1159027.html (5. 2. 2019); https://www.zeit.de/wissen/umwelt/2011-11/gastbeitrag-geoengineering-weltklimakonferenz (5. 2. 2019) und zahlreiche andere.

28 William W. Kellogg, Stephen H. Schneider: *Climate Stabilization. For Better or for Worse.* In: *Science* 186 (1974), S. 1163–1172.

29 Kellogg, Schneider: *Climate stabilization*, S. 186.

30 Tukey, Alexander u. a.: *Restoring the Quality of Our Environment;* National Research Council (U. S.).: *Changing Climate. Report of the Carbon Dioxide Assessment Committee.* Washington, D.C. 1983 und National Academy of und Sciences: *Policy Implications of Greenhouse Warming.* Washington, D.C. 1992.

31 Paul Oldham, Bronislaw Szerszynski u. a.: *Mapping the Landscape of Climate Engineering.* In: *Philosophical Transactions. Series A, Mathematical, physical, and engineering sciences* 372 (2014), http://doi.org/10.1098/rsta.2014.0065 (5. 2. 2019).

32 John Shepherd, Ken Caldeira u. a.: *Geoengineering the Climate. Science, Governance and Uncertainty.* London 2009 und Wilfried Rickels, Gernot Klepper u. a.: *Gezielte Eingriffe in das Klima? Eine Bestandsaufnahme der Debatte zu Climate Engineering* (Sondierungsstudie für das Bundesministerium für Bildung und Forschung), Kiel 2011.

33 Stefan Schäfer, Mark Lawrence u. a. (Hg.): *The European transdisciplinary assessment of climate engineering (EuTRACE). Removing greenhouse gases from the atmosphere and reflecting sunlight away from Earth.* 2015. National Research Council: *Climate intervention: Carbon dioxide removal and reliable sequestration.* Washington, D.C. 2015 und National Research Council: *Climate intervention: reflecting sunlight to cool earth.* Washington, D.C. 2015.

34 Cesare Marchetti: *On Geoengineering and the CO_2 Problem.* In: *Climatic Change* 1 (1977), S. 59–68.

35 Ben Kravitz, Douglas G. Mac-Martin u. a.: *First Simulations of Designing Stratospheric Sulfate Aerosol Geoengineering to Meet Multiple Simultaneous Climate Objectives.* In: *Journal of Geophysical Research: Atmospheres* 122 (2017), S. 12616–12634 und Ben Kravitz, Douglas G. MacMartin u. a.: *Geoengineering as a Design Problem.* In: *Earth System Dynamics* 7 (2016), S. 469–97.

36 Douglas G. MacMartin, David W. Keith u. a.: *Management of Trade-offs in Geoengineering Through Optimal Choice of Non-uniform Radiative Forcing.* In: *Nature Climate Change* 3 (2013), S. 365–368.

37 Juan B. Moreno-Cruz, Katharine L. Ricke u. a.: *A Simple Model to Account for Regional Inequalities in the Effectiveness of Solar Radiation Management.* In: *Climatic Change* 110 (2012), S. 649–68.

38 Kravitz, Douglas G. MacMartin u. a.: *First Simulations of Designing Stratospheric Sulfate Aerosol Geoengineering,* S. 12619.

39 Vgl. Thilo Wiertz: *Visions of Climate Control. Solar Radiation Management in Climate Simulations.* In: *Science, Technology, & Human Values* 41 (2016), S. 438–60.

40 Die Debatte wurde durch Leonard Ornstein, Igor Aleinov u. a.: *Irrigated Afforestation of the Sahara and Australian Outback to End Global Warming.* In: *Climatic Change* 97 (2009), S. 409–37 neu belebt. Zu Wiederaufforstung im Kontext eines Überblicks zu aktuellen Climate-Engineering-Studien siehe Richard Conniff: *The Last Resort.* In: *Scientific American* 320 (2019), S. 52–59.

41 Peter Haff: *Humans and Technology in the Anthropocene. Six Rules.* In: *The Anthropocene Review* 1 (2014), S. 126–136 schreibt der Technosphäre eine »autonome Dynamik« zu. Für eine kritische Auseinandersetzung mit Haffs Thesen siehe insbes. die beiden Themenhefte *Perspectives on the Technosphere* des *Anthropoene Review* 4/1-2 (2017). Hg. v. Sara Nelson, Christoph Rosol u. a.

42 Ulrich Brandt, Markus Wissen: *Imperiale Lebensweise. Zur Ausbeutung von Mensch und Natur im globalen Kapitalismus.* München 2017.

CLEMENS GÜNTHER ist wissenschaftlicher Mitarbeiter in der Abteilung Kultur am Osteuropa-Institut der Freien Universität Berlin. Zu seinen Forschungsinteressen zählen die spät- und postsowjetische Entwicklung des historischen Romans, die Imaginationsgeschichte der sowjetischen Peripherie sowie das Verhältnis von Natur und Katastrophe im russischen Realismus.

CLEMENS GÜNTHER

Wüstenvisionen. Literatur, Klima und Transformation in Imaginationen Turkmenistans

Betrachtet man mit Eva Horn die »Zähmung des Klimas als Projekt der Moderne«,[1] gilt es, auch nach dem russisch-sowjetischen Beitrag zu fragen. Insbesondere Zygmunt Bauman hat dafür plädiert, den Sozialismus sowjetischer Prägung als Variante der Moderne zu betrachten, der das Projekt »an seine radikalen Grenzen geführt [hat]: große Entwürfe, unbegrenzte Sozialtechnologie [...], totale Transformation der Natur«.[2] Er nennt als Beispiele die Bewässerung der Wüsten und die Entwässerung des Marschlands,[3] hinzufügen ließen sich Aufforstungsprogramme oder die Umleitung von Flüssen. Die Leitwissenschaften des sowjetischen *Climate Engineering* sind Bodenkunde und Hydrogeografie und weniger die Meteorologie, deren atmosphärische Steuerungskompetenz im angloamerikanischen und kontinentaleuropäischen Kontext zu überwiegen scheint. Diese Leitstellung ist einerseits auf ideologische Einflussfaktoren zurückzuführen. Zu nennen ist die unter Slavophilen in der zweiten Hälfte des 19. Jahrhunderts aufkommende Ideologie des *počvenničestvo*, die die ursprüngliche Einheit des russischen Menschen mit seinem Boden[4] sowie die hohe Bedeutung des Wassers in der russischen Kultur[5] beschwor. Sie ist andererseits zurückzuführen auf die im späten 19. Jahrhundert auch international reüssierende Bodenkunde, deren Spuren sich bis heute in den aus dem Russischen stammenden wissenschaftlichen Bezeichnungen vieler Bodentypen finden.

1 Eva Horn: *Air Conditioning. Die Zähmung des Klimas als Projekt der Moderne.* In: *Sinn und Form* 4 (2015), S. 455–462.

2 Zygmunt Bauman: *Moderne und Ambivalenz. Das Ende der Eindeutigkeit.* Hamburg 1992, S. 324.

3 Ebenda.

4 Ellan Chances: *Literary Criticism and the Ideology of Pochvennichestvo in Dostoevsky's Thick Journals Vremia and Epokha.* In: *The Russian Review* 34.2 (1975), S. 151–164.

5 Jane Costlow, Arja Rosenholm (Hg.): *Meanings and Values of Water in Russian Culture.* London 2016.

6 Deborah Coen: *Imperial Climatographies from Tyrol to Turkestan.* In: *Osiris* 26.1 (2011), S. 45–65, hier S. 49. (Übers. CG).

7 Julia Obertreis: *Imperial Desert Dreams. Cotton Growing and Irrigation in Central Asia. 1860–1991.* Göttingen 2017, S. 56. (Übers. CG).

8 Fedor Dostojewskij: *Geok-Tepe. Was bedeutet Asien für uns?* In: Ders.: *Tagebuch eines Schrift-*

Exemplarisch lässt sich die Signifikanz dieser beiden Leitwissenschaften für den wissenschaftlichen und literarischen *Climate-Engineering*-Diskurs an der Imaginationsgeschichte Turkmenistans studieren. Deborah Coen hat in einem Aufsatz demonstriert, wie sich imperiale Klimatografien und Kartografien im späten 19. Jahrhundert zu verschränken beginnen. Das in diesem Zeitraum kolonisierte Turkestan im weiteren Sinne sowie das Territorium der späteren Sowjetrepublik Turkmenistan im engeren Sinne wird zum »Laboratorium des Klimawandels«[6]. Wie Julia Obertreis herausgearbeitet hat, waren »die Wahrnehmungen der Landschaften und Naturräume Turkestans von Seiten der Kolonisierenden [...] aufs Engste mit deren transformatorischen Plänen für die Regionen verknüpft«.[7] Mein Beitrag setzt sich das Ziel, die literarisch-kulturellen Dimensionen dieser Transformationspläne zu historisieren. Der Untersuchungszeitraum erstreckt sich vom ausgehenden 19. Jahrhundert bis in den Spätsozialismus und lässt sich heuristisch in eine imaginative Inkubationszeit (1881–1917), die Zeit der stalinistischen Transformation des Wüstenraums (v.a. 1928–1953) und die spätsowjetische Phase (1963–1982) unterteilen. Die Einteilung in einzelne Phasen, die jeweils eindrückliche affirmative und kritische Positionen zum jeweiligen *Climate Engineering* beinhalten, soll dazu dienen, das jeweilige (kultur-)politische Umfeld zu kontextualisieren und zeittypische Ästhetiken herauszuarbeiten. Die jeweils kurz besprochenen künstlerischen Werke sollen in breiteren literarischen Strömungen verortet werden, um deren Signifikanz über den turkmenischen Einzelfall hinaus zu erhöhen. Der Beitrag greift auf kurze Erzählungen, Romane und Filme ebenso zurück wie auf publizistische Materialien, die die poetologische Breite der imaginativen Visionen dokumentieren.

Die imaginative Inkubationszeit

Ende Januar 1881 erobert die russische Armee nach heftigen Kämpfen die Festung Gök-Tepe in der Nähe der heutigen turkmenischen Hauptstadt Aşgabat. Eine der frühesten literarischen Reaktionen findet sich bei Fedor Dostoevskij, der in seinem Tagebuch die Frage *Što takoe dlja nas Azija?* (Was also ist Asien für uns?, 1881) stellt und die Notwendigkeit der Aneignung und Umformung Asiens für das künftige Schicksal Russlands anmahnt: »Asien, unser asiatisches Rußland ist ja auch eine unserer kranken Wurzeln, die nicht nur repariert, sondern ganz umgestaltet werden muß!«[8] Ein Echo dieser Umgestaltungseuphorie findet sich auch in wissenschaftlichen Debatten, insbesondere bei dem Geografen Aleksandr Voeikov, der sich kritisch mit den klimatischen Bedingungen in Zentralasien beschäftigt: »Diese Existenz des Aralsees in seinen gegenwärtigen Grenzen ist der Beweis unserer Rückständigkeit, unserer Unfähigkeit, in gebotenem Maße aus dem fließenden Wasser Vorteile zu ziehen.«[9] Diese Kritik nimmt sich angesichts der Visionen, die Voeikov bereits 1881 formuliert hatte, noch bescheiden aus. Damals hatte er »die Idee geäußert ein künstliches Wasserheizungsrohr in der Arktis anzulegen, um die Eismassen des nördlichen Polarmeeres zum Schmelzen zu bringen und zugleich die kalten Strömungen zu neutralisieren, die von der Arktis ihren weiten Weg in die Ozeane antraten«.[10] Solche Ideen mögen fantastisch anmuten, aber Voeikov wusste, wovon er sprach. 1887 legt er sein Opus Magnum *Die Klimata der Erde* vor, eine der ersten systematischen Untersuchungen zu Klimabedingungen und Klimawandel weltweit. Ein weiterer Katalysator der russischen Debatten um die Transformierbarkeit des Naturraums war die große Dürre des Jahres 1891. Die Versteppung und die Bedrohung der russischen Wälder wurde von Kulturschaffenden mit der »asiatischen Gefahr« in Verbindung gebracht, der Historiker Ključevski verglich das Vordringen der Steppe mit dem Vordringen der Mongolen, Vladimir Solov'ev sprach vom asiatischen Wind als »Feind aus dem Osten«.[11] Wissenschaftler wie der Bodenkundler Vasilij Dokučaev entwickelten Maßnahmenpläne, um die Ausbreitung der Versteppung zu stoppen.[12] Durchgeführt wurde schließlich eine Reihe von Aufforstungsmaßnahmen, da viele die Ursache der Versteppung im Rückgang des Waldes sahen.

Eine mögliche Quelle der späteren literarischen Umgestaltungspläne Turkmenistans liegt in den Marsutopien Aleksandr Bogdanovs. Die Wirkung dieser Romane für die Stimulierung der Imaginationskraft der Bolschewiken kann dabei kaum überschätzt werden, ist Bogdanov doch eine der Schlüsselfiguren prärevolutionären Denkens, der eng mit den

stellers. Band 4. Juli 1877 bis Januar 1881. Aus dem Russischen von Alexander Eliasberg. München 1923, S. 466–473, hier S. 473.

9 Zit. nach Hamid Alikuzai: *A Concise History of Afghanistan in 25 Volumes.* Band 14. Trafford 2013, S. 253 f.

10 Klaus Gestwa: *»Energetische Brücken« und »Klimafabriken«. Das energetische Weltbild der Sowjetunion.* In: *Osteuropa* 9–10 (2004), S. 15–38, hier S. 29.

11 Vgl. Mieka Erley: *»The Dialectics of Nature in Kara-Kum«: Andrei Platonov's Dzhan as the Environmental History of a Future Utopia.* In: *Slavic Review* 73.4 (2014), S. 727–750, hier S. 734. (Übers. CG).

12 David Moon: *The Environmental History of the Russian Steppes. Vasilii Dokuchaev and the Harvest Failure of 1891.* In: *Transactions of the Royal Historical Society* 15 (2005), S. 149–74; ein literarisches Echo der Dürre findet sich in Anton Čechovs *Djadja Vanja* (Onkel Vanja, 1897).

13 Alexander Bogdanow: *Ingenieur Menni.* Aus dem Russischen von Josef Opfermann. Berlin 2016.

14 Zum sowjetischen Kulturfilm vgl. Oksana Sarkisova: *Screening Soviet Nationalities. Kulturfilms from the Far North to Central Asia.* London, New York 2017. Zum Wandel der Betrachtungsmuster Turkmenistans vgl. Katharine Holt: *The Rise of Insider Iconography. Visions of Soviet Turkmenia in Russian-Language Literature and Film. 1921–1935,* 2013 [E-Pub].

15 Vgl. Terry Martin: *The Affirmative Action Empire. Nations and Nationalism in the Soviet Union, 1923–1939.* Ithaca 2001.

Kreisen der Revolutionäre um Lenin verbandelt ist. Im Zentrum seines Romans *Inžener Menni* (Ingenieur Menni, 1912)[13] steht ein Plan des begabten gleichnamigen Ingenieurs zur Erschließung der Bodenschätze Libyens, ein Plan, der im Endeffekt auf die größere Idee einer Umgestaltung des globalen Klimas abzielt. Libyen bezieht sich hier allerdings nicht auf den afrikanischen Staat, sondern sein fiktives, ebenfalls wüstenähnliches Pendant auf dem Mars. Die Wahl dieses Standorts erinnert stark an Turkmenistan, den einzigen sowjetischen Wüstenstaat, und lässt eine Verarbeitung der eben skizzierten Transformationsdiskurse vermuten. Mehrere Elemente von Bogdanovs Roman sind für die *Climate-Engineering*-Diskurse der späteren Jahre bedeutsam. Zunächst kann bemerkt werden, dass die Umgestaltung der Peripherie, und insbesondere ihrer Wüstenregionen, als Blaupause für die Umgestaltung des Imperiums, der Erde und des Weltraums dient. Der Vergleich Turkmenistans mit der Aneignung des Weltraums ist dabei ein Topos, der sich durchgängig in der sowjetischen Kulturgeschichte findet, angefangen von Bogdanov über Konstantin Paustovskij bis zum spätsowjetischen Film *Kin-Dza-Dza* (1986, R. Georgij Danelija). Bei Bogdanov korrelieren, durchaus zeittypisch, ökologische, soziale und ästhetische Umgestaltung. Insbesondere das Ideologem des neuen Menschen, der im Roman in der Figur von Mennis Sohn Netti personalisiert wird und als empathischer Technokrat beschrieben werden kann, deutet auf die humanistischen Implikationen der terrestrischen Transformation hin. Die hier kurz behandelten Fiktionen bereiten in ihrer Imagination des turkmenischen Wüstenraums als *Tabula rasa* das sowjetische *Climate Engineering* vor. Letzteres greift dabei nicht nur auf einzelne gleich gesinnte Vordenker zurück, sondern muss betrachtet werden als Effekt einer facettenreichen Konstellation, deren personelle, institutionelle und ideelle Kontinuitäten die Vielfältigkeit der vorrevolutionären Visionen spiegeln.

Hoffnung und Hybris. *Die Transformation Turkmenistans im Stalinismus*

Mit der Machtergreifung der Bolschewiken bieten sich die Möglichkeiten, die Pläne zur Umgestaltung der Klimabedingungen aus der Schublade auf den Projektionstisch zu bringen. Das erste Großprojekt, das sich diesem Ziel verschreibt, ist der Staatsplan zur Elektrifizierung Russlands (bekannter unter seiner Abkürzung GOELRO), der 1920 entwickelt wird und mit dem ein neuer Blick auf das Imperium verbunden ist. Dies gilt auch für Zentralasien, dessen soziale und geografische Transformation in sogenannten Kulturfilmen wie Dziga Vertovs *Šestaja čast mira* (Ein Sechstel der Erde, 1926), Viktor Turins *Turksib* (1929) oder Julij Raizmans Film *Zemlja žaždet* (Die Erde durstet, 1930) im Zentrum steht.[14] Betont wird einerseits die Herstellung neuer imperialer Infrastrukturen, die unter dem Ideologem der *smyčka* (=Verbindung) verhandelt werden, andererseits aber auch die idiosynkratische Gestalt der einzelnen Republiken, die im Zuge der *Affirmative-Action*-Politik der Sowjetmacht zu nationalen Einheiten werden sollen.[15] Kennzeichnendes Merkmal Turkmenistans wird dabei sein Klima. Metonymisch steht die Wüste Karakum für die gesamte Republik, deren Gedeihen von der Überwindung klimatischer Unterschiede abhängt.[16]

Mit dem Beginn des *Ersten Fünfjahresplans* 1928 ändern sich die Rahmenbedingungen für das sowjetische *Climate Engineering*, und gemäßigte Positionen geraten unter Druck. Sie wurden »verdächtigt, illegitime Grenzen gegenüber Anstrengungen zur Errichtung des Sozialismus und, schlussendlich, des Kommunismus zu errichten, Anstrengungen, die zwangsläufig die Transformation der physischen Welt und der Menschheit beinhalteten«.[17] Überwogen zuvor die Laborforschung und die wissenschaftliche Erfassung der Klimadaten, so beginnt nun der aktive Eingriff in die Klimastrukturen, vor allem mittels hydrogeografischer Megaprojekte. Die Sowjetunion wird zur »hydraulischen Gesellschaft«.[18] Viele Projekte sind dabei in den unwirtlichen Peripherien angesiedelt – in der Arktis nördlich des Polarkreises oder in den Wüsten Zentralasiens. Kanalbauten dienen hier nicht allein präventiven oder wirtschaftlichen Interessen, sondern werden zu einem technologischen Instrument, Lebensräume umzugestalten und neue Klimabedingungen zu schaffen.

16 Das zieht sich bis in die spätsowjetische Populärkultur. Die russische Rockgruppe Krug landet Anfang der 1980er Jahre mit dem Lied *Karakum* einen unionsweiten Hit. Karakum-Pralinen sind bis heute eine der beliebtesten Süßigkeiten in Russland.

17 Denis Shaw, Jonathan Oldfield: *Totalitarianism and Geography. L. S. Berg and the Defence of an Academic Discipline in the Age of Stalin.* In: *Political Geography* 27 (2008), S. 96–112, hier S. 102. (Übers. CG).

18 Vgl. Erlie: *Dialectics*, S. 742, die sich wiederum auf Karl Wittfogel bezieht.

19 Die wichtigsten Texte der Faktografen finden sich in Nikolaj Čužak (Hg.): *Literatura fakta. Nachdruck der Ausgabe Moskau 1929.* München 1972. Zur Poetik der Faktografie vgl. Devin Fore: *The Operative Word in Soviet Factography.* In: *October* 118 (2006), S. 95–131.

20 Susanne Schattenberg: *Stalins Ingenieure. Lebenswelten zwischen Technik und Terror in den 1930er Jahren.* München 2002, S. 12.

21 Vgl. zum sowjetischen Produktionsroman Andreas Guski: *Literatur und Arbeit. Produktionsskizze und Produktionsroman im Rußland des 1. Fünfjahresplans (1928–1932).* Wiesbaden 1995; Mary A. Nicholas: *Writers at Work. Russian Production Novels and the Construction of Soviet Culture.* Lewisburg 2010.

22 Vgl. für die Geschichte dieses Ideologems Omry Ronen: *»Inženery čelovečeskich duš«. K istorii izrečenija.* In: *Lotmanovskij sbornik.* 2 (1997), S. 393–400. Vgl. für eine populäre kulturgeschichtliche Analyse Frank Westermann: *Ingenieure der Seele. Schriftsteller unter Stalin.* Berlin 2003.

Kanäle und Kongresse.
Der (kultur-)politische Klimawandel des Frühstalinismus

Der künstlerischen Arbeit kommt im Kontext der sowjetischen *Mobilisierungsdiktatur* (Klaus Gestwa) eine entscheidende Rolle zu. Die Bewegung der Faktografie[19], die gegen Ende der 1920er Jahre an Einfluss gewinnt, fordert Schriftsteller dazu auf, in die Produktion zu gehen und die Grenzen zwischen ästhetischer und industrieller Arbeit einzureißen. Der Autor soll zum Produzenten werden. Kulturgeschichtlich fällt die starke Semantisierung des *Engineering* ins Auge, wenn der Ingenieur zum gesellschaftlichen Leittypus avanciert und als »der neue Mensch schlechthin«[20] erscheint. Literarisch kulminiert die Semantisierung in den Produktionsromanen des *Ersten Fünfjahresplans*[21], in dessen Umfeld auch Stalins berühmte Formulierung von den Schriftstellern als »Ingenieuren der Seele« fällt.[22]

Gattungspoetisch bedeutsam ist diese Zeit, weil sie die in der gegenwärtigen Debatte zum *Klimawandelroman*[23] häufig erwähnten populären Genres wie Thriller und Science-Fiction um eine spezifisch sowjetische genealogische Linie erweitert. Literatur entfaltet in dieser Epoche des Hochstalinismus ein spezifisches imaginatives Potenzial, das weder politisch-rhetorisch noch durch andere Künste aktiviert werden kann. Die einzelnen Visionen entfernen sich vom technisch und politisch Umsetzbaren und bewegen sich im imaginativen Freiraum. In diesem können sie Konfliktdualismen wie den Kampf gegen die Naturgesetze adressieren, die einer wissenschaftlichen Argumentation enthoben sind. Die Rhetorik dieser Epoche ist eine militärische, der real entfachte Klassenkampf wird zum *Kampf gegen die Natur* erweitert, die es ebenfalls mit allen Mitteln unter die Kontrolle der Sowjetmacht zu bringen gilt. Ein Beispiel hierfür wäre Konstantin Paustovskijs Turkmenistantext *Kara-Bugaz* (1932), der von der beginnenden Industrialisierung Turkmenistans und der Ausbeutung der Glaubersalzvorkommen an der Kara-Bugas-Lagune im Nordwesten des Landes handelt. Die Erzählung enthält hierbei einen energievisionären Diskurs, der vor allem vom Geologen Šackij getragen wird. Dieser möchte am Kara-Bugas riesige Sonnenkraftwerke installieren und damit die gesamte »Geschichte des Menschengeschlechts«[24] ändern. Den Kulminationspunkt dieser fantastischen Visionen erreicht die Erzählung im Schlusskapitel, in dem sich durch die Erschließung von Kara-Bugas die Gesetze der Entropie umstürzen ließen.

Die Instrumentalisierung der Literatur für die Dokumentation und Imagination der kommunistischen Naturtransformation wird auf dem *Ersten Allunionskongress der sowjetischen Schriftsteller* schließlich offizielle Doktrin. Maksim Gor'kij beklagt auf diesem das Hinterherhinken der sowjetischen Literatur in Bezug auf die »grandiose« Umgestaltung der sowjetischen Wirklichkeit.[25] Welchen Beitrag die Literatur für dieses Umgestaltungsprojekt zu leisten hat, führt Michail Il'in in seiner Kongressrede unter explizitem Bezug auf Turkmenistan aus: »Für den alten Menschen war das Buch über die Natur ein Museum. [...] Für uns ist die Natur kein Museum, sondern eine Baustelle, die wir verwalten möchten.«[26] Das Buch wird vom musealen Ausstellungsstück zum Instrument und Kampfmittel im großen Projekt der Umgestaltung der Natur. Als Beispiel für ein Projekt, an dem sich ein solches Buch zu beweisen hätte, nennt Il'in den Bau eines Kanals vom Amu-Darja zum Kaspischen Meer. Er bleibt dabei nicht bei der Theorie, sondern legt 1935 einen Erzählband vor[27], der auch eine Erzählung über »Die Umgestaltung der [Karakum-]Wüste« enthält. In dieser beschwört Il'in die Macht der Sowjetunion, die Natur »umzuformen, indem wir dazu ihre eigenen Kräfte ausnutzen«.[28] Führt man auf diese Weise »Krieg in der Wüste«, stellen sich die Ergebnisse nicht wie bisher nach Jahrtausenden ein, sondern binnen Jahrfünften.[29]

Deformation statt Transformation – Leonid Leonovs Saranča

Die wichtigsten künstlerischen Beiträge zur Klimaumgestaltung in Turkmenistan finden sich im Umfeld der beiden Schriftstellerbrigaden, die 1930 und 1934 nach Turkmenistan entsandt werden. Hier soll die bislang weniger beachtete Erzählung *Saranča* von Leonid Leonov im Mittelpunkt stehen, die paradigmatisch die Ambivalenzen dieser Periode abbildet. 1929 kommt es in Turkmenistan zu einer Heuschreckenpla-

23 Sylvia Mayer: *Klimawandelroman*. In: Gabriele Dürbeck, Urte Stobbe (Hg.): *Ecocriticism. Eine Einführung*. Köln u. a. 2015, S. 233–244.

24 Konstantin Paustowski: *Kara-Bugas*. Aus dem Russischen von Ruthenberg. Zürich 1934, S. 79.

25 Maksim Gor'kij: *Über sowjetische Literatur*. In: Hans-Jürgen-Schmitt, Godehard Schramm (Hg.): *Sozialistische Realismuskonzeptionen. Dokumente zum 1. Allunionskongreß der Sowjetschriftsteller*. Frankfurt am Main 1974, S. 51–84, v. a. S. 73 f.

26 Michail Il'in: *Reč' M. Il'ina*. In: I. Luppol, M. Rozental', S. Tret'jakov (Hg.): *Pervyj vsesojuzny s"ezd sovetskich pisatelej 1934. Stenografičeskij otčet*. Moskva 1990 (Nachdruck der Ausgabe 1934), S. 214–216, hier S. 215. (Übers. CG).

27 Michail Il'in: *Berge und Menschen. Erzählungen von der Umgestaltung der Natur*. Ohne Angabe eines Übersetzers. Wien 1946, hier v. a. S. 11–46. Vgl. ausführlicher zu Il'ins Werk Matthias Schwartz: *Expeditionen in andere Welten: Sowjetische Abenteuerliteratur und Science-Fiction von der Oktoberrevolution bis zum Ende der Stalinzeit*. Köln u. a. 2014, S. 307–318.

28 Il'in: *Berge und Menschen*, S. 34.

29 Ebenda, S. 26.

30 Leonid Leonow: *Die Heuschrecken*. In: Ders.: *Weiße Nacht und andere Erzählungen*. Aus dem Russischen von Melitina Orlowa und Harry Bruck. Berlin 1982, S. 65–140, hier S. 66.

31 Leonow: *Heuschrecken*, S. 122.

32 Ebenda, S. 89.

ge, die einen Großteil der Jahresernte verschlingt und Leonov zu seiner Erzählung inspiriert.

Die Erzählung setzt ein mit der Ankunft des müden Meteorologen Maronov am Amu-Darja, an dem dieser im Regen auf die Überfahrt nach Turkmenistan wartet, nachdem er zuvor einige Jahre als Meteorologe in der Arktis auf Novaja Zemlja verbracht hatte. Bereits früh deutet sich an, dass der Übertritt dieser Grenze mehr als die Einreise in eine weitere Sowjetrepublik bedeutet. Die Sprache ist hier bereits apokalyptisch grundiert: »Der Wind fegte die Wolken im Westen auseinander, und der Abend verblutete wie das Opfer auf einem Altar. Wesenloser roter Saft spritzte über dem Himmel, und für Augenblicke glaubte Maronow, der Amu sei ein rostiges Schwert, das in das ausgedörrte Herz der Karakum fuhr.«[30] Der Westen, Fundament seiner bisherigen Erfahrungswelt, wird von den Wolken fortgetragen, der Wetterwechsel deutet den blutigen Opfergang an, der dem Helden in der Hölle der Wüste bevorsteht. Seine Flucht in die Wüste endet schließlich in einem Entmenschlichungsprozess, in dem Maronov die Gewalt über sich und die Natur verliert. Er wird schließlich selbst zur Heuschrecke.[31] Hier ist nicht mehr die Rede vom sozialistischen Übermenschen, sondern von einem deformierten Subjekt, das die natürliche Ordnung nicht umgestaltet, sondern selbst von dieser umgestaltet wird.

Das Sujet der Erzählung bildet der titelgebende Einfall der Heuschrecken. Milliarden der Tiere überfallen die südliche Sowjetrepublik und vernichten die Ernte und Natur des Landes. Die Metaphorik der Erzählung bewegt sich durchgängig in der Tonlage der Apokalypse, die Rede ist von Hölle, 70 Grad heißer Hitze, von glühender Lava, von allgegenwärtiger Nacht und Finsternis. Allgegenwärtig ist die Unheil kündende Farbe Rot, in die die »gelbe« Wüste Karakum getaucht wird. Die Semantik erinnert dabei nicht zufällig an biblische Apokalypsen. Die Wettermetaphorik, in die das Eindringen der Parasiten mehrfach gekleidet wird, stiftet die Verbindung zum Klimadiskurs. Von einer Transformation des Klimas lässt sich sprechen, allerdings nicht von einer menschlich induzierten, sondern als Resultat einer göttlichen Plage, deren Auftauchen und Verschwinden sich nicht um die energischen Maßnahmen der Sowjetmacht schert. Als einer der Protagonisten vom Bau eines *Transkarakumkanals* und von dessen segensreichen Wirkungen schwadroniert, erntet er nur wütenden Protest.[32] Diese Transformationsskepsis ist ein unzeitgemäßer Aspekt der

Erzählung. Der *Kampf gegen die Natur*, ein stehender Topos der Zeit des *Erstes Fünfjahresplans*, ist erfolglos geblieben. Die Heuschrecken haben der Republik im buchstäblichen Sinne das Wasser abgegraben, nichts war vor ihnen zu retten. Neben den christlichen Anklängen erinnert der Kampf gegen die Heuschrecken ebenfalls an die apokalyptische Tradition der Beschwörung der asiatischen Gefahr in Vladimir Solov'evs Poem *Panmongolizm* (Panmongolismus, 1894):

> In Satans Kraft, unwiderstehlich
> Wälzt sich heran das Völkermeer,
> Blutdurstig, gierig und unzählig,
> Heuschrecken gleich, ein grauses Heer![33]

Im Unterschied zu Solov'ev stammen die Heuschrecken bei Leonov aus dem Sudan[34] und wandern entgegen den Gesetzen der Geografie über die Balearen, die Pyrenäen, Indien und Persien in die Sowjetunion. Hier lässt sich von einer Inversion des sowjetischen *Frontier*-Mythos[35] sprechen. Nicht länger eignet sich die Sowjetmacht durch ihre Zivilisierungsmissionen die Peripherie an, sondern die Peripherie startet eine Invasion in das Gebiet der Sowjetunion, vor dem diese schließlich kapitulieren muss.

Die Frontierthematik wird durch die geografische Doppelkonstellation der Erzählung, *Novaja Zemlja-Turkmenistan*, verstärkt. Während der Held im hohen Norden seine Messungen durchführen konnte, versagt er in Turkmenistan und muss zum Schluss seinen Rückzug in die arktischen Gefilde antreten. Der turkmenische Frontierraum kann nicht angeeignet werden, am Ende steht der Rückzug des Helden: »›Du läufst uns zu früh davon, Genosse‹, sagte Schmel, ›dir gefällt wohl Asien nicht?‹ – ›Bei uns auf Nowaja Semlja ist's schöner.‹ Maronow lächelte. ›Wärmer!‹«[36] Die Transformation des Klimas ist zur sarkastischen Utopie geworden, ist es doch im hohen Norden kaum wärmer als im heißen Turkmenistan. Gegen die zivilisatorische Kälte, die die Heuschrecken symbolisieren, ist die Sowjetmacht machtlos. Elementarkräfte lassen sich nicht transformieren. Der Vergleich zwischen den arktischen

33 Wladimir Solowjew: *Panmongolismus*. In: *Deutsche Gesamtausgabe. Ergänzungsband. Solowjews Leben in Briefen und Gedichten.* Ohne Angabe des Übersetzers. München 1977, S. 242.

34 Vgl. Leonow: *Heuschrecken*, S. 96.

35 Susi Frank: *»Innere Kolonisation« und frontier-Mythos. Räumliche Deutungskonzepte in Rußland und den USA*. In: *Osteuropa*. 11 (2003), S. 1658–1675.

36 Leonow: *Heuschrecken*, S. 139.

37 A. Mireckij: *Segodnja i zavtra v Karakumskij pustyni*. In: *Pravda* vom 23. Mai 1934, S. 4.

38 Andrej Platonov: *Gorjačaja Arktika*. In: *Fabrika Literatury. Literaturnaja kritika. Publicistika, Moskva* 2011, S. 644–648, S. 645. (Übers. CG). In seinen Turkmenistanerzählungen distanziert sich Platonov später jedoch von diesen Positionen der klimatischen »Eingriffskompetenz des Menschen«. Vgl. Anne Hartmann: *Unzeitgemäß und eigensinnig. Andrej Platonovs Blick auf Zentralasien*. In: *Osteuropa*. 8–10 (2016), S. 165–189, hier S. 187.

39 Platonov: *Arktika*, ibid.

40 Der Originalerlass zum Bau des Turkmenischen Hauptkanals aus der Pravda findet sich in Akademija Nauk SSSR: *Glavnyj Turkmenskij Kanal*. Moskva 1952, S. 3–6. Vgl. zum weiteren Kontext u. a. Denis Shaw: *Mastering Nature through Science: Soviet Geographers and the Great Stalin Plan for the Transformation of Nature, 1948–53*. In: *The Slavonic and East European Review*. 93:1 (2015), S. 120–146; Stephen Brain: *»The Great Stalin Plan for the Transformation of Nature«*. In: *Environmental History*. 15:4 (2010), S. 670–700.

Gefilden und der turkmenischen Wüste deutet auf eine spätere Debatte voraus, die für die Semantisierung Turkmenistans bedeutsam ist, als die *Pravda* 1934 die Arktis zum Vorbild erklärt.[37] Von diesem Enthusiasmus ist auch Andrej Platonovs Essay *Gorjačaja Arktika* (Die heiße Arktis, 1934) geprägt, in dem er fragt: »Ist denn die Aufgabe der Durchdringung der Karakum weniger ehrenhaft, weniger wichtig und schwerer als die Eroberung der Arktis? Nein, nicht weniger wichtig und auch nicht schwerer.«[38] Die Aufgabe besteht »in der vollen industriellen und landwirtschaftlichen Aneignung der Karakum«[39], die nicht nur großes technisches Können, sondern auch eine »große Seele« benötigt.

Hybris der Klimatransformation – Turkmenischer Hauptkanal und Karakumkanal

Mit dem 1948 proklamierten *Großen Plan zur Umgestaltung der Natur*[40] erreichen die stalinistischen Pläne zur Klimamodifikation eine neue Stufe. Der Plan repräsentiert laut Brain die »weltweit erste staatlich-gesteuerte Anstrengung, den menschengemachten Klimawandel umzukehren«[41], was vor allem durch großformatige Pläne der Wiederaufforstung erreicht werden sollte. Mit der Projektierung des *Turkmenischen Hauptkanals* rückt auch die südliche zentralasiatische Republik erneut in den Fokus. Der Wasserzufluss zum vermeintlich wertlosen Aralsee sollte zugunsten der Entwicklung der usbekischen und turkmenischen Sowjetrepublik reduziert werden. Hierfür gab es Pläne, den Amu-Darja, den längsten Fluss Turkmenistans und wichtigsten Zufluss zum Aralsee, durch den Bau eines Kanalsystems durch die Karakum-Wüste umzuleiten und diese landwirtschaftlich zu erschließen.

Der Bau des *Turkmenischen Hauptkanals* wird flankiert von einer Reihe literarischer und populärwissenschaftlicher Veröffentlichungen, die von einer regelmäßigen Begleitung in der sowjetischen Illustrierten *Ogonek* bis zu Buchveröffentlichungen reichen.[42] Hier formiert sich die charakteristische *Infrastrukturpoesie*[43], die auch die *Neuland*diskurse der Tauwetterzeit prägen wird.[44] Kennzeichnend für sie sind Gattungshybride wie fiktionalisierte Reiseberichte und Abenteuerromane, in denen sich historische und dokumentarische Passagen mit utopischen Visionen abwechseln. Mehrfach wird von der »Beerdigung der Wüste« gesprochen[45], von der »Verwandlung der

Wüste« in eine Oase und einen »angenehmen Lebensraum«.[46] Die Stoßrichtung dieser Umgestaltungseuphorie wird dabei in folgender Sequenz idealtypisch deutlich:

> Einige Jahre vergehen, und die Passagiere komfortabler Motorschiffe werden sich hier ans Ufer begeben, um sich mit der Flora der Karakum bekannt zu machen. Sie werden eine einzigartige »Wüstenoase« finden, werden sich inmitten fruchtbarer Gärten und Weingärten verlieren, inmitten wildwachsender Baumwollfelder, inmitten von Wäldern und Kulturflächen der runderneuerten Karakum umhergehen.[47]

Bekanntlich sollten sich diese Träume eines Naturparadieses entlang des Turkmenischen Hauptkanals nie erfüllen. Kurz nach dem Tod Stalins wird der Bau eingestellt. Er gilt nun als eigenmächtig von Stalin durchgesetzter *Weißer Elefant*, den sein Nachfolger Nikita Chruščev heftig kritisiert.[48] Diese Kritik hält ihn aber nicht davon ab, schon kurz nach dem Baustopp ein neues Großprojekt ins Leben zu rufen: den *Karakumkanal*. Dieser steht im Dienst derselben Ziele der regionalen Klimamodifizierung, verfolgt aber eine andere, südlichere Trasse. Sein Bau steht im größeren Kontext der von Chruščev ausgerufenen *Neuland*kampagne, die in Zentralasien großflächig neue Areale für die landwirtschaftliche Nutzung gewinnen wollte. Leitend war hierbei die Orientierung am durch Trofim Lyssenko verkörperten Sonderweg der sowjetischen Genetik. Lyssenko hatte bereits »1935 sein Konzept einer ›aktiv umgestaltenden Biologie‹ [präsentiert], die aus seiner Sicht vermochte, die lebende Natur planmäßig zu lenken und zu beherrschen«.[49] Wie wir heute wissen, endete der *Angriff auf die Wüste* (Obertreis) in einem Desaster, unter dem die Staaten heute noch zu leiden haben, insbesondere unter den schweren Folgen der Austrocknung des Aralsees.

41 Brain: *Great Stalin Plan*, S. 671. (Übers. CG).

42 U. a. wären zu nennen: E. Prozorov: *Glavnyj Turkmenskij Kanal*. Moskva 1951; M. Pavlov: *Glavnyj Turkmenskij Kanal*. Moskva 1951; P. Beljavskij: *Glavnyj Turkmenskij Kanal*. Moskva 1951. Einige Veröffentlichungen liegen auch in deutscher Sprache vor, so z. B. W. Kunin: *Bezwinger der Wüste. Abenteuer und Forschung in der Karakum*. Aus dem Russischen von Arthur Nestmann. Moskau 1952; Vasilij Veličko: *Die Eroberung der Wüste Karakum*. Aus dem Russischen von Horst Wolf. Leipzig 1952.

43 Vgl. Julia Obertreis: *Karrieren, Patronagen und Infrastrukturpoesie. Dimensionen der Infrastrukturgeschichte am Beispiel des russländischen und sowjetischen Zentralasiens*. In: Andreas Fahrmeier, Lothar Gall (Hg.): *Wasserinfrastrukturen und Macht von der Antike bis zur Gegenwart*. Berlin, München u. a. 2015, S. 232–265.

44 Diese Prägung bleibt allerdings ohne Verweis, wird der Bau des Hauptkanals doch nach dem Tode Stalins verschwiegen. Arustan Žoldazov berichtet: »Nach dem Jahr 1953 jedoch setzte sofort Stillschweigen ein über die grandiose »Schlacht«, die sich im Aralgebiet zutrug, über den Bau des turkmenischen Hauptkanals.« (Arustan Žoldazov: *Glavnyj Turkmenskij Kanal. Uroki velikoj strojki*. In: *Živoj golos* 2003, S. 176–190, hier S. 177.

45 Vgl. Prozorov: *Glavnyj Turkmenskij Kanal*, Veličko: *Eroberung* (der russische Originaltitel lautet *Pokorenie Karakuma*).

46 Prozorov: *Glavnyj Turkmenskij Kanal*, S. 3. (Übers. CG).

Von der Vision zur Resignation

Die 1950er und frühen 1960er Jahre werden zur politischen Hochzeit des sowjetischen *Climate Engineering.*[50] In Bezug auf Turkmenistan finden sie jedoch erst mit Chodžakuli Narlievs Film *Karakumy, 45 v teni* (Karakum, 45 Grad im Schatten, 1982) einen Niederschlag, der den Aufbau der Erdgasindustrie in Turkmenistan behandelt, deren Pipelines durch die Karakum fließen. Um den Austritt von Gas zu verhindern, entschließen sich die lokalen Verantwortlichen, ein künstliches Erdbeben zu verursachen, um mittels Terraforming das Leck zu schließen. Zwar geht es hier nicht um Klimatransformation im größeren Ausmaß, der Entschluss zu dieser radikalen Maßnahme erstaunt aber sehr ob der tief im kollektiven Gedächtnis verankerten Erdbebenkatastrophe von Aşgabat 1948.

Abgesehen hiervon häufen sich im Spätsozialismus zunächst literarische Stimmen, die in Bezug auf die Transformierbarkeit Turkmenistans resignativere Töne anschlagen. Im Zuge des Tauwetters werden die Vorgaben des sozialistischen Realismus gelockert, der Produktionsroman verliert an Bedeutung, und das menschliche Verhältnis zur Natur wird ambivalenter und selbstkritischer beurteilt. Ein frühes Beispiel ist Jurij Trifonovs Roman *Utolenie žaždy* (Durst, 1963) über den Bau des *Karakumkanals*.[51] Hauptschauplatz ist nicht die Wüste, in der ein heroischer Kampf gegen die Natur ausgefochten wird, sondern das immer noch vom Erdbeben gezeichnete Aşgabat. Ausdruck der wachsenden Skepsis gegenüber der Sinnhaftigkeit der Kanalbauten sind historisch weit ausgreifende Rückblenden, in denen unter anderem auf das Scheitern Alexanders des Großen bei der Eroberung Turkmenistans hingewiesen wird.[52] Die einzige positive Gestalt des Romans, Professor Kinzerskij, führt sich mit folgenden Worten in den Roman ein: »Die Wüste in einen Garten zu verwandeln – das klingt reichlich banal.«[53] Die einschlägigen Slogans zur Veränderung des Wüstenklimas sind hohl geworden. Geschichte war für die sowjetischen Planer zur Gefahrenquelle geworden, beinhaltete sie doch eine lange Liste gescheiterter Großprojekte – allen voran die desaströse Planung und Durchführung des Turkmenischen Hauptkanals – und menschlicher Opfer, deren Notwendigkeit nun immer mehr in Zweifel gezogen wurde. Weitere künstlerische Beispiele für die Nichttransformierbarkeit Turkmenistans wären Lazar Karelins Roman *Zemletrjasenie* (Das Erdbeben, 1969), der das folgenreiche Erdbeben von Aşgabat 1948[54] zum Thema hat, oder Vladimir Motyl's Film

Beloe solnce pustyni (Die weiße Sonne der Wüste, 1970). Die Transformation des Naturraums wird dort zwar nicht explizit verhandelt, in der Betonung der Unwirtlichkeit der turkmenischen Lebenswelten tritt allerdings die Vergeblichkeit der Visionen der Umgestaltung unmissverständlich zu Tage.

Der spätsowjetische Turkmenistan-Text lässt in seinen leitenden Metaphern eine Rückkehr zu spätzaristischen Darstellungen Turkestans erkennen, die dem hier fokussierten Zeitraum vorausgehen. Hier dominieren die gleichen Bildlichkeiten allgegenwärtiger Ruinen, Wüsten und zivilisatorischer Zeitlosigkeit, die auch die spätsowjetischen Diskurse auszeichnen. Der transformatorische Aspekt wird in diesen zugunsten einer überzeitlichen *absoluten* Metaphorik substituiert, die die Landschaft Turkmenistans essentialisiert und von der menschlichen Entwicklung abgrenzt. War Literatur bis in die frühen 1950er Jahre hinein Vordenker und Triebkraft des sowjetischen *Climate Engineering*, so wird sie nun zu der Instanz, die die Steuerbarkeit klimatischer Prozesse am stärksten bezweifelt. Physiker und Lyriker werden zu *dem* Gegensatzpaar der 1960er Jahre.[55] Ihre Weisen der Welterzeugung sind unvermittelbar geworden.

47 Ebenda, S. 48 (Übers. CG).

48 Klaus Gestwa: *Die Stalinschen Großbauten des Kommunismus.* München 2010, S. 114 f.

49 Julia Herzberg: *Lenken und Erziehen. Mensch und Natur in der Debatte um die sowjetische Genetik.* In: Annette Meyer, Stephan Schleissing (Hg.): *Projektion Natur. Grüne Gentechnik im Fokus der Wissenschaften.* Göttingen 2014, S. 106–131, hier S. 108.

50 Vgl. Jonathan Oldfield: *Climate Modification and Climate Change Debates Among Soviet Physical Geographers. 1940s–1960s.* In: *Wiley Interdisciplinary Reviews: Climate Change* 4.6 (2013), S. 513–524. Als literarisches Beispiel wäre zu nennen: Daniil Granin: Dem Gewitter entgegen. Aus dem Russischen von Dieter Pommerenke. Berlin 1963.

51 Vgl. zum weiteren Kontext der Turkmenistantexte Trifonovs Ol'ga Tangjan: *Začem Jurij Trifonov ezdil v Turkmeniju.* In: *Znamja* 4 (2013), S. 166–183; David Gillespie: *Iurii Trifonov. Unity through Time.* Cambridge 1992, v. a. S. 28–46.

52 Juri Trifonow: *Durst.* Aus dem Russischen von Christ Schubert-Cohnsbruch. Berlin 1965, S. 187.

53 Ebenda.

54 Vgl. für eine Darstellung der damaligen Reaktionen Daniel Raab: *All Shook Up. The Shifting Soviet Response to Catastrophes. 1917–1991.* Montreal 2017.

55 Vgl. Konstantin Bogdanov: *Fisiki vs. Liriki. Istorija odnoj »pridurkovatoj« diskussii.* In: Ders.: *Peremennye veličiny. Pogoda russkoj istorii i drugie sjužety.* Moskau 2014, S. 155–188.

MANUEL KAISER promoviert an der Forschungsstelle für Sozial- und Wirtschaftsgeschichte der Universität Zürich zum Thema »Wetter- und Klimamodifikationsdiskurs im Kalten Krieg«. Er ist Mitglied des Graduiertenkollegs des Zentrums »Geschichte des Wissens« (Universität Zürich/ETH Zürich) und ist Sammlungsleiter der Medizinsammlung Bern.

Trigger – Kleiner Auslöser mit großer Wirkung. Genealogie einer Denkfigur der Wetter- und Klimabeeinflussung

MANUEL KAISER

1921 hielt Sir William Napier Shaw, einer der zentralen Akteure der britischen Meteorologie des frühen 20. Jahrhunderts, einen Vortrag vor der Aeronautical Society der Universität Cambridge zur »Künstliche[n] Kontrolle des Wetters«.[1] Shaw sah die gezielte Beeinflussung atmosphärischer Phänomene äußerst kritisch – und zwar nicht, weil sie auf falsch verstandenen physikalischen Prozessen basieren würde, sondern weil sie im Vergleich zu den in der Atmosphäre wirkenden Energiemengen schlicht zu wenig bewirkte:

> Nach unserer Kenntnis beherrschen wir jedes einzelne Element der Atmosphäre, wenn wir es in unseren Labors […] untersuchen können; aber unter freiem Himmel haben die normalen, unvermeidlichen Gesetze, die das Verhalten der Atmosphäre kontrollieren […] so enorme Energiemassen in Form von Wärme und Wasserdampf in Reserve, dass unsere eigenen kleinen Reserven keinen ernsthaften Einfluss auf den Lauf der Natur nehmen können.[2]

Shaws grundsätzlicher Einwand stand beispielhaft für den atmosphärenphysikalischen Konsens in der ersten Hälfte des 20. Jahrhunderts. Aus wissenschaftlicher Perspektive existierte keine praktikable Möglichkeit, die Beeinflussung von Wetter und Klima zu denken. Damit sich nach dem Zweiten Weltkrieg ein wissenschaftlich gestützter Wetter- und Klimamodifikationsdiskurs formieren konnte, musste – so die übergeordnete These dieses Beitrags – eine neue Denkfigur etabliert werden. Diese Denkfigur des *Triggers* – des kleinen Auslösers mit großer Wirkung – ließ die immensen natürlichen Kräfte in der Atmosphäre handhabbar erscheinen.

Im Folgenden soll in einem Dreischritt eine Genealogie dieser Denkfigur rekonstruiert werden. Als Ausgangspunkt dient erstens eine Skizze der Hagelabwehrdebatte um 1900. Das sogenannte Hagelschießen basierte noch auf der Logik äquivalenter Energiezufuhr und wurde in dem Moment wieder in den Bereich des Aberglaubens abgelegt, als sich die Erkenntnis durchsetzte, dass nicht ansatzweise die benötigte Energie für eine Beeinflussung der Atmosphäre zur Verfügung stand. Zweitens wird anhand der Rekonstruktion der wolkenphysikalischen Wissensproduktion zu Niederschlagsprozessen der 1930er und 1940er Jahre eine konkrete Herkunft der Denkfigur des *Triggers* aufgezeigt. Drittens wird beschrieben, wie auf der Grundlage der neuen Niederschlagstheorie, die sich nach 1945 durchsetzte, nicht nur lokale Eingriffe in atmosphärische Phänomene, sondern auch permanente und großräumige Klimabeeinflussung denkbar wurden.

Wein, Hagel und große Kanonen

Der steirische Winzer Albert Stiger sah sich in den 1890er Jahren mit existenziellen Problemen konfrontiert: Beinahe jährlich wurden seine Rebkulturen von Hagelschauern in Mitleidenschaft gezogen. Stiger erinnerte sich an die seit der frühen Neuzeit immer wieder verwendete Praktik des Hagelschießens – das Abfeuern von Kanonen in Richtung von Hagelwolken. Die Grundlage dafür bildete anfänglich nicht die zeitgenössische meteorologische Theorie, sondern Stigers meteorologisches Erfahrungswissen als Winzer. Er hatte die Beobachtung gemacht, dass jedem Hagelgewitter ein »ruhiger atmosphärischer Zustand«[3] vorausging, der nun durch das Abfeuern einer Kanone gestört werden sollte. Um die auf der Detonation beruhende Wirkung sicherzustellen, modifizierte Stiger einen Mörser mit einer »trompetenförmigen Erweiterung« und richtete diesen an Fronleichnam 1896 erstmals auf eine bedrohliche Hagelwolke – für Stiger mit offensichtlichem Erfolg.[4]

Die Hagelkanonen blieben weder ein regional begrenztes Phänomen noch eine obskure Praktik von Bauern, sondern verbreiteten sich in allen Weingegenden Europas.[5] Das Hagelschießen – und darin lag der entscheidende Unterschied zu vorgängigen Debatten über Wetterbeeinflussung – traf nun auf eine Meteorologie, die sich seit Mitte des 19. Jahrhunderts zu einer selbstständigen Disziplin auf Grundlage der Physik entwickelt hatte.

Diese bereits international vernetzte Meteorologie begleitete das »Wetterschiessen« von Anfang an und verhalf ihm in den ersten Jahren durch wissenschaftlich gestützte und positive Bewertungen zu gewisser Glaubwürdigkeit.

Die promovierten Physiker der Wiener Zentralanstalt für Meteorologie, wie der Direktor Josef Maria Pernter und sein wissenschaftlicher Mitarbeiter Wilhelm Trabert, mussten zwar die exakte Ursache-Wirkungs-Beziehung offenlassen, konnten sich die Wirksamkeit der Kanonen jedoch ausschließlich über die Zufuhr einer möglichst großen Energie in Form des Schalls oder der »Wirbelringe« aus Rauch erklären. Die Konsequenz dieser Logik war, dass sie den »Wetterschiessapparat [...], welcher die kräftigsten und dauerhaftesten Ringe erzeugt[e]«[6], als am vielversprechendsten für eine erfolgreiche Hagelabwehr einstuften. Deshalb wurden auch offensichtliche Misserfolge zunächst nicht als Indizien für eine prinzipielle Wirkungslosigkeit des »Hagelschiessens« gedeutet, sondern mit dem Einsatz zu kleiner Kanonen erklärt.[7]

In der Folge waren es jedoch die Wiener Meteorologen, die das Funktionieren jenseits des problembehafteten Wirksamkeitsnachweises grundsätzlich infrage stellten. Bei Versuchen, die Geschwindigkeit der »Wirbelringe« mithilfe von Fesselballons und auf Bergstationen zu messen, hatten sie wider Erwarten festgestellt, dass sowohl die Geschwindigkeit schnell abnahm, als auch der Ring keineswegs die erforderliche Höhe von bis zu 2000 Metern erreichte und somit nicht genügend Energie für eine Beeinflussung der »gewaltige[n] Naturerscheinungen«[8] vorhanden war. Als weitere Feldexperimente zeigten, dass selbst die größten Kanonen nicht ansatzweise die notwendige Energie zur Verfügung stellten, um mit den Naturkräften zu konkurrieren, nahm der fachwissenschaftliche Diskurs zum »Wetterschiessen« in den Folgejahren stark ab. Pernter selbst verkündete 1907 in der *Meteorologischen Zeitschrift* »[d]as Ende des Wetterschiessens«.[9]

Das Hagelschießen verschwand indes nicht vollständig: Sowohl in Europa als auch in den USA wurde weiter – nun außerhalb des wissenschaftlich Sanktionierten – mit Kano-

1 Napier Shaw: *The Artificial Control of Weather.* In: *Monthly Weather Review* (April 1921). Im Folgenden stammen alle Übersetzungen der englischen Originalzitate vom Verfasser.

2 Shaw: *The Artificial Control of Weather*, S. 246.

3 G. Suschnig: *Albert Stiger's Wetterschiessen in der Steiermark.* Graz 1900, S. 1.

4 Vgl. Ebenda.

5 Zum Hagelschießen im Allgemeinen und vergleichbaren Versuchen in den USA vgl. u. a. Clark C. Spence: *The Rainmakers: American »Pluviculture« to World War II. Lincoln*, London 1980, S. 18–25; James R. Fleming: *Fixing the Sky. The Checkered History of Weather and Climate Control.* New York 2010, S. 81–83.

6 Wilhelm Trabert, Josef Maria Pernter: *Untersuchungen über das Wetterschiessen.* In: *Meteorologische Zeitschrift* (September 1900), S. 385–414, S. 387.

7 Josef Maria Pernter: *Hagelschäden trotz Wetterschiessen.* In: *Meteorologische Zeitschrift* (März 1901), S. 135–136.

8 Vgl. Trabert / Pernter: *Untersuchungen über das Wetterschiessen*, S. 385/412.

9 Josef Maria Pernter: *Mitteilungen.* In: *Meteorologische Zeitschrift* 24 (1907), S. 97–102.

10 Cuno Hoffmeister: *Vom Wettermachen.* In: *Kosmos* 16 (1919), S. 42–45, S. 44.

11 Vgl. Gregor Friesenhof: *Meteorologische Umschau.* In: *Kosmos* 4 (1906), S. 193–197, S. 194.

nen und Raketen auf Wolken geschossen. Wenn sich jedoch Wissenschaftler ab 1910 mit der Wetterbeeinflussung auseinandersetzten, standen sie ihr ablehnend gegenüber und brachten immer dieselben Argumente vor: Zu groß seien die involvierten Naturkräfte, um – falls überhaupt – wirtschaftlich sinnvoll Wetter beeinflussen zu können. Wetterbeeinflussung galt somit lediglich als ein Betätigungsfeld von »Scharlatanen« und Außenseitern. Als etwa der deutsche Geophysiker Cuno Hoffmeister 1919 in der populärwissenschaftlichen Zeitschrift *Kosmos* die verschiedenen Praktiken zur gezielten Wetterbeeinflussung besprach, verlieh er der Aussichtslosigkeit der Wetterbeeinflussung mit einem Vergleich Nachdruck: »Ebensowenig, wie man ein Zimmer durch ein Streichholz erwärmen kann, lässt sich ein in hundert oder mehr Kilometern Abstand vorüberziehender Luftwirbel durch örtliche Einwirkungen [...] aus seiner Bahn ablenken.«[10]

Damit die Beeinflussung der Atmosphäre (wieder) Gegenstand der wissenschaftlichen Meteorologie und später auch der Klimawissenschaften werden konnte, musste ein neuer Denkraum eröffnet werden. Mitentscheidend dafür war eine Verschiebung in der wolkenphysikalischen Niederschlagstheorie, die um 1920 einsetzte.

Kondensation, Eis und Nuklei

Zu Beginn des 20. Jahrhunderts hatte sich eine Niederschlagstheorie durchgesetzt, die den Niederschlagsprozess über die Kondensation erklärte. 1906 wurde beispielsweise in *Kosmos* einem breiten Publikum die Regenbildung als »fortgesetzte Kondensation«[11] erläutert. Diese Theorie hielt sich in den Handbüchern bis weit in die 1930er Jahre hinein, büßte jedoch immer mehr an Plausibilität ein: So wurde schon länger als Schwäche empfunden, dass mit der über verschiedene Phasen ablaufenden, kontinuierlichen Niederschlagstheorie die Beobachtung der plötzlichen Auslösung von Niederschlag nicht zu vereinen war. Die dadurch bedingten, unzuverlässigen Wettervorhersagen – so die Befürchtung der Meteorologen im frühen 20. Jahrhundert – drohten sich negativ auf die wissenschaftliche Autorität auszuwirken.[12]

August Schmauß, Direktor der Bayerischen Landeswetterwarte, führte 1923 beispielhaft die Schwächen der zeitgenössischen Niederschlagstheorie hinsichtlich der Wettervorhersage aus: »Tagelang ziehen oft die schwersten

Wolken über uns hinweg, ohne einen Tropfen Regen zu geben, und plötzlich öffnen sich die Schleusen des Himmels, ohne dass wir anzugeben vermöchten, was sich nun verändert hat.«[13] Schmauß suchte nach einer Möglichkeit, die plötzliche Auslösung von Niederschlägen jenseits der Gesetzmäßigkeiten der Thermo- und Hydrodynamik zu denken. Dazu entlieh er sich ein Erklärungsmodell aus einem in den 1920er Jahren boomenden Wissensfeld, der Kolloidchemie, die sich mit Tröpfchen in einem Dispersionsmedium wie Gas oder Flüssigkeit beschäftigte.[14] Schmauß wies nun auf die Parallelen zwischen kolloiden Lösungen und der Atmosphäre hin. Insbesondere die Vorstellung von Stabilität und Instabilität schien ihm eine Möglichkeit zu bieten, die gängigen Niederschlagstheorien zu ergänzen. Er beschrieb die Wolke als Kolloid, wobei die Luft das Lösungsmittel und das fein zerstäubte Wasser der darin gelöste Stoff sei:

> Trotz des höheren spezifischen Gewichtes fällt das Wasser nicht aus, weil es kolloidal gelöst ist, d. h. sich in einem Stabilität bewirkenden elektrischen Spannungszustand befindet. Erst wenn durch weiter noch nicht bekannte Ursachen die Spannungsdifferenz Wasser-Luft gleich Null wird, was dem isoelektrischen Punkte der kolloidalen Lösungen entspricht, können sich die bisher wie in einem Schwamm gegeneinander geschützten Wassertröpfchen zu größeren vereinigen und fallen aus, was man in der Meteorologie und in der Chemie als Niederschlag bezeichnet.[15]

Die von Schmauß postulierte Analogie war zunächst umstritten, gerade weil es sich um eine Analogie handelte. Die Unschärfe der Analogie erwies sich in der Folge jedoch als äußert produktiv – sowohl für die Theorie- und Hypothesenbildung als auch für die empirische Forschung im Labor und der freien Atmosphäre. Mit der Entlehnung der Termini aus der Kolloidchemie konzentrierte sich wolkenphysikalische Forschung vor allem auf die Auslöser, die von einer kolloidalen Stabilität zu einer kolloidalen Instabilität führten. Da das kolloidchemische Erklärungsmodell nicht mehr in

12 Vgl. Hermann J. Klein: *Meteorologische Umschau*. In: *Kosmos* 5 (1907), S. 67–72, S. 70 f. Zur Entwicklung der Niederschlagstheorie im Allgemeinen vgl. Roscoe R. Braham jr.: *Formation of Rain. A Historical Perspective*. In: James R. Fleming (Hg.): *Historical Essays on Meteorology 1919–1995*. Boston 1996, S. 181–224.

13 August Schmauß: *Das Problem der Wettervorhersage*. Hamburg 1923, S. 58 f.

14 Vgl. Andrew Ede: *The Rise and Decline of Colloid Science in North America 1900–1935. The Neglected Dimension*. Burlington 2007, S. 2.

15 August Schmauß: *Randbemerkungen II*. In: *Meteorologische Zeitschrift* 36 (1919), S. 11–16, hier S. 16.

16 Schmauß: *Die Atmosphäre als Kolloid*, S. 56 f.

17 August Wendler: *Das Problem der technischen Wetterbeeinflussung*. Hamburg 1927, S. 20.

18 Wendler: *Das Problem der technischen Wetterbeeinflussung*, S. 16.

19 Alle Zitate: Wendler: *Das Problem der technischen Wetterbeeinflussung*, S. 82.

20 Tor Bergeron: *On the Physics of Cloud and Precipitation*. In: *Cinquième Assemblée Générale, Lisbonne, Septembre 1933. Procès-Verbaux des Séances de l'association de Météorologie II, Mémoires et Discussions*. Paris 1935, S. 156–170, hier S. 158.

21 Bergeron: *On the Physics of Cloud and Precipitation*, S. 157.

graduellen Übergängen funktionierte, sondern über die Vorstellung eines Gleichgewichts, schien nun eine Beeinflussung durch kleine und plötzliche Auslöser mit großer Wirkung möglich. Die Engführung der Kolloidchemie mit der Meteorologie eröffnete somit einen Denkraum: Zwar würde es, so bereits Schmauß, die »Ehrfurcht vor den in der Witterungsgestaltung zur Auswirkung kommenden Kräften, denen gegenüber auch die stärksten Kraftanstrengungen des Menschen machtlos [seien], verbieten, das Wetter zu ›machen‹«, doch das Problem der Wetterbeeinflussung sei »in den Fällen lösbar, in welchen Naturkräfte bereits zur Verfügung [stünden] und der Auslösung [harrten]«.[16]

Während die kolloidmeteorologischen Vorstellungen allmählich Eingang in die meteorologische Forschung, Theoriebildung und schließlich in die Handbücher fanden, wurden sie zeitnah aufgegriffen, um über eine wissenschaftlich gestützte Wetterbeeinflussung nachzudenken. So verfasste August Wendler, ein Oberstudienrat aus Erlangen, 1927 ein schmales Büchlein mit dem Titel *Das Problem der künstlichen Wetterbeeinflussung*. Auch für Wendler lautete die Kardinalfrage noch, ob »denn die im allgemeinen [sic] zur Verfügung stehenden, relativ doch recht armseligen Stoff- und Energiemengen gegenüber den zu beeinflussenden Naturgewalten überhaupt«[17] ausreichen würden. Eine »hagelverhindernde Wirkung«[18] von Kanonen und Raketen schloss er kategorisch aus. In der Folge führte er als einer der Ersten die Denkfigur, die eine Beeinflussung jenseits der Aufwendung von impraktikablen Energiemengen möglich erscheinen ließ, näher aus. Nach Wendler war die Grundvoraussetzung für erfolgreiche Eingriffe eine »adäquate Wetterlage«. Als solche »adäquaten Wetterlagen« galten die kolloidchemisch gedachten »labilen Gleichgewichtszustände« der Atmosphäre, die man mit verhältnismäßig kleinen Auslösern zu »kippen« in der Lage wäre. Nur über dieses »Prinzip der Unterstützung natürlicher Tendenzen« war der Einfluss denkbar.[19]

Während die Modellvorstellung der Atmosphäre und insbesondere der Wolken als Kolloid es erlaubten, in der Theorie über eine wissenschaftlich fundierte Beeinflussung von Wetter zu sprechen, blieb vorerst unklar, was denn genau die Auslöser der Umwandlung eines Gleichgewichts einer Wolke und damit Auslöser von Niederschlag sein könnten. Um 1930 hatte sich weitgehend die Ansicht durchgesetzt, dass vier Bedingungen für ein kolloidales Gleichgewicht einer Wolke sorgten: einheitliche elektrische Ladung, einheitliche Größe der Wolkenelemente, einheitliche Temperatur sowie gleichgerichtete Bewegung der Wolkenelemente. Die Nichterfüllung einer dieser Bedingungen würde zu kolloidaler Instabilität und damit zu Niederschlag führen.[20]

1933 griff der schwedische Meteorologe Tor Bergeron an einem Kongress der Internationalen Union für Geodäsie und Geophysik in Lissabon diese Idee auf und identifizierte im Ausschlussverfahren den festen Aggregatszustand (Eisphase der Wolken) als Auslöser kolloidaler Instabilität.[21] Eine unterkühlte Wolke, die sowohl aus Eiskristallen als auch Wassertröpfchen bestand, musste nach den Berechnungen Bergerons aufgrund der Differenz des Sättigungsdampfdrucks kolloidal instabil werden. Bergerons Hypothese beruhte lediglich auf einer vereinfachten Berechnung der Diffusion von Wasser zu Tröpfchen, wurde jedoch in den darauffolgenden Jahren durch die aerologische Forschung gestützt. Die ab 1920 routinemäßig zu meteorologischen Forschungszwecken eingesetzten Flüge zeigten jedoch auch, dass die verschiedenen Aggregatzustände der Wolkenelemente bei Temperaturen unter null Grad Celsius »an keine einfachen Gesetzmäßigkeiten gebunden«[22] waren. Noch bei Temperaturen von minus zwanzig Grad Celsius wurden Wasserwolken, sogenannte unterkühlte Wolken, beobachtet.[23]

Walter Findeisen vom Aerologischen Observatorium Friedrichshafen suchte nach einer theoretischen Erklärung für die »scheinbar unverständliche Wahl des Aggregatszustands bei der Wolkenbildung«.[24] Um die rätselhaften Aggregatzustände zu erklären, postulierte Findeisen die Existenz von sogenannten Sublimationskernen. Wirklich fassen konnte Findeisen 1938 diese Kerne, an denen Wasserdampf sich direkt zu Eis verfestigt, jedoch nicht. Weder über Herkunft – terrestrisch oder extraterrestrisch – noch über Größe, Häufigkeit und Beschaffenheit konnte er Angaben machen.

Während des Zweiten Weltkrieges führte Findeisen als Mitglied des in die Luftwaffe integrierten Reichswetterdienstes die Forschung zur Eisteilchenbildung und Rolle der Sublimationskerne fort. Das Forschungsprogramm galt auf-

22 Walter Findeisen: *Die kolloidmeteorologischen Vorgänge bei der Niederschlagsbildung.* In: *Meteorologische Zeitschrift* 55 (April 1938), S. 121–133, hier S. 121.

23 Vgl. Findeisen: *Die kolloidmeteorologischen Vorgänge bei der Niederschlagsbildung*, S. 121.

24 Findeisen: *Die kolloidmeteorologischen Vorgänge bei der Niederschlagsbildung*, S. 121; zum Aerologischen Observatorium Friedrichhafen vgl. Klaus Wege: *Die Entwicklung der meteorologischen Dienste in Deutschland.* Offenbach am Main 2002, S. 52.

25 Vgl. Wege: *Die Entwicklung der meteorologischen Dienste in Deutschland*, S. 78; Gerhard Schulz: *Die Arbeiten und Forschungsergebnisse der Wolkenforschungsstelle des Reichsamts für Wetterdienst in Prag.* Bad Kissingen 1947, S. 3.

26 Findeisen: *Die kolloidmeteorologischen Vorgänge bei der Niederschlagsbildung*, S. 133.

27 Schulz: *Die Arbeiten und Forschungsergebnisse der Wolkenforschungsstelle des Reichsamts für Wetterdienst in Prag*, S. 9.

28 Zur Forschung von General Electric vgl. u. a. Kristine Harper: *Make It Rain: State Control of the Atmosphere in Twentieth-Century America*, Chicago 2017, S. 49–79; James Fleming R.: *Fixing the Sky: The Checkered History of Weather and Climate Control.* New York 2010, S. 140–155.

29 Vgl. Nadine Taha: *Die Wolkenphotographie in der Wettermanipulation. Zu Räumen militärisch-industrieller Unsicherheit.* In: Lars Nowak (Hg.): *Medien–Krieg–Raum.* Paderborn 2017, S. 327–356.

grund seiner Bedeutung für die Luftfahrt als kriegsrelevant und wurde mit entsprechenden Ressourcen ausgestattet.[25] Um die wolkenphysikalischen Prozesse wissenschaftlich handhabbar zu machen, kombinierten Findeisen und seine Kollegen Beobachtungen und Messungen von aerologischen Flügen mit Laborexperimenten. Die Auswertungen zeigten, dass die kritische Temperatur, bei der eine Wasserwolke in eine Eiswolke überging und damit kolloidale Instabilität auslöste, keine Konstante darstellte. Findeisen sah dadurch die These der Sublimationskerne bestätigt. Nur so konnte die Niederschlagsauslösung plausibel und in Übereinstimmung mit Beobachtungen und Experimenten erklärt werden.

Obwohl die Versuche, die Sublimationskerne zu identifizieren, weiter scheiterten und diese damit »Phantomteilchen« blieben, lagen die Implikationen für die Wetterbeeinflussung auf der Hand. Findeisen hatte bereits 1938 das kolloidchemische Argument Schmauß' aufgegriffen, nämlich dass »das quantitative Unbedeutende [...] für den Gang der Wetterentwicklung entscheidend [sei]«. Und er konnte nun mit den Sublimationskernen – zumindest postulierte – konkrete Auslöser anbieten:

> Durch die ungeheuer kleine Masse der Sublimationskerne werden große Wettervorgänge und große atmosphärische Energieumsetzung wirksam beeinflusst. [...] Man darf danach behaupten, dass es mit verhältnismäßig geringem Aufwand gelegentlich möglich ist, künstlich Regen zu erzeugen, Vereisungsgefahr zu beseitigen und Hagelentstehung zu verhindern.[26]

Es blieb nicht bei der theoretischen Formulierung: Unter Findeisens Leitung wurden in der Prager Atmosphäre einzelne »Vorversuche zu einer technischen Wetterbeeinflussung« durchgeführt, indem künstliche Sublimationskerne in Wolken eingebracht wurden.[27]

Die deutschen »Vorversuche« blieben ohne konkrete Resultate, und kurz darauf verschwand Findeisen in den Wirren der letzten Kriegstage im Mai 1945. Nach Kriegsende schlossen jedoch Wolkenphysiker an die Arbeit Findeisens an. Auf der Grundlage einer Niederschlagtheorie, die auf Sublimationsnuklei basierte, ließ sich nun wieder über die Wetterbeeinflussung nachdenken. Die Energiezufuhr spielte dabei eine untergeordnete Rolle, denn allein die Präsenz der Sublimationskerne – so die Vorstellung – würde den Niederschlag auslösen.

Labor- und Feldexperimente

Unmittelbar nach Kriegsende schaltete sich mit dem Labor von General Electric (GE) ein finanzstarker und bestens vernetzter Akteur in die Debatte zur künstlichen Niederschlagsauslösung ein. Die Industrieforscher unter der Leitung des Chemie-Nobelpreisträgers Irving Langmuir hatten bereits während des Krieges ebenfalls zur Vereisungsproblematik von Flugzeugen gearbeitet. Im Rahmen dieser Forschung stellten sie 1946 unabhängig von wolkenphysikalischen Fachdiskussionen bei Experimenten in einer handelsüblichen Kühltruhe fest, dass die Zugabe von Trockeneis in eine künstliche Wolke Niederschlag auslöste.[28] Der Beitrag von GE war keineswegs bahnbrechend für die wolkenphysikalische Theoriebildung, doch in der einfachen Versuchsanordnung ließ sich die künstliche Niederschlagsauslösung sichtbar machen und fotografisch stabilisieren.[29] Die meteorologischen Laien von GE rezipierten in der Folge sehr schnell die wolkenphysikalische Forschung zum Niederschlagsprozess, die während des Krieges an unterschiedlichen Orten produziert worden war, und lieferte nun ihrerseits wichtige Impulse für die junge Wolkenphysik. So übertrugen die Forscher um Langmuir zeitnah, finanziert von militärischen Stellen, die Wettermodifikationsversuche von der Kühltruhe auf die reale Atmosphäre und entwickelten zudem mit Silberiodid eine »Impfsubstanz«, die zumindest in der kontrollierbaren Laborsituation geeignete künstliche Nuklei zur Verfügung stellte und so künstlich Niederschlag auslöste.

Mit den von GE initiierten Feldexperimenten schien nun ein alter meteorologischer Traum in Reichweite zu rücken: die Atmosphäre selbst als Labor zu nutzen und damit zu einer »wirklichen« experimentellen Wissenschaft zu werden. Die Etablierung der Wolkenphysik als eigenständige Subdisziplin in den Nachkriegsjahren war nicht zuletzt von der Durchführung von Feldexperimenten geprägt. Dabei identifizierten die Wolkenphysiker zwar weiterhin viele offene Fragen, etwa zu den Phasenübergängen von Wasser oder der Beschaffenheit und Größe der Nuklei, doch bereits in den späten 1940er Jahren galt es als unumstritten, dass – natürliche oder künstliche Nuklei bei geeigneten Bedingungen Niederschlagsprozesse auslösen. Zudem erfuhren die sich ergänzenden Begriffe »Gleichgewicht« und »Auslöser« – nun auch in der englischen Variante *Trigger* – eine Erweiterung um die »Kettenreaktion«. Die begriffliche Trias von Gleichgewicht, Auslöser und Kettenreaktion fand bereits 1950 Eingang in die Handbücher und ermöglichte es, die Wirksamkeit von zuvor belächelten Praktiken wie dem Hagelschießen wieder neu zu bewerten.[30] In der Schweiz wurde etwa die US-amerikanische Forschung zeitnah wahrgenommen und ab den späten 1940er Jahren wieder zur Hagelabwehr geforscht.[31]

Nicht nur die lokale Beeinflussung des Niederschlags geriet damit in den Bereich des Möglichen: Der kleine Auslöser schien über die Kettenreaktion selbst die gewaltigsten Naturphänomene handhabbar zu machen. So gingen die Wissenschaftler des ab 1962 gemeinsam vom US-Handelsministerium und dem Marineamt durchgeführten Großprojekts »Stormfury« davon aus, dass das Einbringen künstlicher Nuklei in den stärksten Teil des Sturms latente Wärme freigeben und »eine Kette von Ereignissen auslösen« würde. Auf diese Weise sollte der Sturm abgeschwächt oder »abgelenkt« werden.[32]

Selbst »die Strahlung von tausend Sonnen«[33] der Atombombe, wie Robert Oppenheimer in der Rückschau frei aus der *Bhagavad Gita* zitierte, wurde in die *Trigger*-Logik integriert. Die Meteorologen und Militärs hatten unmittelbar nach dem Trinity-Test und den verheerenden Atombombenabwürfen über Hiroshima und Nagasaki zwar einen (unbeabsichtigten) Einfluss der freigesetzten Energie auf Wetter und Klima befürchtet. Zudem wurden in den unmittelbaren Nachkriegsjahren Stimmen laut, die den gezielten Einsatz von Atombomben – etwa gegen Tornados – forderten.[34] Doch bereits vor 1950 herrschte in der *scientific community* Konsens, dass selbst die bisher unbekannte Energie der Atomwaffen nicht in direkte Konkurrenz mit den riesigen Energiemengen der Atmosphäre treten konnte.[35] Besonders deutlich, aber durchaus beispielhaft, erteilte der für die Bikini-Tests verantwortliche Meteorologe Ben Holzman sowohl den Befürchtungen als auch Hoffnungen eine Absage: »Ob es darum geht, einen Hurrikan mit einer Atombombe zu initiieren oder zu zerstören – diese Ideen können kurzerhand verworfen werden. Um beispielsweise nur einem mittelgroßen Hurrikan zu entsprechen, bräuchte man etwa 1000 Atombomben.«[36]

Die Forschung zu möglichen Zusammenhängen von Wetteranomalien und Atombombenexplosionen fokussierte dann auch ausschließlich auf die indirekten Auswirkungen, wie Niederschlagsveränderungen durch explosionsbedingte Nuklei oder Abkühlung durch die Veränderungen der Strahlungsbilanz.[37]

Der Trigger *und das Klima*

Während zur Beeinflussung des Wetters weltweit mit Labor- und Feldexperimenten intensiv geforscht wurde, verblieb die gezielte Modifikation des Klimas im Modus des *Science Forecasting*. Diese Szenarien beruhten weniger auf direkten Eingriffen in die Atmosphäre als auf dem Erd-Atmosphäre-System. Als vielversprechendste Möglichkeit für großräumige und permanente Beeinflussung der Atmosphäre galten Veränderungen der Strahlungsbilanz. Angesichts der immensen Energie der Sonne war auch diese geplante Klimakontrolle nur auf der Grundlage der Denkfigur des »kleinen Auslösers« denkbar, die in den 1950er Jahren den esoterischen Kreis der jungen Wolkenphysik transzendierte. Dabei wurde der *Trigger* an die Computertechnologie gekoppelt, welche die Identifizierung der richtigen Stelle und des richtigen Zeitpunktes in Aussicht stellte.

Bereits im Februar 1947 hatte der Fernsehpionier und frühe Befürworter der Wetter- und Klimakontrolle, Wladimir Zworykin, eine zukünftige Wetterkontrolle in Aussicht gestellt, die weit über eine Beeinflussung lokaler Wetterphänomene hinausreichte. Eine exakte, computerbasierte Wettervorhersage würde es ermöglichen, zum richtigen Zeitpunkt am richtigen Ort mit bescheidener Energie in atmosphärische Phänomene einzugreifen:

> Während also die letztlich freigesetzte Energie enorm ist, kann die für die Auslösung der Freisetzung erforderliche Energie durchaus bescheiden sein. Da die computerbasierte Vorhersage es ermöglichen sollte, den Effekt der Anwendung bestimmter Energiemengen an verschiedenen Punkten der Wetterkarte beinahe ohne Verzögerung zu bestimmen, wird sie den Weg zu den wirtschaftlichsten Maßnahmen zeigen, die zu den gewünschten Veränderungen in der Wetterentwicklung führen werden.[38]

In Verwendung Zworykins waren mit »kleine Auslöser« nicht mehr die konkreten Sublimations- oder Gefrierkerne der

30 Vgl. u. a. Vincent J. Schaefer: Snow and its Relationship to Experimental Meteorology. In: Thomas F. Malone (Hg.): *Compendium of Meteorology*. Boston 1951, S. 221–234.

31 Vgl. J. C. Thams, A. Aufermaur: *Die Ergebnisse des Grossversuches III zur Bekämpfung des Hagels im Tessin in den Jahren 1957–1963. Schlussbericht im Auftrage der Eidg. Kommission zum Studium der Hagelbildung und der Hagelabwehr.* Bd. 2. Zürich 1966, S. 1–3.

32 Alle Zitate Herbert Lieb: *Project Stormfury*. In: *essa world* (Oktober 1966), S. 4–8, hier S. 4. Zum »Stormfury« im Allgemeinen vgl. Harper: *Make it Rain*, S. 191–200.

33 Respectfully Quoted: A Dictionary of Quotations, https://www.bartleby.com/73/123.html (15. 11. 2018).

34 Vgl. u. a. Irving P. Krick: *War and Weather. A Report Prepared for the AAF Scientific Advisory Group.* Washington D. C. 1945, S. 14.

35 Vgl. u. a. A. A. Cumberledge: *Aerological Aspects of the Bikini Bomb Test*. In: *The Scientific Monthly* 64 (Februar 1947), S. 135–147, S. 147.

36 Ben Holzman: *The Effect of Atomic Bomb Explosions on Weather*. In: *Weatherwise* 4 (Februar 1951), S. 3–4/9, hier S. 4.

37 Zum sogenannten *Atomic Weather* vgl. u. a. Spencer R. Weart: *The Rise of Nuclear Fear*. Cambridge 2012, S. 99 f.

38 O. A.: *Weather Control Predicted*. In: *The Science News-Letter* 51 (1947), S. 102.

Wolkenphysik gemeint, sondern ein kleiner Eingriff, der sowohl die Zufuhr von Energie als auch Veränderungen der Strahlungsbilanz bedeuten konnte.

Dass die Denkfigur des *Triggers* schnell und scheinbar problemlos auf die Wetter- und Klimabeeinflussung jenseits der Wolkenphysik übertragen werden konnte, lag wohl auch darin begründet, dass die Wolkenphysiker ausgehend von der Niederschlagsbeeinflussung auch laut über die Kontrolle des Klimas nachzudenken begannen. Zudem war die Frage nach dem (Größen-)Verhältnis von Ursache und Wirkung anschlussfähig an eine weiterreichende Debatte. Dieses größere naturwissenschaftliche oder sogar wissenschaftsphilosophische Problem bestand darin, dass der »alte Satz energetischer Äquivalenz von Ursache und Wirkung«[39] zunehmend infrage gestellt wurde. Die Forschung zur chemischen Katalyse, die ebenfalls in der ersten Hälfte des 20. Jahrhunderts einen Aufschwung erlebt hatte,[40] gründete wie die Wolkenphysik und die darauf beruhende Wetterbeeinflussung nicht auf einer Kausalität energetischer Äquivalenz, sondern auf einer Kausalität der Anregung.[41] Auch der ergänzende Begriff der »Kettenreaktion« stammte aus der Chemie, bis er in den 1940er-Jahren Eingang in atomphysikalische Erklärungsmodelle fand und in der Folge auch in populärwissenschaftlichen Publikationen zur Nukleartechnologie verwendet wurde.[42]

In diesem Kontext avancierte der *Trigger* im Verlaufe der 1950er Jahre zur zentralen Möglichkeitsbedingung der Wetter- und Klimabeeinflussung. Konkret und beispielhaft zeigten sich die Planspiele für die Klimamodifikation in einem Artikel der Zeitschrift *Nature* von 1963. Verhältnismäßig »kleine Veränderungen« wie das gezielte Abschmelzen des arktischen Meereises oder die Abdeckung von Schneeflächen durch schwarzen Kohlestaub sollten als »Trigger-Mechanismen eine größere Veränderung in Gang setzen«.[43]

Nicht nur in den USA, sondern auch in Europa gehörte die Denkfigur sowohl im Fachdiskurs als auch in Publikumsmedien zum Repertoire, wenn über die gezielte Beeinflussung von atmosphärischen Phänomenen gesprochen wurde. Als *Die Zeit* von 1960 einen »Blick in die Zukunft« wagte, war die Beeinflussung der Atmosphäre wiederum nur über eine »Initialzündung« denkbar:

> Wahrscheinlich wird nur eine indirekte Manipulation atmosphärischer und klimatischer Vorgänge möglich sein; denn schon die Energie eines

> einzigen Hurrikans soll dem Millionenfachen des gesamten jährlichen Stromverbrauchs der Vereinigten Staaten entsprechen. Dies zeigt, daß [sic] eine direkte Beeinflussung des Wetters mit den bisher bekannten menschlichen Energiequellen fast aussichtslos sein würde. Man kann nur planen, am richtigen Ort und in der richtigen Stärke eine Initialzündung hervorzurufen, die atmosphärische Umsetzungen in vorher berechneter Weise ablaufen läßt.[44]

Die Beeinflussung sowohl des Wetters als auch des Klimas wurde ab 1970 zunehmend problematisiert. Die Experimente zur Niederschlagsauslösung oder -verhinderung beruhten zwar weiterhin auf soliden, im Labor überprüfbaren Theorien. Die Feldexperimente hatten allerdings ein entscheidendes epistemologisches Problem: Der Nachweis einer kausalen Verknüpfung zwischen dem Eingriff in die Atmosphäre und den zeitlich darauffolgenden atmosphärischen Prozessen war äußerst komplex, so dass selbst ausgeklügelte Versuchsanordnungen kaum eine Aussage über die Wirksamkeit erlaubten.

Hinsichtlich des Klimas verschob sich der Problemhorizont: Die unkontrollierte und unbeabsichtigte Beeinflussung des Klimas geriet verstärkt in den Fokus der Forschung und der Öffentlichkeit. Auch diese Zukunftsszenarien funktionierten über die Denkfigur des *Triggers*. Als beispielsweise der Atmosphärenphysiker und Gründer des renommierten National Center for Atmospheric Research in Boulder, Colorado, Walter Orr Roberts unter dem Titel *Climate Control* 1967 nicht nur die gezielte Beeinflussung der Atmosphäre besprach, sondern auch auf die dramatischen Folgen eines anthropogenen Klimawandels hinwies, betonte er »das sehr empfindliche Gleichgewicht« der Atmosphäre. Er folgerte daraus, dass »große klimatische Veränderungen durch kleine Ursachen ausgelöst werden können«.[45]

Die Marginalisierung des Wetter- und Klimamodifikationsdiskurses lag somit nicht darin begründet, dass die Denkfigur des *Triggers* an Plausibilität einbüßte. Im Gegenteil:

39 Alwin Mittasch: *Auslösungs-ABC*. In: *Zeitschrift für philosophische Forschung* 6 (1951), S. 54–70, hier S. 55.

40 Vgl. Benjamin Steininger: *Katalysator – Annäherung an einen Schlüsselbegriff des 20. Jahrhunderts*. In: Ernst Müller, Falko Schmieder (Hg.): *Begriffsgeschichte der Naturwissenschaften. Zur historischen und kulturellen Dimension naturwissenschaftlicher Konzepte*. Berlin 2009, S. 53–72.

41 Vgl. Eduard Färber: *A Philosophy of Catalysis*. In: *Isis* 29 (1938), S. 398–402, S. 399.

42 Vgl. Isabell Schrickel: *Von Cloud Seeding und Albedo Enhancement. Zur technischen Modifikation von Wetter und Klima*. In: *Zeitschrift für Medienwissenschaft* 6 (2012), S. 194–206.

43 W. Garriock: *Modification of Weather*. In: *Nature* 199 (September 1963), S. 1241–1242, hier S. 1242.

44 Gerhart E. Reuss: *Versuch eines Blicks in die Zukunft. Was die Technik für uns bereithält*. In: *Die Zeit*, 1. 1. 1960.

45 Walter Orr Roberts: *Climate Control*. In: *Physics Today* 20.8 (August 1967), S. 30–36, hier S. 32.

Hatte diese ab 1945 zunächst aus heutiger Perspektive megaloman anmutende Kontrollutopien gestützt, ließ sich damit im Kontext aufkommender Umweltbedenken und schwindenden »Fortschrittsoptimismus« auch die gleichermaßen unkontrollierte wie selbstverschuldete Dystopie denken.

Andreas Malm bei Matthes & Seitz Berlin

Andreas Malm

Klima|x

Aus dem Englischen von David Frühauf
263 Seiten, Klappenbroschur

Nach der Krise ist vor der Krise ist in der Krise. In seinem hellsichtigen Essay, geschrieben in Berlin in den Wochen des Lockdown, der nicht nur Deutschland im Frühjahr 2020 zu einem abrupten Stillstand zwang, wirft der Klimaaktivist und Humanökologe Andreas Malm die entscheidenden Fragen auf: Wie war es möglich, dass die Staaten des globalen Nordens angesichts der COVID-19-Pandemie so effektiv und entschlossen handelten – und im Hinblick auf die Erderwärmung immer noch nichts tun? Woher kommt die Sehnsucht nach einer Rückkehr zum Normalzustand, der längst schon keiner mehr ist? Und welche Schlüsse lassen sich aus der Kriegsrhetorik, in der über die Pandemie gesprochen wurde, für den Kampf gegen den eigentlichen Krankheitserreger ziehen? Jenem Krankheitserreger, der in Corona nur eine seiner Formen fand, die zeigt: Es gilt, der Zeit der Untätigkeit in Anbetracht des globalen Feindes namens Klimakrise ein entschlossenes Ende zu bereiten.

Andreas Malm

Wie man eine Pipeline in die Luft jagt

Aus dem Englischen von David Frühauf
211 Seiten, Klappenbroschur

Die wissenschaftlichen Fakten bezüglich der Klimakrise, die Daten, die das Massenaussterben und die Erderwärmung beziffern, liegen auf dem Tisch, an dem führende Politikerinnen und Politiker regelmäßig zusammenkommen, um Klimaziele zu vereinbaren. Auf den Straßen vor den Tagungshotels und Regierungspalästen protestieren nicht erst seit gestern immer mehr Menschen. Trotzdem haben wir es mit einer nach wie vor boomenden Industrie für fossile Brennstoffe zu tun, die Gewinne steigen kontinuierlich. Ist es also an der Zeit, das kaputt zu machen, was uns kaputt machen wird? In diesem mitreißenden Manifest fordert Andreas Malm nichts weniger als die Eskalation: Wir müssen die Förderung fossiler Brennstoffe zum Stillstand bringen – mit unserem Handeln, unseren Körpern, mit allem, was uns zur Verfügung steht.
In seiner historisch fundierten Lesart der Geschichte erfolgreicher sozialer Bewegungen – für das Frauenwahlrecht, gegen die Apartheid – zeigt Andreas Malm, dass jeder dieser Kämpfe Grenzen überschritten hat: Eigentum wurde zerstört, Infrastruktur angegriffen. Mit der Leidenschaft eines Aktivisten und dem Wissen eines Forschers diskutiert Andreas Malm das Spannungsfeld zwischen Gewaltfreiheit und direkter Aktion und zeigt uns, wie wir in einer Welt kämpfen können, die längst in Flammen steht.

www.matthes-seitz-berlin.de

JULIA SCHUBERT ist Soziologin und Wissenschaftsforscherin. Sie forscht als Postdoktorandin am Lehrstuhl für Wissenschaftsmanagement der Universität Speyer und ist Mitglied des »Climate Social Science Network« der Brown University. Ihre Forschungsschwerpunkte liegen an der Schnittstelle von Wissenschaftsforschung und Gesellschaftstheorie. Ihr Buch *Engineering the Climate. Scientific Expertise and the Politics of Climate Control* ist im Begriff zu erscheinen.

JULIA SCHUBERT

Die politische Wirkmacht wissenschaftlicher Expertise. Natürliche Analogien und theoretische Experimente in U.S.-amerikanischer *Climate Engineering*-Politik

Climate Engineering gibt es nicht. So könnte man es zugespitzt formulieren. Denn kaum einer der notwendigen technischen Bestandteile ist betriebsbereit. Weder besteht Einigkeit über die optimalen, sonnenabweisenden Partikel, die das Klima abkühlen sollen, noch stehen die Ballons, Türme, Masten, Meeres- oder Luftschiffe bereit, welche diese hypothetischen Partikel in der Stratosphäre platzieren sollen – von funktionierenden Kontrollsystemen, welche die Effekte und Konsequenzen dieser Apparaturen überwachen und deren gezielte Steuerung ermöglichen ganz zu schweigen.[1] Kurzum, das gezielte *Engineering*, die kontrollierte Intervention in das globale Klima bleibt bisher unmöglich. Trotz dieser technologischen Fiktionalität beginnt sich *Climate Engineering*[2] politisch zu realisieren; es wird Gegenstand von Politik. Spätestens seit den 2000er Jahren erklimmt *Climate Engineering* die politische Bühne in lokalen[3] und internationalen Kontexten[4] und schafft es sogar auf die besonders umkämpften nationalen Agenden moderner Klimapolitik, wie etwa in den USA, Großbritannien und Deutschland zu beobachten.[5] *Climate Engineering* treibt Klimaexperten vor parlamentarische Ausschüsse, es beschäftigt Regulierungsbehörden und versammelt wissenschaftliche Beratungsgremien; es bringt Richtlinien hervor, lässt Gelder fließen und Organisationen entstehen. Als politische Option »gibt es« *Climate Engineering* offensichtlich doch.

Unweigerlich drängt sich die Frage auf, was hier eigentlich verhandelt wird. Wie wird das abstrakte Konzept gezielter Klimaintervention zu einer politisch entscheidbaren Option? Der vorliegende Beitrag untersucht die Bedeutung wissenschaftlicher Expertise in dieser Herstellung von *Climate Engineering* als politischer Option; er rekonstruiert die Wirkmacht wissenschaftlicher Expertise für die politische Imagination eines künstlichen Klimas.

Ich beginne im Folgenden mit einer knappen Darstellung der politischen Karriere von *Climate Engineering* in den USA als einem klimapolitisch und klimawissenschaftlich besonders relevanten Kontext. Die politische Innenperspektive zeigt, wie insbesondere zwei Modi wissenschaftlicher Beobachtung die politische Imagination gezielter Klimakontrolle in diesem Kontext prägen: Über sogenannte »natürliche«, beziehungsweise »anthropogene« Analogien und Computersimulationen wird *Climate Engineering* nicht nur wissenschaftlich greifbar, sondern auch politisch verhandelbar. Natürliche Analogien bezeichnen dabei den wissenschaftlichen Vergleich von potenziellen *Climate-Engineering*-Einsätzen zu »natürlich« stattfindenden Prozessen, wie etwa Vulkanausbrüchen. Beide Beobachtungsmodi entwerfen *Climate Engineering* nicht nur als eine prinzipiell funktionierende technologische Option, sondern lassen diese Option in ihren Risiken und Konsequenzen greifbar werden. Die Karriere von *Climate Engineering* verdeutlicht damit eindrücklich die komplexe politische Wirkmacht wissenschaftlicher Expertise. Wissenschaftliche Expertise wird hier nicht erst politisch brisant im Hinblick auf den Einsatz materiell existierender Technologien; sie tritt nicht lediglich als beratende Instanz über bestehende Optionen auf. Ihre politische Wirkmacht zeigt sich vielmehr bereits in der Herstellung dieser Optionen. Wissenschaftliche Expertise wird hier politisch wirksam in der Eröffnung einer spezifischen Perspektive – einer Perspektive, welche Klimawandel als technologisch kontrollierbar und gezielt regierbar entwirft.[6] Diese politische Wirkmacht wissenschaftlicher Expertise wird hierbei besonders sichtbar, gerade weil es *Climate Engineering* als Technologie noch nicht gibt – also gerade weil *Climate Engineering*, mit Latours Worten, keine »ready made« Technologie ist, sondern eine Technologie »in the making.«[7]

Die Geburt eines Plan B – Climate Engineering in der US-amerikanischen Debatte

In den USA findet *Climate Engineering* spätestens seit den 1990er Jahren Einzug in die politische Arena.[8] Im Folgenden skizziere ich diese politische Karriere von *Climate Engineering* in den USA aus der Innenperspektive des politischen Prozesses. Das bedeutet, ich stütze mich in der Darstellung in erster Linie auf die offizielle Dokumentation des US-amerikanischen *Policy*-Prozesses, etwa in Form von archivierten Anhörungen des Kongresses, Gesetzesvorlagen oder Regulierungstexten.[9] Diese Innenperspektive gibt nicht nur Aufschluss über den historischen Verlauf der Karriere von *Climate Engineering*. Sie deutet auch auf die wechselnden thematischen und institutionellen Kontexte hin, in denen *Climate Engineering* seine politische Form in den USA fand und findet.

Nachdem das Problem des anthropogenen Klimawandels 1986 die Agenda des Weißen Hauses erreicht hatte,[10] schlich *Climate Engineering* sich in den folgenden Jahren zunächst nur zögerlich über Fußnoten und Randverweise in diese Debatte ein. Als mögliche Bewältigungsstrategie gegen den Klimawandel wurde es in diesen Jahren nur indirekt politisch thematisiert und blieb in seiner Reichweite fast ausschließlich auf Diskussionen in Expertengremien und wissenschaftlichen Beratungsinstanzen beschränkt.[11]

Dies sollte sich mit Anbruch des neuen Jahrtausends ändern: Die frühen 2000er Jahre entdeckten den Klimawandel als eine der bedeutendsten gesellschaftlichen Herausforderungen unserer Zeit.[12] Als »*grand societal challenge*« begann er die globale Tagespolitik zu erklimmen. Metaphern von »Notstandslagen« (*emergencies*) und abrupten klimatischen »Wendepunkten« (*tipping points*), von denen es kein Zurück mehr geben würde, bestimmten nun zunehmend die internationale Klimadebatte.[13] In den USA wurden plötzliche und extreme klimatische Veränderungen als nationales sicherheitspolitisches Risiko diskutiert.[14] Im Kontext dieser neugefundenen Dringlichkeit der internationalen Klimadebatte fand *Climate Engineering* allmählich seine aktuelle politische Form: Als möglicher Plan B – als Absicherungsstrategie gegen die Katastrophe, als Option, die zwar nicht wünschenswert, unter Umständen jedoch notwendig werden würde. In dieser Form erreichte *Climate Engineering* die Agenda einer Regierung, die sich bisher »offiziell skeptisch« gegenüber dem Klimawandel gezeigt hatte.[15] Über Krankheits- und Unfallmetaphorik argumentierten Experten für die notwendige Erörterung dieser Notlösung: *Climate Engineering* wurde beispielsweise als »Pflaster« (*Band Aid*), »Chemotherapie«, »Sicherheitsgurt« oder »Fallschirm« verhandelt.[16]

Als 2009 die 15. Conference of the Parties (COP) der United Nations Framework Convention on Climate Change (UNFCCC) in Kopenhagen in »Versagen, Groll und Desillusionierung«[17] endet, spitzte sich die Lage weiter zu. Dieses Scheitern der internationalen Klimaverhandlung gab der Idee eines Plan B erneuten Aufschwung. Ab November 2009 begann insbesondere der Ausschuss für Wissenschaft und Technologie des US-amerikanischen Repräsentantenhauses mit der Etablierung einer systematischen legislativen Evidenzbasis für die politische Auseinandersetzung mit dem Thema in den USA. In Kooperation mit Großbritannien veranlasste der Ausschuss 2009 und 2010 insgesamt drei Expertenanhörungen (*Geo Engineering I, II, and III*), die 2017 um eine vierte Anhörung ergänzt wurden.[18] Seither beschäftigt das Thema zudem unabhängige nationale wie legislative Expertengremien und wird in Regulierungs- und Gesetzgebungsverfahren verhandelt.[19] *Climate Engineering*, so könnte man schließen, begann sich damit als eigenständiges politisches Thema in den USA zu etablieren.

Natürliche Analogien und theoretische Modelle

Diese hier nur knapp skizzierte Karriere von *Climate Engineering* ist in ihrem Verlauf maßgeblich durch Experten und insbesondere wissenschaftliche Expertise geprägt. So zeigt meine Analyse, dass es vor allem wissenschaftliche Experten sind, denen sachliche Deutungshoheit in der Auseinandersetzung mit *Climate Engineering* zugesprochen wird. Sie nehmen damit eine Position ein, die gerade in diesem frühen Stadium der Etablierung von *Climate Engineering* als eigenständigem Gegenstand politischer Auseinandersetzung entscheidend ist: Wissenschaftliche Experten legen damit fest, was *Climate Engineering* »eigentlich ist« oder sein kann; sie prägen die politische Imagination gezielter Klimakontrolle. Um die politische Wirkmacht wissenschaftlicher Expertise in diesem Sinne genauer zu erfassen, möchte ich vorschlagen, wissenschaftliche Expertise als formalisierte Beobachtung zu verstehen. Das heißt als eine spezifisch, etwa über Methoden, Theorien oder Mess- und Beobachtungsinstrumente, strukturierte Beobachtung.[20] So lässt sich dann fragen, wie wissenschaftliche Beobachtungsmodi die politische Kommunikation über *Climate Engineering* und damit *Climate Engineering* als Gegenstand politischer Auseinandersetzung prägen. Wie entwerfen wissenschaftliche Experten also die Möglichkeit, den Klimawandel technologisch kontrollierbar und damit *politisch regierbar zu machen*?

Die politische Innenperspektive eröffnet den Blick auf zentrale Schauplätze politischer Kommunikation, wie zum Beispiel Gesetzesentwürfe oder Expertenanhörungen. Die Politikwissenschaftlerin Ann Keller charakterisiert Letztere etwa als buchstäbliche »Arenen«, in denen die legislative Auseinandersetzung öffentlich inszeniert und ausgetragen wird.[21] Hier lässt sich die Aushandlung und bewusste Etablierung politischer Positionen zu *Climate Engineering* beobachten. Die Analyse zeigt, dass im politischen Kontext der USA insbesondere zwei wissenschaftliche Beobachtungsmodi diese politische Imagination von *Climate Engineering* prägen: Klimamodelle und sogenannte »natürliche« oder »anthropogene« Analogien.[22]

Klimamodelle gehören zweifellos zu den elementarsten Bestandteilen unseres heutigen Problemverständnisses über den anthropogenen Klimawandel.[23] Folgt man etwa der Definition der World Meteorological Organization, dann beruht der Begriff des Klimas auf einer statistischen Beschreibung des Klimasystems.[24] Numerische Modelle haben damit seit Jahrzehnten wissenschaftliche und politische Bemühungen gebündelt, den Klimawandel zu messen, zu prognostizieren – und nun auch: zu kontrollieren.

Analogien ergänzen diesen hochgradig formalisierten Beobachtungsmodus numerischer Modelle. Die geladenen Experten unterscheiden dabei zwischen »natürlichen« und »anthropogenen« Analogien. In beiden Varianten dieses Beobachtungsmodus' geht es darum, das abstrakte und größtenteils fiktionale Konzept gezielter Klimakontrolle mit existierenden Phänomenen zu vergleichen – einmal mit »natürlichen« und einmal mit »menschengemachten« Prozessen.

In der Auseinandersetzung mit sogenannten *Solar Radiation Management (SRM)*-Konzepten dienen als natürliche Analogien in erster Linie Vulkanausbrüche – etwa die Ausbrüche des Tambora, Kasatochi und El Chicón.[25] *Solar Radiation Management,* auch als *Sunlight Reflection Management* oder *Albedo Modification* bezeichnet, umfasst eine Reihe von technologischen Konzepten, welche die Sonneneinstrahlung auf der Erde und damit die Erderwärmung minimieren sollen. Ein besonders prominent diskutierter SRM-Ansatz umfasst die Platzierung von reflektiven Partikeln in der Stratosphäre (*Stratospheric Aerosol Injections)* – wie dies auch bei Vulkanausbrüchen passiert. Insbesondere der Pinatubo-Ausbruch von 1991 hat in diesem Kontext über die Jahre einen fast symbolischen Status in der politischen Auseinandersetzung mit SRM-Konzepten erlangt.[26] Ein weiteres SRM-Konzept, das besondere wissenschaftliche und politische

Aufmerksamkeit erhalten hat, ist die gezielte Aufhellung von marinen Stratocumulus-Wolken (*Marine Cloud Brightening*). Für die Diskussion von *Marine Cloud Brightening* dienen in erster Linie »anthropogene«, also menschengemachte Analogien als zentrale Referenzpunkte der Experten. Hier wird beispielsweise auf Wolkenbildungsprozesse verwiesen, die als Nebeneffekt in der Seefahrt entstehen.[27] Neben SRM-Konzepten umfasst die *Climate-Engineering*-Debatte zudem eine Reihe von Ansätzen zur gezielten Entfernung von Kohlenstoffdioxid aus der Atmosphäre (*Carbon Dioxide Removal*). Auch hier spielen Analogien, beispielsweise zu natürlichen Prozessen der Kohlenstoffbindung (*Carbon Sequestration*), eine zentrale Rolle.[28]

Im Folgenden möchte ich zwei zentrale Dimensionen unterscheiden, in denen diese wissenschaftlichen Beobachtungsmodi die politische Imagination gezielter Klimaintervention in den USA prägen und *Climate Engineering* zu einer politisch denk- und verhandelbaren Option machen.

»When We Brighten the Clouds, the Planet Cools«:[29] *Die Herstellung kausaler Schließung*

Natürliche Analogien und Klimamodelle etablieren zunächst den Eindruck, dass *Climate Engineering* prinzipiell funktioniert und gezielt eingesetzt werden kann. Sie übersetzen das abstrakte und politisch komplexe Problem des anthropogenen Klimawandels in konkrete, empirisch und theoretisch isolierbare Mechanismen. Luhmann hatte Technik auch als »funktionierende Simplifikation« beschrieben.[30] Natürliche Analogien und Klimamodelle fungieren in diesem Sinne als Evidenz einer »kausalen Schließung«.[31] Über die Isolierung klimatologischer Mechanismen dienen sie als empirische wie theoretische Belege des funktionierenden Zusammenhangs von *Climate Engineering*. So formulieren sie Klimawandel als technisch kontrollierbar.

Natürliche Analogien dienen in diesem Kontext in erster Linie als empirischer »*proof of concept*«.[32] Sie stellen einen empirischen Wirksamkeitsnachweis her. Sie übersetzen somit ein hochgradig kontroverses und abstraktes Konzept in einen »natürlichen« und insofern allgemein beobachtbaren, greifbaren und plausiblen Mechanismus. Ken Caldeira, einer der prominentesten Experten zu *Solar Climate Engineering*, argumentiert 2009 etwa in einer Anhörung vor dem US-Repräsentantenhaus:

> There are questions about how good a short-term eruption is as an analogue for a continuous injection of material into the stratosphere. Nevertheless, the natural experiment of volcanic eruptions give us confidence that the approach will basically work, and while there might be negative consequences, the world will not come instantly to an end, and that after stopping a short-term deployment, the world is likely to return to its previous trajectory within years.[33]

Als ein solcher Wirksamkeitsnachweis werden natürliche Analogien insbesondere bei der kontroversen Einführung von *Climate Engineering* in die US-amerikanischen Kongressdebatten relevant. Sie simplifizieren und plausibilisieren das bisher Unbekannte in dieser Debatte.[34] Gezielte Klimaintervention ist dann »the identical process that happens when volcanoes erupt and they cause cooling.«[35] In diesem Beobachtungsmodus wird *Climate Engineering* zu einem bereits »natürlich auftretenden« Prozess.[36] Vulkanausbrüche und Wolkenbildungsprozesse fungieren hier als Evidenz eines eindeutig funktionierenden Zusammenhangs – eindeutiger sogar als die Effekte der Emissionseinsparung auf den Klimawandel:

> [...] because these techniques mimic natural phenomena, we know more about how quickly and well they work than we do about the efficacy of attempting to reduce greenhouse gases. We have measured the effects of the natural processes and can state with considerable certainty, bordering of complete certainty, that they will produce the result sought.[37]

Darüber hinaus suggerieren natürliche Analogien in der US-politischen Auseinandersetzung mit *Climate Engineering* die Möglichkeit einer »Verbesserung der Natur«:

> The sulfur-containing particles thrown out by eruptions are probably less than optimal. It appears reasonable to believe, however, that humans could improve on nature substantially by refining the type of particles used and minimizing other possible environmental side effects with a little research and development.[38]

Climate Engineering wird hier greifbar in der politischen Debatte, nicht nur als »natürlicher« und damit prinzipiell funktionierender Mechanismus. *Climate Engineering* erscheint als gezielt optimierbarer Wirkungszusammenhang, als optimierte Natur. Im Kontext von *Solar Radiation Management* bilden natürliche Analogien so den Ausgangspunkt für die Konzeptualisierung der idealen Partikelgröße, der notwendigen Menge, eines effektiven Transportmittels oder der richtigen Platzierung eines solchen Einsatzes. Ähnliches lässt sich für die Funktion natürlicher Analogien in der politischen Verhandlung von *Carbon Dioxide Removal* beobachten:

> Left to its own devices, nature will take on the order of a hundred thousand years to reabsorb and fixate the excess carbon that human activities have mobilized and injected into the atmosphere. The purpose of mineral sequestration in managing anthropogenic carbon is to accelerate these natural processes to the point that they can keep up with human carbon dioxide releases.[39]

Klimamodelle ergänzen diese natürlichen Wirksamkeitsnachweise gezielter Klimaintervention theoretisch. Statt Wirksamkeit allgemein sichtbar zu machen, demonstrieren Modelle *theoretisches Verständnis*: »[...] all modeling studies conducted so far [...] show that with sufficient stratospheric sulfate aerosol loading, backscattered insolation will cool Earth.«[40] Die theoretische Modellierung der Klimaintervention geht über Beobachtung hinaus. Sie stellt kausale Schließung her, nicht nur über die Isolierung bestimmter klimatologischer Mechanismen, sondern über ihre theoretische Reproduktion. Sie simuliert damit nicht nur perfektes Verständnis, sondern die Möglichkeit von Kontrolle. In diesem Sinne machen erst Modelle *Climate Engineering* zu einer Technologie – die dann nicht nur prinzipiell funktioniert, sondern auch verstanden und gezielt genutzt werden kann: »[I]n climate models when we brighten the clouds, we see that the planet cools. When we inject an aerosol like volcanoes do, we see that the planet cools.«[41]

Experimente mit einem künstlichen Klima

Analogien und Modelle stellen außerdem die Basis für Experimente mit künstlichem Klima dar. Als wissenschaftliche Beobachtungsmodi ermöglichen sie die Anwendung einer hypothetischen Technologie: Einerseits als »natürliche« Experimente in Form von Analogien und andererseits als »theoretische« Experimente über die computergestützte Modellierung und Simulation. In diesem Sinne beschreibt der Klimatologe Stephen Schneider Klimamodelle in einer Anhörung von 1997 als *virtuelle Versuchsbasis* für ein technologisches Konzept, »that is too dangerous, too expensive, or perhaps impossible to perform with the real thing.«[42] In ähnlicher Weise werden Vulkanausbrüche als »natürliche SRM-Experimente« betrachtet.[43] In epistemologischer Hinsicht verschmelzen Modelle und Analogien in diesem Zusammenhang. Beide Beobachtungsmodi präsentieren scheinbar kontrollierte empirische Beobachtungen der Anwendung einer Technologie, die es noch nicht »gibt«. Sie machen die theoretische Anwendung gezielter Klimaintervention damit zugänglich für konkrete empirische und präzise wissenschaftliche Beobachtung. Einerseits werden so die Effekte eines hypothetischen SRM Einsatzes *quantitativ* vermessen. Alan Robock berichtet etwa, dass

> after the 1982 El Chichón eruption, observations at the Mauna Loa Observatory in Hawaii on mornings with clear skies, at a solar zenith angle of 60 equivalent to two relative air masses, showed a peak change of downward direct insolation, from 515 W m2 to 340 W m2, while diffuse radiation increased from 40 W m2 to 180 W m2 [...].[44]

Andererseits *qualifizieren* Experten über diese Beobachtungsmodi die Folgen, die Risiken und Nebenwirkungen eines künstlichen Klimas. Das Risiko einer plötzlichen Beendigung von *Climate Engineering* wird dann scheinbar ebenso empirisch beobachtbar[45] wie die Auswirkungen auf das regionale und lokale Klima, etwa Veränderungen des indischen Monsuns, die Trockenheit in Afrika, der saure Regen[46] oder Konsequenzen für die Meeresbiosphäre:[47] »We see that even though we might make the average temperature of the planet about right, the rainfall patterns would change some from today, and some places become warmer and some places become cooler.«[48]

Über diese Beobachtungsmodi erscheint die politische Option gezielter Klimaintervention evident in ihren Implikationen und Konsequenzen. Die experimentelle Replikation einer Pinatubo-Eruption alle zwei Jahre wird scheinbar präzise wissenschaftlich beobachtbar:

> While the aerosols are located above the poles, they would shield the sea ice to keep the poles cooler in summer, and then allow the aerosols to disappear during winter when there is no sunlight at the poles anyway. Robock (2009) has shown that the particles *actually* spread and produce a cooling beyond the Polar Regions.[49]

Hier wird der uneindeutige epistemische Status von Modellen deutlich sichtbar, auf den Sismondo bereits in den 1990er Jahren hingewiesen hat.[50] Modelle kreuzen die Grenze von Beobachtungsmethode und Beobachtungsgegenstand, von Theorie und Experiment. Sie fungieren in diesem Zusammenhang selbst als Analogien. Sie werden studiert wie »natürliche Systeme«;[51] ihre Erkenntnisse werden als quasiempirische Erkenntnisse präsentiert.

Die politische Wirkmacht wissenschaftlicher Expertise – ein Ausblick

Wie wird eine Technologie, die es noch gar nicht gibt, politisch verhandelbar? Der vorliegende Beitrag sucht seine Antwort auf diese Frage in der Rolle wissenschaftlicher Expertise. Wissenschaftliche Expertise wurde hier verstanden als spezifisch formalisierte Beobachtung. Über eine politische Innenperspektive, das heißt über den Blick auf zentrale Arenen US-politischer Auseinandersetzung, habe ich versucht zu zeigen, wie insbesondere zwei Modi wissenschaftlicher Beobachtung das Konzept gezielter Klimaintervention im politischen Kontext der USA greifbar werden lassen: Klimamodelle und natürliche beziehungsweise anthropogene Analogien. Über den Verweis auf diese Beobachtungsmodi wird das abstrakte Konzept von *Climate Engineering* in den Beobachtungen der Experten nicht nur zu einer prinzipiell funktionierenden Technologie; auch die Anwendung dieser hypothetischen Technologie wird in ihren Konsequenzen scheinbar präzise beobachtbar.

Der Beitrag verdeutlicht damit, wie diese wissenschaftlichen Beobachtungsmodi die politische Imagination eines künstlichen Klimas auf entscheidende Weise prägen: Sie machen ein abstraktes, technowissenschaftliches Konzept zu einer politisch verhandelbaren Option. Der politische Aushandlungs- oder *Policy*-Prozess reiht sich in dieser Perspektive neben das wissenschaftliche Labor oder die Werkstatt des Ingenieurs ein – als eine zentrale Arena, in der Technologie nicht nur inszeniert, sondern »gemacht« wird. Es wird deutlich, dass die politische Realität gezielter Klimaintervention nicht erst mit der maschinellen Montage beginnt, sondern bereits in spezifischen wissenschaftlichen Beobachtungsmodi angelegt ist.

Einerseits wird so unweigerlich die historische, soziale und materielle Bedingtheit wissenschaftlicher Expertise sichtbar. Die Analyse legt einen

Fokus darauf nahe, *wie* Experten beobachten – einen Fokus auf die Unterscheidungen, die sie treffen, die Methoden, Theorien oder Instrumente, die sie dazu nutzen. Paul Edwards spricht ganz in diesem Sinne etwa von einer »riesigen Maschine«, um das komplexe Geflecht an Organisationen, Computern, Satelliten, Theorien, Individuen, Wetterstationen und Archiven zu beschreiben, welches schließlich moderne meteorologische Beobachtungsformen hervorgebracht hat.[52]

Andererseits verdeutlicht diese Perspektive die wechselseitige Abhängigkeit von Wissenschaft und Politik, die Untrennbarkeit zwischen Beobachtung und Veränderung der Welt. Wissenschaftliche Beobachtungsmodi informieren, sie entdecken und definieren politische Probleme und illegitime Bewältigungsstrategien. In dem untersuchten Fall formulieren sie den Klimawandel als Ingenieursproblem; als ein Projekt der politischen Nutzbarmachung klimatologischen Wissens, ein Projekt der wissenschaftlich-technologischen Kultivierung der Atmosphäre. Die politische Imagination des *Climate Engineerings* ist hier gespeist durch die Hoffnung, möglicherweise katastrophalen zukünftigen Klimawandel wissenschaftlich-technisch und letztendlich politisch kontrollierbar zu machen.[53] Als Beobachtungsmodus wird wissenschaftliche Expertise damit nicht nur durch Beratung politisch relevant; sie fungiert nicht lediglich als »Broker« von Informationen.[54] Vielmehr ist wissenschaftliche Expertise stets auch eine Form der »Welterzeugung.«[55]

1 Für eine beispielhafte Diskussion der technischen Probleme vgl. etwa Peter Davidson, Chris Burgoyne u. a.: *Lifting Options for Stratospheric Aerosol Climate Engineering: Advantages of Tethered Balloon Systems.* In: *Philosophical Transactions of the Royal Society A: Mathematical, Physical and Engineering Sciences* 370 (2012), S. 4263–4300; die Stellungnahme von Rasch in: United States of America: *Climate Engineering: Parts I, II, and III: Hearing before the Committee on Science and Technology, House of Representatives, One Hundred Eleventh Congress, First and Second Session,* Washington, D. C. November 5, 2009, S. 159.

2 Ich verwende die Begriffe Klimaintervention, Geo- und Climate Engineering im Folgenden austauschbar. Im amerikanischen politischen Diskurs wird meist von »Geo Engineering« gesprochen.

3 Siehe etwa Justin Price: *The Climate Engineering Act of 2017*. Rhode Island 2017.

4 Für den europäischen Kontext siehe zum Beispiel EuTRACE. 2012. European Transdisciplinary Assessment of Climate Engineering. https://cordis.europa.eu/project/rcn/103896_en.html (2. 8. 2018); Stefan Schäfer u. a.: *The European Transdisciplinary Assessment of Climate Engineering (EuTRACE): Removing Greenhouse Gases from the Atmosphere and Reflecting Sunlight away from Earth*. 2015.

5 Die Deutsche Bundesregierung: *Antwort der Bundesregierung auf die Kleine Anfrage der Abgeordneten René Röspel, Dr. Ernst Dieter Rossmann, Oliver Kaczmarek, weiterer Abgeordneter und der Fraktion der*

SPD – Drucksache 17/9943, 2012; United Kingdom House of Commons, Science and Technology Committee: *The Regulation of Climate Engineering. Fifth Report of Session 2009–10. London: The Stationery Office Limited;* Committee on Science and Technology: *Engineering the Climate. Research Needs and Strategies for International Coordination,* Committee Print by the Committee on Science and Technology, House of Representatives, One Hundred Eleventh Congress, Second Session, Washington, D.C. October 2010.; United States of America: *Climate Engineering: Parts I, II, and III.*

6 Zeke Baker: *Climate State. Science-State Struggles and the Formation of Climate Science in the US from the 1930s to 1960s*. In: *Social Studies of Science* 47.6 (2017), S. 861–887.

7 Für die Unterscheidung von »science in the making« und »ready-made science« vgl. Bruno Latour: *Science in Action: How to Follow Scientists and Engineers through Society*. Cambridge, MA 1987.

8 Für einen historischen Überblick der Debatte vgl. etwa James Fleming: *Fixing the Sky: The Checkered History of Weather and Climate Control*. New York 2010; David Keith: *Climate Engineering the Climate. History and Prospect.* In: *Annual Review of Energy and the Environment* 25.1 (2000), S. 245–284.

9 Die folgenden Ausführungen beruhen auf einer detaillierten Rekonstruktion der »Karriere« von *Climate Engineering* in den USA. Vgl. ausführlicher Schubert: *Engineering the Climate. Scientific Expertise and the Politics of Climate Control.* Manchester: Mattering Press [im Erscheinen]. Die Datengrundlage dieser Studie bildet die Dokumentation US-amerikanischer Regierungsgeschäfte durch das Federal Digital System (FDsys).

10 Für einen differenzierten Einblick in die Etablierung von Klimawandel als US-politisches Thema vgl. Roger Pielke: *Policy History of the US Global Change Research Program: Part I. Administrative Development*. In: *Global Environmental Change* 10.1 (2000), S. 9–25; Roger Pielke: *Policy History of the US Global Change Research Program: Part II. Legislative Process.* In: *Global Environmental Change* 10.2 (2000), S. 133–144 oder Ann Campbell Keller: *Science in Environmental Policy. The Politics of Objective Advice*. Cambridge 2010.

11 Siehe beispielhaft *National Science Foundation: 65 FR 21795: Notice of the Availability of Draft Reports and Request for Comment.* Washington, c 2000, S. 21796; NAS, National Academies of Sciences: *Policy Implications of Greenhouse Warming: Mitigation, Adaptation, and the Science Base*. Washington, D.C. 1992; IPCC, Intergovernmental Panel on Climate Change, United Nations Environment Program u.a.: *Changing Climate and the Coast. Volume 2: Western Africa, the Americas, the Mediterranean Basin, and the Rest of Europe*. Washington, D.C. 1990.

12 Siehe Mike Hulme: *Can Science Fix Climate Change? A Case Against Climate Engineering*. Cambridge 2014, S. viii. Für die Bedeutung des *Grand-Challenges*-Konzeptes für die Karriere des Klimawandel vgl. David Kaldewey, Daniela Russ, Julia Schubert: »The Politics of Technoscience: From National Visions to Global Problems.« In: Sascha Dickel, Sabine Maasen u.a. (Hg.): *TechnoScienceSociety. Technological Reconfigurations of Science and Society* (Sociology of the Sciences Yearbook). Cham: Springer, S. 191–208.

13 Eli Kintisch: *Hack the Planet. Science's Best Hope-or Worst Nightmare-for Averting Climate Catastrophe*. Cambridge 2010, S. 39; Fleming: Fixing the Sky, S. 253. Für das Konzept der *Tipping Points* vgl. Timothy Lenton: *Early Warning of Climate Tipping Points*. In: *Nature Climate Change* 1.4 (2011), S. 201–209.

14 Siehe beispielhaft etwa Hoffert in: United States of America: *Climate Change Technology Research. Do We Need a »Manhattan Project« for the Environment? Hearing before the Committee on Government Reform, House of Representatives*, Washington, D.C. September 21, 2006, S. 124; vgl. auch United States of America: *Building U.S. Resilience to Global Warming Impacts. Hearing Before the Select Committee on Energy Independence and Global Warming, House of Representatives*, One Hundred Eleventh Congress, First Session, Washington, D.C. October 22, 2009; United States of America: *Climate Services. Solutions from Commerce to Communities: Hearing before the Committee on Commerce, Science and Transportation; United States Senate*, One Hundred Eleventh Congress, Washington, D.C. July 30, 2009; United States of America: *An Examination of the Impacts of Global Warming on the Chesapeake Bay. Hearing before the Committee on Environment and Public Works, United States Senate*, One Hundred Tenth Congress, Washington, D.C. September 26, 2007; United States of America: *Department of Energy's Plan for Climate Change Technology Programs: Hearing before the Subcommittee on Energy, Committee on Science, House of Representatives*, One Hundred Ninth Congress, Washington, D.C. September 20, 2006; United States of America: *What are the Administration Priorities for Climate Change Technology? Hearing before the Subcommittee on Energy, Committee on Science, House of Representatives*, One Hundred Eighth Congress, Washington, D.C. November 6, 2003.

15 Fleming: *Fixing the Sky*, S. 253; Übers. JS. Einige Autoren führen diesen plötzlichen Umschwung in der US-politischen Thematisierung von *Climate Engineering* auf die 9/11-Erfahrung zurück: vgl. Michael Fincham: *The Day Before Yesterday: When abrupt climate change came to the Chesapeake Bay*. In: *NOAA – Climate.Gov*. https://www.climate.gov/print/181743 (6. 5. 2018).

16 So etwa in Lane in: United States of America: *Climate Engineering: Parts I, II, and III*, S. 37; Green in: United States of America: *Building U. S. Resilience to Global Warming Impacts*, S. 40; Barrett in: United States of America: *An Examination of the Impacts of Global Warming on the Chesapeake Bay*, S. 111; Carlin zit. nach Schnare in: ebd., S. 123; Schnare in: ebd., S. 72. Für einen allgemeinen Überblick über relevante Metaphorik in der Debatte um *Climate Engineering* siehe etwa Matti Luokkanen, Suvi Huttunen u. a.: *Climate Engineering, News Media and Metaphors: Framing the Controversial*. In: *Public Understanding of Science* 23.8 (2014), S. 966–981; Brigitte Nerlich, Rusi Jaspal: *Metaphors We Die By? Climate Engineering, Metaphors, and the Argument from Catastrophe*. In: *Metaphor and Symbol* 27.2 (2012): S. 131–147.

17 Hulme: *Can Science Fix Climate Change?*, S. viii, Übers. JS.

18 United States of America: *Climate Engineering. Parts I, II, III*; United States of America: *Climate Engineering: Innovation, Research, and Technology. Hearing Before the Committee on Science, Space, and Technology, House of Representatives*, One Hundred Fifteenth Congress. Washington D.C. 2017.

19 Beispielhafte Quellen wären etwa NRC, National Research Council: *Climate Intervention. Reflecting Sunlight to Cool Earth*. Washington, D.C. 2015; NRC, National Research Council: *Climate Intervention. Carbon Dioxide Removal and Reliable Sequestration*. Washington, D.C. 2015; Committee on Science and Technology: Engineering the Climate; GAO, U. S. Government Accountability Office: *Climate Change. A Coordinated Strategy Could Focus Federal Climate Engineering Research and Inform Governance Efforts: Report to the Chairman, Committee on Science and Technology, House of Representatives*. Washington, D.C. 2010. Für *Carbon Dioxide Removal* relevante Regulierungsbemühungen vgl. außerdem United States of America: *The Role of Offsets in Climate Legislation. Hearing before the Subcommittee on Energy and Environment of the Committee on Energy and Commerce, House of Representatives*, One Hundred Eleventh Congress, Washington, D.C. March 5, 2009, S. 113; EPA, Environmental Protection Agency: *75 FR 77229: Final Rule on Federal Requirements Under the Underground Injection Control (UIC) Program for Carbon Dioxide Geologic Sequestration (GS) Wells*, Washington, D.C. 2010; EPA, Environmental Protection Agency: *Federal Requirements Under the Underground Injection Control (UIC) Program for Carbon Dioxide (CO_2) Geologic Sequestration (GS) Wells*, Washington, D.C. 2011. Diese Auseinandersetzungen fallen nicht unbedingt positiv aus. 2015 erklärt die Environmental Protection Agency in ihrer Final Rule on Carbon Pollution Emission Guidelines etwa, dass *Direct-Air-Capture*-Technologien als Maßnahmen nicht zulässig sind für die Einhaltung der hier regulierten Emissions-Level: EPA, Environmental Protection Agency: 80 FR 64661: Final Rule on Carbon Pollution Emission Guidelines for Existing Stationary Sources: Electric Utility Generating Units. Washington, D.C. 2015, S. 64903.

20 Für eine detaillierte Darstellung dieser theoretischen Perspektive vgl. Julia Schubert: *Engineering the Climate*. Außerdem ist Luhmanns Konzept der strukturierten Beobachtung hier instruktiv. Vgl. Niklas Luhmann: *Die Wissenschaft der Gesellschaft*. Frankfurt am Main 1990, S. 645.

21 Keller: *Science in Environmental Policy,* S. 95, Übers. JS.

22 Für die zentrale Bedeutung von natürlichen Analogien und Klimamodellen für die Erforschung und Auseinandersetzung mit *Climate Engineering* im Allgemeinen vgl. Robock und Kravitz. In: Jason Blackstock, Sean Low (Hg.): *Climate Engineering Our Climate? Ethics, Politics, and Governance.* New York 2018, S. 95–99.

23 Für die Bedeutung der Klimamodellierung, siehe auch Gramelsberger in diesem Band und Gabriele Gramelsberger, Johann Feichter: *Modelling the Climate System: An Overview.* In: *Climate Change and Policy (2011)*, S. 9–90.

24 Gabriele Gramelsberger, Johann Feichter: *Climate Change and Policy: The Calculability of Climate Change and the Challenge of Uncertainty.* Berlin, Heidelberg 2011, S. 9.

25 Siehe beispielsweise United States of America: *Climate Engineering. Parts I, II, III*, S. 6, S. 49, 51; United States of America: *An Examination of the Impacts of Global Warming on the Chesapeake Bay*, S. 126.

26 In der US-politischen Auseinandersetzung mit *Solar Radiation Management* wird dieser Vulkanausbruch mehr als dreißig Mal zitiert. Vgl. etwa Lane Caldeira, Keith Sheperd und Morgan. In: United States of America: *Climate Engineering. Parts I, II, III*, S. 24, 35, 80, 148, 284; Schnare in: United States of America: *An Examination of the Impacts of Global Warming on the Chesapeake Bay*, S. 67; United States of America: *Range of Innovative, Non-Geologic Applications for the Beneficial Reuse of Carbon Dioxide from Coal and Other Fossil Fuel Facilities. Special Hearing before the Subcommittee on Energy and Water Development of the Committee on Appropriations, United States Senate,* One Hundred Eleventh Congress, Washington, D. C. May 6, 2009, S. 42; Committee on Science and Technology: *Engineering the Climate*, S. 4.

27 Lee und Rasch in: United States of America: *Climate Engineering. Parts I, II, III*, S. 35, 160.

28 Lackner in: United States of America: *Climate Engineering. Parts I, II, III*, S. 172; EPA: *75 FR 77229*, S. 77234.

29 Rasch in: United States of America: *Climate Engineering. Parts I, II, III*, S. 152.

30 Vgl. Luhmann: *Die Wissenschaft der Gesellschaft*, S. 263 f.; Niklas Luhmann: *Kausalität im Süden.* In: *Soziale Systeme* 1 (1995); Niklas Luhmann: *Die Gesellschaft der Gesellschaft.* Frankfurt am Main 1998, Bd. 1, S. 524; Niklas Luhmann: *Organisation und Entscheidung*. Wiesbaden 2011, S. 370.

31 »The decisive distinction that determines the form »technology« is [.] that between controllable and uncontrollable states of affairs« (Niklas Luhmann: *Theory of Society*. Stanford, CA 2013, S. 317).

32 Carlin zit. nach Schnare. In: United States of America: *An Examination of the Impacts of Global Warming on the Chesapeake Bay*, S. 126. Siehe auch United States of America: Climate Engineering. Parts I, II, III, S. 152, 157, 309; Washington Post zit. nach United States of America: *Oversight Hearing: Examining EPA's Proposed Carbon Dioxide Emissions Rules from New, Modified, and Existing Power Plants: Hearing before the Committee on Environment and Public Works, United States Senate,* One Hundred Fourteenth Congress, First Session, Washington, D. C. February 11, 2015, S. 10.

33 Caldeira in: United States of America: *Climate Engineering. Parts I, II, III*, S. 16. Siehe auch a. a. O., S. 20, 152, 300; United States of America: *Oversight Hearing: Examining EPA's Proposed Carbon Dioxide Emissions Rules from New, Modified, and Existing Power Plants*, S. 10; EPA: *75 FR 77229*, S. 77234. Für eine kritische Position vgl. etwa Chisholm u. a., zit. nach Romm in: United States of America: *Voluntary Carbon Offsets: Getting What You Pay For: Hearing before the Select Committee on Energy Independence and Global Warming, House of Representatives,* One Hundred Tenth Congress, Washington, D. C. July 18, 2007, S. 39 f.

34 Vgl. etwa Schnare in: United States of America: *An Examination of the Impacts of Global Warming on the Chesapeake Bay*, S. 64, 68, 110, 126, 155; United States of America: *Range of Innovative, Non-Geologic Applications for the Beneficial Reuse of Carbon Dioxide from Coal and Other Fossil Fuel Facilities*, S. 42.

35 Schnare in: United States of America: *An Examination of the Impacts of Global Warming on the Chesapeake Bay*, S. 64. Siehe auch Carlin, zit n. Schnare in: United States of America: *An Examination of the Impacts of Global Warming on the Chesapeake Bay*, S. 126.

36 So etwa in United States of America: *Climate Engineering. Parts I, II, III*, S. 6.

37 Schnare in: United States of America: *An Examination of the Impacts of Global Warming on the Chesapeake Bay*, S. 68, siehe auch S.111; für *Carbon Dioxide Removal* vgl. etwa United States of America: *Range of Innovative, Non-Geologic Applications for the Beneficial Reuse of Carbon Dioxide from Coal and Other Fossil Fuel Facilities*, S. 42.

38 Carlin zit. nach Schnare in: United States of America: *An Examination of the Impacts of Global Warming on the Chesapeake Bay*, S. 126. Siehe auch Victor, zit. n. Morgan in: United States of America: *Climate Engineering. Parts I, II, III*, S. 285.

39 Lackner in: United States of America: *Climate Engineering. Parts I, II, III*, S. 172.

40 United States of America: *Climate Engineering. Parts I, II, III*, S. 59 f.; vgl. außerdem S. 16, 20, 22, 24, 35, 90, 300; United States of America: *Voluntary Carbon Offsets*, S. 40; Schnare in: United States of America: *An Examination of the Impacts of Global Warming on the Chesapeake Bay*, S. 73, 111, 112.

41 Rasch in: United States of America: *Climate Engineering. Parts I, II, III*, S. 152.

42 Schneider in: United States of America: *Global Climate Change. Hearings before the Committee on Environment and Public Works, United States Senate, One Hundred Fifth Congress, First Session on Reviewing the Effects of Greenhouse Gases on Global Weather Conditions and Assessing International Policy Options to Reduce the Negative Impacts of Climate Change*, Washington, D. C. July 10 and 17, 1997, S. 122.

43 Committee on Science and Technology: *Engineering the Climate*, S. 23, Übers. JS.

44 United States of America: *Climate Engineering. Parts I, II, III*, S. 60; siehe auch S. 6, 35, 49, 80, 139, 156, 159, 279.

45 Long in: United States of America: *Climate Engineering. Parts I, II, III*, S. 301.

46 United States of America: *Climate Engineering. Parts I, II, III*, S. 45, 90, 109.

47 Robock, Rasch, GAO in: United States of America: *Climate Engineering. Parts I, II, III*, S. 38, 122, 159.

48 Rasch in: United States of America: *Climate Engineering. Parts I, II, III*, S. 152.

49 Rasch in: United States of America: *Climate Engineering. Parts I, II, III*, S.157, Hervorhebung J. S.; siehe auch S. 44; oder etwa United States of America: *An Examination of the Impacts of Global Warming on the Chesapeake Bay*, S. 111 f.

50 Sergio Sismondo: *Models, Simulations, and their Objects*. In: *Science in Context* 12.2 (1999), S. 247–260, hier S. 247.

51 Ebenda, S. 256.

52 Paul N. Edwards: *A Vast Machine: Computer Models, Climate Data, and the Politics of Global Warming*. Cambridge 2010, Übers. JS.

53 Baker: *Climate State*, S. 20.

54 Roger Pielke: *The Honest Broker. Making Sense of Science in Policy and Politics*. Cambridge, New York 2013.

55 Bettina Heintz hat diesen Begriff in Bezug auf quantitative Beobachtungsmodi geprägt. Sie beschreibt Statistiken als »numerische Weisen der Welterzeugung«. Bettina Heintz: *Welterzeugung durch Zahlen. Modelle politischer Differenzierung in internationalen Statistiken, 1948–2010*. In: *Soziale Systeme* 18 (2012), S. 7. Vgl. auch Luhmann: *Die Wissenschaft der Gesellschaft*, S. 75.

GABRIELE GRAMELSBERGER ist Professorin für Wissenschaftstheorie und Technikphilosophie an der RWTH Aachen. Sie beschäftigt sich mit der digitalen Transformation der Wissenschaften, der Philosophie der angewandten Mathematik sowie Forschungsepistemologien. Zu ihren Publikationen zählen *Operative Epistemologie* (2020), *Natures of Data* (2020), *Cultures of Prediction* (2017), *From Science to Computational Sciences* (2015), *Climate Change and Policy* (2010).

GeoMIP-Szenarien. Der wissenschaftliche Umgang mit dem künstlichen Klima

GABRIELE GRAMELSBERGER

Erdsystemmodelle stellen seit den frühen 2000er Jahren ein neues Paradigma in der Klimaforschung dar. Klimamodelle, die bis heute eine über 60-jährige Geschichte hinter sich haben – beginnend mit Norman Phillips simplem Hemisphärenmodell von 1956 –,[1] bestanden bis in die 2000er Jahre aus gekoppelten Atmosphären-Ozean-Modellen. Atmosphärenmodelle berechnen die Zirkulationsmuster der globalen Atmosphäre und den Austausch von Wärme und Feuchtigkeit. Ozeanmodelle berechnen vor allem die Energieaufnahme und -verteilung, da die Hälfte der Energie des Klimasystems in den Ozeanen gespeichert ist. Erdsystemmodelle hingegen beinhalten noch wesentlich mehr Faktoren: Sie vereinen Atmosphären-Ozean-Modelle mit Eis-, Vegetations-, Kohlendioxid-, Boden- und Luftchemiemodellen.

Mit dem Potsdamer Klimaforscher Hans Jörg Schellnhuber gesprochen, lässt sich ein Erdsystem konzeptuell mit der Formel E = (H, N) schreiben, wobei H die Ecosphäre bezeichnet und N die planetarischen Subsphären wie eben Atmosphäre, Ozeane, Vegetation etc. Zur Ecosphäre gehört, laut Schellnhuber, die Anthroposphäre als Aggregat menschlicher Einflüsse auf das Klimasystem wie Treibhausgasemissionen, Veränderungen des Rückstrahlungsverhaltens (Albedo) sowie massive Eingriffe in die Erdoberfläche. Was ebenfalls zu H gehört, ist das »globale Subjekt«. »Dieses Subjekt manifestiert sich beispielsweise durch die Umsetzung internationaler

1 Norman Phillips: *The general circulation of the atmosphere: A numerical experiment.* In: *Quarterly Journal of the Royal Meteorological Society* 82 (1956), S. 132–164.

2 Hans Jörg Schellnhuber: *Earth system analysis and the second Copernican revolution.* In: *Nature* 402 (1999), S. 19–23, hier S. 19–20.

3 Ebenda, S. 20.

4 Ebenda.

5 Ebenda, S. 23. Vgl. James Lovelock, Lynn Sagan: *Atmospheric homeostasis by and for the biosphere. The Gaia hypothesis.* In: *Tellus* 26 (1974), S. 2–10.

6 Paul J. Crutzen: *Albedo enhancement by stratospheric sulfur injections. A contribution to resolve a policy dilemma?* In: *Climate Change* 77 (2006), S. 211–220.

7 Bala Govindasamy, Ken Caldeira: *Geoengineering Earth's radiation balance to mitigate CO_2-induced climate change.* In: *Geophysical Research Letters* 27 (2000), S. 2141–2144; David W. Keith: *Geoengineering the climate. History and prospect.* In: *Annual Review*

Klimaschutzprotokolle.«[2] Während jedoch die Modellierung der planetarischen Subsphären weit vorangeschritten ist, hinkt die Modellierung der Ecosphäre hinterher. Lediglich sozioökonomische Modelle für die integrierten Klimafolgenmodelle wurden bislang entwickelt. Zwar berücksichtigen Erdsystemmodelle den Einfluss des Menschen mehr als klassische Atmosphären-Ozean-Modelle, doch ist die Modellierung der Anthroposphäre mehr schlecht als recht repräsentiert; vom *ominösen* globalen Subjekt ganz zu schweigen.

Was nun das globale Subjekt betrifft, »repräsentiert es die kollektive Interaktion der Menschheit als eine selbstreflektierte Regulierungskraft, die unseren Planeten bevölkert. Das globale Subjekt ist real, wenn auch immateriell.«[3] Was es von den planetarischen Subsphären wie auch Schafen unterscheidet, ist sowohl seine globale Kommunikationsfähigkeit als auch seine Selbstreflexionsfähigkeit bezüglich seiner eigenen Einflüsse auf das Klima durch globale Satellitenüberwachung und Erdsystemmodellierung. Alles zusammengenommen ermöglicht dies dem globalen Subjekt, »kollektive ›rationale Entscheidungen‹ auf Systemebene« zu fällen;[4] unterstützt durch ein Netz an Institutionen und Aktivisten. Dieser moderne Leviathan wird, da ist sich Schellnhuber sicher, unsere Klimazukunft kontrollieren. Die Frage, die in dieser Vision jedoch offenbleibt, ist folgende: Wie wird das globale Subjekt seine geokybernetische Aufgabe wahrnehmen? Als Option für die Klimastabilisierung wird auf alle Fälle schon einmal *Climate Engineering* vorgeschlagen: »Warum sollte Prometheus sich nicht eilen, Gaia zu unterstützen?«[5]

Schellnhubers Artikel – 1999 in der Zeitschrift *Nature* erschienen – ist einer der ersten, der im wissenschaftlichen Umfeld das Thema *Climate Engineering* anspricht. 2006 folgt der viel zitierte Artikel des Nobelpreisträgers Paul Crutzen in der Fachzeitschrift *Climate Change* mit dem aufschlussreichen Titel »Albedo-Verbesserung durch Schwefelfreisetzung in der Stratosphäre: Ein Beitrag zur Lösung des Politikdilemmas?«[6] Prometheus, das wird spätestens nun klar, sollte sich wirklich sputen, insofern das globale Subjekt es scheinbar nicht hinbekommt, sich trotz aller Selbstüberwachungsmaßnahmen selbst zu reglementieren. Von nun an explodieren die wissenschaftlichen Artikel zu Geo- respektive *Climate Engineerings*, die von simulationsbasierten Studien zu möglichen Effekten von Maßnahmen des *Climate Engineering* handeln. Vor 2006 gab es nur wenige wissenschaftliche Studien dazu; wobei die meisten Studien von Bala Govindasamy und Ken

Caldeira stammten, die zu jener Zeit in der Arbeitsgruppe Klima- und Kohlenstoffkreislauf am US-amerikanischen Lawrence Livermore National Laboratory arbeiteten.[7]

Was bedeutet es, künstliches Klima zu einem epistemischen Objekt der Wissenschaft zu machen? Oder, anders gefragt: Wie gestaltet sich aktuell die wissenschaftliche Imaginationsgeschichte des künstlichen Klimas? Der Beitrag geht dieser Frage nach und untersucht die Modellierungs- und Simulationspraktiken der Klimawissenschaft als paradigmatische Imaginationsmedien der Wissenschaft. Kein anderes wissenschaftliches Medium ist in der Lage, mögliche Klimazukünfte zu prognostizieren und damit zu imaginieren. Doch um ein epistemisches Objekt der Wissenschaft zu werden, müssen simulierte *Climate-Engineering*-Szenarien durch Modellvergleiche zugänglich gemacht werden. Dies hat mit der globalen Simulationskultur der Klimawissenschaft zu tun, die seit dem ersten Sachstandsbericht des Intergovernmental Panel on Climate Change (IPCC) von 1990 durch die Vereinten Nationen koordiniert wird und ein umfassendes und verbindliches Prozedere von Modellentwicklung, Modellvergleich und Modellkritik durchläuft.[8] Jedes Klimamodell wie auch Simulationsszenario muss für dieses Prozedere akkreditiert werden.

Mit der Einführung der Simulationsszenarien des *Geoengineering Model Intercomparison Project* (GeoMIP) 2011 wurde künstliches Klima als epistemisches Objekt der Klimawissenschaft akkreditiert.[9] Ohne diese Anerkennung als relevantes Simulationsszenario wäre künstliches Klima nur ein spekulatives Objekt. Ohne diese Akkreditierung hätte es jedoch auch keine Chance, sich zu einem »Grenzobjekt« zu mausern, das sowohl wissenschaftliche wie politische Relevanz entfalten als auch seine eigene Imagination überschreitend zum Ingenieursobjekt werden könnte.[10] Von daher untersucht der vorliegende Beitrag die Einführung der GeoMIP-Szenarien als Einfallstor des künstlichen Klimas in die Wissenschaft.

of Energy and the Environment 25 (2000), S. 245–284; Bala Govindasamy, S. Thompson u. a.: *Impact of geoengineering schemes on the terrestrial biosphere*. In: *Geophysical Research Letters* 29 (2002), S. GL015911; Bala Govindasamy, Ken Caldeira u. a.: *Geoengineering Earth's radiation balance to mitigate climate change from a quadrupling of* CO_2. In: *Global Planet Change* 37 (2003), S. 157–168.

8 Intergovernmental Panel on Climate Change (IPCC): *Climate Change 1990. The Scientific Basis. Contribution of Working Group I to the Second Assessment Report of the Intergovernmental Panel on Climate Change*. Cambridge, MA 1990.

9 Ben Kravitz, Alan Robock u. a.: *The Geoengineering Model Intercomparison Project (GeoMIP)*. In: *Atmospheric Science Letters* 12 (2011), S. 162–167.

10 Susan L. Star, James R. Griesemer: *Institutional Ecology. Translations and Boundary Objects. Amateurs and Professionals in Berkeley's Museum of Vertebrate Zoology, 1907–1939*. In: *Social Studies of Science* 19.4 (1989), S. 387–420; Sheila Jasanoff, Marybeth L. Martello: *Earthly politic: Local and global in environmental governance*. Cambridge, MA 2004.

11 Jules G. Charney, Ragnar Fjørtof u. a.: *Numerical Integration of the Barotropic Vorticity Equation*. In: *Tellus* 2 (1950), S. 237–254.

12 Vilhelm Bjerknes: *Das Problem der Wettervorhersage, betrachtet von Standpunkt der Mechanik und Physik*. In: *Meteorologische Zeitschrift* 21 (1904), S. 1–7.

Simulationskultur der Klimawissenschaft

Meteorologische Simulationen für Wetter- wie Klimavorhersagen gehören zu den ältesten Simulationen der Wissenschaft. Bereits Ende der 1940er Jahre entwickelten Jules Charney und Kollegen ein erstes Wettermodell, das sie auf dem ersten elektronischen Universalrechner berechneten – dem *Electronic Numerical Integrator and Computer* (ENIAC).[11] Wetter zu simulieren, bedeutet die Physik der Atmosphäre hydro- und thermodynamisch darzustellen, mit Differentialgleichungen mathematisch zu artikulieren, um dann Prognosen für die sieben meteorologischen Variablen der Temperatur, des Luftdrucks und der Luftdichte, der Feuchtigkeit sowie der Windgeschwindigkeit in drei Richtungen berechnen zu können.[12] Um ein solches mathematisches Modell jedoch berechenbar zu machen, müssen die kontinuierlichen Differentialgleichungen in diskrete Differenzengleichungen transformiert werden. Erst die Differenzengleichungen können dann für endlich viele Berechnungspunkte berechnet werden. Dies bedeutet, die Atmosphäre in ein Gitter an Berechnungspunkten zu zerlegen. Je feinmaschiger dieses Netz an Berechnungspunkten ist, desto aufwendiger sind die Berechnungen, und desto leistungsfähigere Computer werden benötigt.

Der Unterschied zwischen einem Wetter- und einem Klimamodell besteht im Perspektivwechsel von kurzfristigen (1 bis 7 Tage) zu langfristigen Prognosen (30 bis 100 Jahre), von einer regionalen (synoptischen Skala von 1 000 bis 2 500 Kilometer) zu einer globalen Abdeckung der Messungen wie auch Berechnungen sowie von einer direkten zu einer statistischen Betrachtungsweise der Physik der Atmosphäre, insofern Klima das auf einen Zeitraum von 30 Jahren gemittelte Wetter ist. Bekanntester Klimaindikator ist die global gemittelte Jahrestemperatur, deren Variabilität auf einen Zeitraum von 30 Jahren analysiert wird. Veränderungen über diese Zeitspanne hinaus werden als Klimawandel bezeichnet, und die Frage stellt sich, ob diese Veränderungen zu einer Zunahme oder Abnahme der globalen Jahrestemperatur führen. Wie aus Messungen bekannt ist, hat sich seit der vorindustriellen Zeit (ab circa 1750) die globale Jahrestemperatur um fast einen Grad erhöht. Was sich in dieser Zeit ebenfalls erhöht hat, ist die Kohlendioxidkonzentration in der Atmosphäre, und zwar von 280 Teilchen Kohlendioxid pro Million Teilchen in der Luft auf fast 400 Teilchen Kohlendioxid pro Million heute. Daher liegt es nahe, einen Zusammenhang zwischen der Erhöhung der globalen Jahrestemperatur und der Kohlendioxidkonzentration herzustellen, vor allem, da aus Messungen und experimentellen Studien seit langem bekannt ist, dass Kohlendioxid als Treibhausgas in der Atmosphäre fungiert.[13] Wie sich dieser Zusammenhang genau gestaltet, untersucht die Klimaforschung anhand von Klima- und Erdsystemmodellen.

Die entscheidende Prognosefrage, die alle Klimamodelle stellen, ist die nach der Klimasensitivität: Um wie viel Grad wird sich die globale Jahrestemperatur bei einer Kohlendioxidverdopplung auf 560 Teilchen Kohlendioxid pro Million erhöhen? Diese Frage wurde erstmals von den Klimamodellierern Syokuro Manabe und Richard T. Wetherald aufgeworfen und wie folgt beantwortet: »Die Verdopplung der bestehenden Kohlendioxidkonzentration in der Atmosphäre führt zu einer Erhöhung der Bodentemperatur um etwa 2,3 Grad Celsius.«[14] Diese Frage wurde durch die Studie zum Einfluss des Menschen auf das Klima von 1971 sowie dem sogenannten Charney-Report von 1979 einer breiten Öffentlichkeit publik gemacht.[15] Die Antwort hängt jedoch entscheidend davon ab, wie lange es dauern wird, bis eine Kohlendioxidkonzentration von 560 Teilchen Kohlendioxid pro Million erreicht ist. Seit 1990 versuchen die IPCC-Sachstandsberichte genau dieser Frage nachzugehen. Im ersten Teil der Berichte werden die Prognoseergebnisse der Klimasimulationen präsentiert, an welchen sich seit dem ersten Bericht immer mehr globale Klimamodelle aus aller Welt beteiligen – von anfangs einer Handvoll Modelle bis über vierzig Modelle im letzten IPCC-Bericht von 2013.[16] Um jedoch überhaupt an den IPCC-Berichten teilnehmen zu dürfen, muss jedes Modell einen international koordinierten Modellvergleich durchlaufen, der vom *Coupled Model Intercomparison Project* (CMIP) am US-amerikanischen Lawrence Livermore National Laboratory organisiert wird. In diesem Modellvergleich werden sowohl die durchzuführenden Simulationsexperimente verbindlich standardisiert als auch die Vorhersageergebnisse aller beteiligten Modelle analysiert, um die Güte der einzelnen Simulationsmodelle

13 Svante Arrhenius. *On the influence of carbonic acid in the air upon the temperature of the ground*. In: *Philosophical Magazine and Journal of Science* 41 (1896), S. 237–276.

14 Syokuro Manabe, Richard T. Wetherald: *Thermal Equilibrium of the Atmosphere with a Given Distribution of Relative Humidity*. In: *Journal of the Atmospheric Sciences* 24 (1967), S. 241–259, hier S. 254.

15 William H. Matthews, William H. Kellogg u. a. (Hg.): *Man's impact on the climate*. Cambridge, MA 1971; Jules G. Charney, Akio Arakawa u. a.: *Carbon dioxide and climate. A scientific assessment*. Washington, D. C. 1979.

16 Intergovernmental Panel on Climate Change (IPCC): *Climate Change 2013. The Scientific Basis. Contribution of Working Group I to the Second Assessment Report of the Intergovernmental Panel on Climate Change*. Cambridge, MA 2013.

17 Vgl. Arthur Petersen: *Climate simulation, uncertainty, and policy advice. The case of the IPCC*. In: Gabriele Gramelsberger, Johann Feichter (Hg.): *Climate change and policy. The calculability of climate change and the challenge of uncertainty*. Berlin, Heidelberg 2011, S. 91–111; Catharina Landström: *Tracing uncertainty management through four IPCC Assessment Reports and beyond*. In: Matthias Heymann, Gabriele Gramelsberger u. a. (Hg.): *Cultures of Prediction in Atmospheric and Climate Science*. London 2017, S. 214–230.

beurteilen zu können. Die Vergleichsanalysen werden im Anschluss allen Klimawissenschaftlern zugänglich gemacht, die auf Basis dieser Daten weitere Analysen durchführen und veröffentlichen können. Nur die so veröffentlichten Studien in begutachteten Zeitschriften werden als Basis für die IPCC-Sachstandsberichte verwendet.[17] Dieses global koordinierte Prozedere wiederholt sich alle fünf bis sieben Jahre.

Die Aussagekraft der Prognosen hängt jedoch entscheidend von den zukünftigen Emissionsszenarien und der Frage ab, wie erfolgreich das globale Subjekt im Umgang mit dem Klimawandel sein wird. Dieser Umgang wird durch die verschiedenen Emissionsszenarien der *Representative Concentration Pathway* (RCP)-Szenarien repräsentiert, die von einer nachhaltigen Klimapolitik (RCP 2.6) bis zu einem *Business-as-usual*-Szenario reichen (RCP 8.5).[18] Das Szenario RCP 8.5 beispielsweise geht von einer Zunahme des Strahlungsantriebs aufgrund steigender Kohlendioxidemissionen von 8,5 Watt pro Quadratmeter aus. Die Szenarien berücksichtigen, ob die Emissionen ihren Höhepunkt zwischen 2010 und 2020 erreichen und dann abfallen werden (RCP 2.6) oder ob sie bis 2040 (RCP 4.5) oder sogar bis 2100 kontinuierlich ansteigen werden (RCP 8.5). Entsprechend variieren die Prognosen für 2100 von einer Zunahme der globalen Jahrestemperatur von +0,3 Grad Celsius (RCP 2.6) bis +4,8 Grad Celsius (RCP 8.5). Es liegt auf der Hand, dass nur eine nachhaltige, globale Klimapolitik der Reduktion der Treibhausgasemissionen das aktuelle Ziel der Klimapolitik von +2 Grad Celsius bis 2100 in Relation zum vorindustriellen Klima erreichen kann.[19] Doch selten war die Menschheit weiter von diesem Ziel entfernt als jetzt.

Bereits 1938 rechnete der Ingenieur Guy Callendar in einer aufschlussreichen Studie aus, dass die Menschheit bis 1938 150 000 Millionen Kohlendioxid freigesetzt hatte und dass dies zu einer Erwärmung von 0,003 Grad Celsius pro Jahr führen würde. Da damals in der Wissenschaft aufgrund statistischer Annahmen noch von einer drohenden Eiszeit ausgegangen wurde, war Callendars Fazit bezüglich der Emissionen euphorisch: »Als Ergebnis lässt sich feststellen, dass die Verbrennung von Erdöl aus verschiedenen Gründen zum Vorteil der Menschheit ist; neben der Generierung von Wärme und Energie. [...] Auf alle Fälle wird dadurch die Rückkehr der tödlichen Gletscher auf unabsehbare Zeit verschoben.«[20] Heute sieht die Situation drastisch anders aus. Nicht nur hat sich die Bevölkerung von 2,3 Milliarden Menschen im Jahr 1938 auf aktuell über 7 Milliarden erhöht, sondern auch die Kohlendioxidfreisetzung von 4 500 Millionen Tonnen im

Jahr 1938 ist aktuell auf unglaubliche 36 Milliarden Tonnen Kohlendioxidäquivalente pro Jahr angestiegen; Tendenz steigend. Wie diese Entwicklung in den Jahren 2050 oder 2100 aussehen wird, ist kaum abschätzbar, aber es macht deutlich, wie drängend das Problem des anthropogenen Klimawandels geworden ist.

Künstliches Klima als wissenschaftliches Objekt

Das Erreichen der ehrgeizigen Klimaziele von +2 Grad Celsius oder sogar nur +1,5 Grad Celsius Zunahme der globalen Jahrestemperatur bis 2100 scheint durch eine substanzielle Reduktion der Treibhausgase nicht mehr erreichbar zu sein. Im Gegenteil, die Freisetzung der Treibhausgase steigt sogar weiter an, als es das *Business-as-usual*-Szenario annahm (RCP 8.5). Vor diesem Hintergrund sind die aktuellen Rufe nach *Geo-* respektive *Climate Engineering* zu verorten, wie dies Crutzen 2006 formuliert hatte.[21] Seit längerem werden verschiedene Strategien diskutiert, die sich in zwei Klassen unterteilen lassen: *Solar Radiation Management* (SRM) und *Carbon Dioxide Removal* (CDR)-Strategien.[22] Zu Ersteren gehören Vorschläge wie Spiegel im All zur Reflexion der Sonneneinstrahlung zu positionieren, das Ausbringen von designten Schwefeldioxidaerosolen in der Atmosphäre, das Weißen der Wolken durch Sprühwasser, die Veränderung des Albedos sowie der Kohlendioxidentzug aus der Atmosphäre. Zu Letzteren zählen Ideen der atmosphärischen Kohlendioxidreduktion durch Aufforstung oder Bodenspeicherung als auch durch die Düngung der Meere mit Eisen, Nitraten oder Phosphor.

Das Jahr 2006 markierte in mehrfacher Hinsicht eine Wende im Umgang der Wissenschaft mit dem künstlichen Klima. Neben Crutzens viel zitiertem Artikel in *Nature* publizierte Tom M.L. Wigley einen ebenso einflussreichen Artikel in *Science*.[23] Zudem fand im selben Jahr ein Workshop der NASA statt, auf dem ein erstes Realexperiment diskutiert wurde:

18 Detlef P. van Vuuren, Jae Edmonds u. a.: *The representative concentration pathways. An overview*. In: *Climatic Change*, 109.1 (2011), S. 5–31.

19 24. UN-Klimakonferenz, 2.–14. Dezember 2018, Katowice {www.bmu.de/cop24/}, letzter Zugriff 14. 1. 2019.

20 Guy S. Callendar: *The artificial production of carbon dioxide and its influence on temperature*. In: *Quarterly Journal of the Royal Meteorological Society* 64 (1938), S. 223–240, hier S. 236.

21 Crutzen: *Albedo enhancement*.

22 Johann Feichter, Markus Quante: *From predictive to instructive. Using models for geoengineering*. In: Matthias Heymann, Gabriele Gramelsberger u. a. (Hg.): *Cultures of Prediction in Atmospheric and Climate Science*. London 2017, S. 178–194.

23 Tom M. L. Wigley: *A combined mitigation/geoengineering approach to climate stabilization*. In: *Science* 314 (2006), S. 452–454.

24 Michael C. MacCracken: *Geoengineering. Worthy of cautious evaluation?* In: *Climatic Change* 77.3 (2006), S. 235–243.

25 Kravitz, Robock u. a.: *The Geoengineering Model Intercomparison Project (GeoMIP)*, S. 163–165.

26 Ben Kravitz, Ken Caldeira u. a.: *Climate model response from the Geoengineering Model Intercomparison Project (GeoMIP)*. In: *Journal of Geophysical Research* 118 (2013), S. 8320–8332.

die Ausbringung designter Aerosole in der arktischen Stratosphäre.[24] Allerdings kamen die Forscher zu dem Schluss, keine Realexperimente anzustoßen, sondern erst einmal Simulationsexperimente durchzuführen, um überhaupt abschätzen zu können, wie sinnvoll solche Realexperimente sein könnten. Für die Simulationsexperimente war der Ausbruch des Vulkans Pinatubo im Juni 1991 von Nutzen, da der Ausbruch außerordentlich gut vermessen worden war. Mit den Referenzdaten des Pinatubo konnten erstmals Vulkaneruptionen und damit das klimarelevante Einbringen von Schwefeldioxid in die Stratosphäre simuliert und vor allem evaluiert werden. Diese Simulationsexperimente sind die Grundlage aller SRM-Experimente; eben auch der Experimente des *Geoengineering Model Intercomparison Project* (GeoMIP).

Mit GeoMIP transformiert sich das künstliche Klima von einem spekulativen in ein epistemisches Imaginationsobjekt der Wissenschaft. 2011 präsentieren die Klimaforscher Ben Kravitz und Kollegen vier GeoMIP-Szenarien (G1 bis G4), die verschiedene Vorstellungen des künstlichen Klimas manifestieren. Grundannahme dabei ist, dass trotz zunehmender Emissionen das globale Verhältnis der solaren Ein- und Ausstrahlung durch Maßnahmen konstant gehalten werden kann. Die ersten beiden Szenarien untersuchen in idealisierter Weise das Verhältnis von Emissionszunahme und solarer Ein- und Ausstrahlung: G1 geht von einer Vervierfachung der Kohlendioxidkonzentration im Unterschied zu 280 Teilchen Kohlendioxid pro Million bei gleichzeitiger Kompensation durch eine Reduzierung der solaren Konstante aus; G2 setzt einen langsamen Anstieg der Kohlendioxidkonzentration voraus und geht dementsprechend von einer allmählichen Kompensation aus. Die eigentlichen Experimente mit dem künstlichen Klima sind jedoch G3 und G4, die beide auf dem RCP 4.5-Szenario des CMIP-Modellvergleichs basieren, das eine Kohlendioxidkonzentration von 650 Teilchen Kohlendioxid pro Million für das Jahr 2100 annimmt; also mehr als eine Verdopplung der vorindustriellen Konzentration. Die Frage dieser Experimente ist, wie viel Energiezunahme in der Atmosphäre durch das Ausbringen von Schwefeldioxid in der unteren Stratosphäre kompensiert werden könnte. G3 geht von einer einmaligen Ausbringung im Jahr 2020 aus, während G4 eine konstante Einbringung von Schwefeldioxid ab 2020 jährlich annimmt.[25]

Basierend auf diesen Szenarien nahmen 2012 und 2013 insgesamt zwölf Modellierungsgruppen weltweit am GeoMIP-Modellvergleich teil; darunter das Max-Planck-Institut für Meteorologie in Hamburg mit dessen Erdsystemmodell. Die Ergebnisse wurden in einem Sonderheft des *Journal of Geophysical Research* 2013 veröffentlicht und zeigten, dass eine Kompensation möglich wäre, die in den Tropen jedoch zu einer unerwarteten Abkühlung führen würde, während die Pole eine Erwärmung hinnehmen müssten.[26] Die detaillierte Analyse der Modellvergleiche machte deutlich, dass Unterschiede in den einzelnen Simulationsergebnissen mit unterschiedlichen mikrophysikalischen Darstellungen der Aerosole zu tun hatten, was wiederum darauf schließen ließ, dass die Art und Weise des Designs von Aerosolen mit großen Unsicherheiten behaftet ist. Zusammengenommen zeigte der GeoMIP-Modellvergleich Ergebnisse, die bezüglich Realexperimenten eine eher abschlägige Haltung nahelegten. Veränderte Experimente und neue Simulationen haben zudem deutlich gemacht, dass *Climate Engineering* die vorindustriellen Bedingungen nicht zurückbringen kann. Die regionalen Verteilungen wären andere als bislang gewohnt. Zudem wäre der technische Aufwand, klimarelevante Effekte zu erzielen, extrem aufwendig.

Zukunft des künstlichen Klimas

Die Zukunft des Klimas ist auch ohne *Climate Engineering* eine artifizielle. Der anthropogene Klimawandel ist sowohl durch Messdaten als auch durch die Verbreitung von Indikatorenpflanzen und -tieren nachgewiesen, und seine Folgen sind in der Zunahme extremer Wetterereignisse spürbar. Künstliches Klima ist nur ein Aspekt einer zunehmend artifiziellen Umwelt, die sich am deutlichsten in den Debatten um das Anthropozän zeigt. In dieser Debatte wird um den »golden Spike« gestritten, also um das Ereignis, das die Menschheit unwiderruflich in die Erdgeschichte einschreibt. Der enorme Anstieg der Kohlendioxidkonzentration von 280 auf über 400 Teilchen Kohlendioxid pro Million ist dabei nur eine mögliche Markierung. Die Bevölkerungsexplosion

27 Anthony D. Barnosky, Paul Koch u. a.: *Assessing the causes of late Pleistocene extinctions on the continents*. In: *Science* 306 (2004), S. 70–75.

28 Simon L. Lewis, Mark A. Maslin: *Defining the Anthropocene*. In: *Nature* 519 (2015), S. 171–180.

29 Anthropocene Working Group, {www2.le.ac.uk/offices/press/press-releases/2016/august/media-note-anthropocene-working-group-awg}, letzter Zugriff 14. 1. 2019.

30 Charles D. Keeling: *The Influence of Mauna Loa Observatory on the Development of Atmospheric CO_2 Research*. In: John R. Mille (Hg.): *Mauna Loa Observatory. A 20th Anniversary Report*, Boulder, CO 1978, S. 36–54, hier S. 38.

31 Hubert H. Lamb: *Climate-engineering schemes to meet a climatic emergency*. In: *Earth-Science Reviews* 7 (1971), S. 87–95.

32 Ben Kravitz: *Future Directions in Simulating Solar Geoengineering*. In: *EOS* 95.31 (2014), S. 280; Ben Kravitz, Alan Robock u. a.: *The Geo-engineering Model Intercomparison Project Phase 6 (GeoMIP6): simulation design and preliminary results*. In: *Geoscientific Model Development* 8 (2015), S. 3379–3392. Offizielle Website unter {climate.envsci.rutgers.edu/GeoMIP/}, (14. 1. 2019).

von 790 Millionen Menschen im Jahr 1750 auf aktuell über 7 Milliarden oder die Kultivierung von fast 50 Prozent der Landoberfläche wären eine weitere. Aber die Menschheit hat noch mehr zu bieten, wie etwa den Verlust an großen Säugetieren: 18 Prozent in Afrika, 36 Prozent in Eurasien, 72 Prozent in Nordamerika, 83 Prozent in Südamerika und 88 Prozent in Australien.[27] Vielleicht darf es aber auch etwas gänzlich Neues sein, wie die künstliche Radioaktivität seit den 1940er Jahren oder die unverwüstlichen Hinterlassenschaften des Plastikzeitalters und des Weltraummülls. Auf dem Internationalen Geologischen Kongress in Kapstadt wurde 2006 über den Beginn des Anthropozäns diskutiert, darunter auch über den signifikanten Kohlendioxidrückgang in der Atmosphäre im Jahr 1610. Grund dafür war die Dezimierung der nordamerikanischen Ureinwohner durch die europäischen Siedler von 54 Millionen im Jahr 1492 auf 6 Millionen im Jahr 1650.[28] Letztendlich entschieden sich die Geologen im August 2016 mehrheitlich für das Jahr 1950 als Beginn des Anthropozäns.[29]

Wie man es auch dreht und wendet, sowohl künstliches Klima als auch künstliche Umwelt bewegen sich zwischen Extinktion und Akzeleration. Ob man das Dilemma durch *Climate Engineering* »bereichern« sollte, ist fraglich. Von dem Problem der Klimagerechtigkeit und den restriktiven Vereinbarungen im ENMOD-Vertrag der Vereinten Nationen einmal abgesehen, erscheint es wenig vielversprechend, das »geophysikalische Experiment« – wie Charles D. Keeling den anthropogenen Klimawandel bereits 1978 bezeichnete – als gezieltes Experiment fortzuführen.[30] Auch hat bereits 1971 der Klimaforscher Hubert H. Lamb die Versprechungen der Klimaingenieure als Allmachtsträume entlarvt.[31] Im Unterschied zur Agonie der internationalen Klimapolitik scheint das *Climate Engineering* den Vorteil des Aktionismus auf seiner Seite zu haben, indem es Faktizitäten schaffenden Handlungswillen suggeriert. Doch dieser Handlungswille ist nicht ungefährlich, sind die komplexen Zusammenhänge des Klimas doch noch längst nicht vollkommen verstanden. Der GeoMIP-Modellvergleich ist ein erster Schritt in die Richtung, mögliche Eingriffe in das Klima besser zu verstehen. Es sieht wohl so aus, dass die GeoMIP-Szenarien in den CMIP-Modellvergleich des geplanten sechsten IPCC-Berichts aufgenommen werden.[32] Damit hat sich künstliches Klima zum epistemischen Imaginationsobjekt der Wissenschaft gemausert; ein Imaginationsobjekt das (noch) im Virtuellen der Computersimulationen erforscht wird.

UTA CAROLINE SOMMER ist Doktorandin an der Humboldt-Universität zu Berlin und Mitglied im PhD-Net »Das Wissen der Literatur«. Ihr Dissertationsprojekt »Welten nach dem Ende« widmet sich den postkatastrophalen Romanen Arno Schmidts. Ihre Forschungsinteressen und -schwerpunkte sind Literatur und Ökologie, Katastrophen, Technikphilosophie und Medientheorie.

UTA CAROLINE SOMMER

Vorgeschichten der Klimakontrolle und -manipulation. Jules Vernes *Die Propellerinsel* und *Kein Durcheinander*

Jules Verne hat in seiner umfangreichen, mehr als 60 Titel umfassenden und seit 1867 von Pierre-Jules Hetzel als *Voyages Extraordinaires* verlegten Romanserie eine Vielzahl von technischen Innovationen und möglichen Zukunftsszenarien in den Blick genommen. Dass er in seinen zwei eher unbekannten späten Romanen *Die Propellerinsel* (*L'île à hélice*, 1895) und *Kein Durcheinander* (*Sans dessus-dessous*, 1889) auch Fragen von globaler und planetarischer Klimakontrolle und -manipulation thematisiert hat, mag angesichts der Fülle von Wissensbeständen, die in seine als »Enzyklopädie des Wissens«[1] angelegte Romanserie Eingang gefunden haben, nicht verwundern. Ich möchte im Folgenden diskutieren, inwiefern diese Romane frühe Techniken der Klimaregulation und -gestaltung verhandeln und Vorgeschichten dessen bieten, was heute als *Climate Engineering* firmiert.

Vernes Abenteuergeschichten zeichnen sich bekanntermaßen nicht durch anspruchsvolles Erzählen aus, das Interessante an ihnen scheint vielmehr im Seriellen zu liegen.[2] Indem die Serie die Vorstellung des Originals (und auch von Originalität) verabschiedet, steht sie den Verfahren technischer Reproduzierbarkeit nahe. Vernes Romane tragen damit ein Wissen um technische Entwicklungen in sich, die neben dem überholten wissenschaftlichen Wissen noch mit einem anderen, nämlich einem Trivialwissen[3], korrespondieren und daher auch gegenwärtig noch höchst aufschlussreich sind.

Kurz zum Inhalt: *Die Propellerinsel* erzählt von einer von amerikanischen Milliardären bewohnten schwimmenden Insel namens Standard Island und ihrer zur finanzstarken Bewohnerschaft passenden Inselhauptstadt Milliard City. Bei dieser Insel handelt es sich um eine künstliche »High-

Tech-Insel«[4], die »die vollkommenste Leistung der modernen Metallurgie«[5] darstellt und elektrisch betrieben ist. Ovalförmig, 7 Kilometer in der Länge und 5 Kilometer in der Breite messend und aus 270 000 durch Bolzen und Nieten miteinander verbundenen Einzelbehältern aus Stahl bestehend, stellt sie einen schwimmenden Koloss dar. Zwei riesige Schiffsschrauben beziehungsweise Propeller sorgen für die Beweglichkeit der Insel, die letztlich »nichts anderes als ein[en] ungeheuer vergrößerte[n] Schiffskörper«[6] darstellt. Für das Thema der Klimakontrolle ist dabei von Interesse, dass Standard Island ihren Kurs durch den Pazifik nach den Wettervorhersagen ausrichtet und permanent dem schönen Wetter hinterherfährt: Es geht hier um die technologiegestützte Utopie eines ewigen Sommers und eines gleichmäßigen, konstanten Klimas.

Der sechs Jahre zuvor erschienene Roman *Kein Durcheinander* hingegen setzt mit einer aufsehenerregenden Versteigerung der Nordpolargebiete nördlich des 84. Breitengrades ein, bei der in Gestalt der Praktischen Nordpolgesellschaft Vertreter der Vereinigten Staaten für 2,8 Millionen Dollar den Zuschlag erhalten. Wie sich nach der Versteigerung herausstellt, handelt diese Gesellschaft im Auftrag der Barbicane AG – dem Gun Club aus Baltimore, der Verne-Leser*innen bereits aus den Mondromanen *Von der Erde zum Mond* und *Reise um den Mond* bekannt ist. Der Vorsitzende und Namensgeber Barbicane, der Kapitän Nicholl und der Schriftführer und Mathematiker J. T. Maston nehmen nun zwanzig Jahre nach ihren lunaren Abenteuern ein Nachfolgeprojekt in Angriff: Sie planen die Enteisung der 1,4 Millionen Quadratkilometer großen Nordpolargebiete, um Zugriff auf die unter dem arktischen Eis vermuteten enormen Kohleflöze zu bekommen und den weltweit steigenden Bedarf an Kohle auch in Zukunft zu decken. Um die gewaltigen Eismassen zum Schmelzen zu bringen, wollen die pensionierten Artilleristen die Kraft der Sonne zu Hilfe nehmen. Durch eine Begradigung der Erdachse soll den arktischen Immobilien so viel Wärme zugeführt werden, dass die »seit Hunderttausenden von Jahren aufgehäuften Eismassen«[7] einfach schmelzen.

Tatsächlich handelt es sich bei beiden Visionen nicht um *Geo-* bzw. *Climate Engineering* im heutigen Sinne. Es geht nicht um Eingriffe, die den Klimawandel stoppen und die globale Klimaerwärmung abmildern sollen. Beide Romane werden stattdessen vom Traum eines ewigen Frühlings und Sommers getragen und stellen insofern Imaginationen der Klimamanipulation dar, die mit ihren Fantasien der globalen Erwärmung nachgerade konträr zu den heutigen Bemühungen des *Climate Engineerings* stehen. Gleichwohl sind sie als Vorgeschichten für Klimakontrolle und -manipulation interessant, weil sie jeweils einen anderen Vektor ein und derselben historischen Entwicklung beschreiben: nämlich eines Übergangs von globalen zu planetarischen Räumen, den man als Passage von einer raumaufschließenden, von Entdeckungsbewegungen getragenen Globalisierung zum vollendeten Zustand einer »Globalität« (Beck) beschreiben könnte, als Entstehung eines »Weltinnenraums« (Sloterdijk) oder als Genese eines »planetarischen Kapitalismus« (Guattari). Versuche der Klimakontrolle setzen voraus, dass, so ließe sich im Anschluss an Sloterdijk formulieren, die Erde als Kugel nicht nur theoretisch, sondern als *terra cognita* und *mare cognitum* auch praktisch entdeckt ist, so dass sie verkehrsmäßige, routinierte Erdumrundungen ebenso zulässt wie die Zirkulationen eines modernen kapitalistischen Weltsystems.[8] Entsprechend spielen Vernes Romane auf (und um) einen weitgehend erschlossenen Globus und reflektieren die »Tatsache, dass von nun an nichts, was sich auf unserem Planeten abspielt, nur ein örtlich begrenzter Vorgang ist, sondern dass alle Erfindungen, Siege und Katastrophen die ganze Welt betreffen und wir unser Leben und Handeln, unsere Organisationen und Institutionen entlang der Achse ›lokal-global‹ reorientieren und reorganisieren müssen.«[9]

Mikroklimaregulation: Die Propellerinsel

Ich möchte zunächst Vernes *Propellerinsel* als Register früher Techniken der Klimaregulation und -gestaltung in den Blick nehmen. Dabei sollen vor allem die Sicherheitsmechanismen, die der Insel implementiert sind, beschrieben sowie die Mikroklimaregulation der Insel als Beispiel früher Kybernetisierung diskutiert werden. Als theoretische Folie dienen mir hier Michel Foucaults Überlegungen zur Sicherheit und Gouvernementalität, wie er sie unter anderem in

1 Siegfried Augustin: *Vision und Realität. Jules Verne und die Technik.* In: Heinrich Pleticha (Hg.): *Jules Verne Handbuch.* Stuttgart 1992, S. 263–278, hier S. 263.

2 Etwas, das sich einerseits in der als Serie angelegten *Voyages Extraordinaires*, andererseits aber auch im Wiederauftauchen von Figuren, im Wiederaufnehmen von Themen und im Durchspielen von Variationen zeigt.

3 Trivialwissen ist hier im Sinne eines Alltagswissens zu verstehen. Vernes Romane zeichnen sich durch ihre Aufmerksamkeit für ein Wissen von selbstverständlichen Dingen aus, die unscheinbar wirken, die nicht zwangsläufig diskursiv werden, die als eine Art »Hintergrundwissen« mit dem in Verbindung stehen, was Sloterdijk als Hintergrund- und Atmosphärenexplikationen beschrieben hat. Es ist im Rahmen dieses Aufsatzes nicht möglich, die Dimensionen dieses Trivialwissens weiter auszuloten. Vgl. Peter Sloterdijk: *Luftbeben. An den Quellen des Terrors.* Frankfurt am Main 2002.

4 Jürgen Link: *Versuch über den Normalismus.* Opladen 1997, S. 403.

5 Jules Verne: *Die Propeller-Insel.* Wien u. a. 1897, S. 60.

6 Ebenda, S. 66.

7 Jules Verne: *Kein Durcheinander.* Wien u. a. 1893, S. 92.

8 Vgl. Peter Sloterdijk: *Im Weltinnenraum des Kapitals. Für eine philosophische Theorie der Globalisierung.* Frankfurt am Main 2005, S. 60.

9 Ulrich Beck: *Was ist Globalisierung? Irrtümer des Globalismus – Antworten auf Globalisierung.* Frankfurt am Main 2007, S. 30.

seinen Vorlesungen zu »Sicherheit, Territorium, Bevölkerung« entwickelt hat: Die Standard Island lässt sich, so die These, an der Schwelle von Disziplinar- und Sicherheitsdispositiv und damit auch im Kontext einer gouvernementalen Macht verorten.[10] Indes ist damit keine einfache Ablösungsgeschichte gemeint, schon allein deshalb, weil die Propellerinsel selbst auf verschiedenen Ebenen ein seltsames Hybridgebilde darstellt. Vielmehr geht es darum, dass sich, mit Foucault formuliert, die Dominante in einem Korrelationsgefüge ändert.[11]

Gouvernementalität ist, wie man Foucaults Beschreibung dieses Machttyps vielleicht am knappsten zusammenfassen könnte, dadurch gekennzeichnet, dass sie nicht den (disziplinierbaren) Einzelkörper zu ihrem Gegenstand macht, sondern ihn vielmehr über sein Verhältnis zur Umwelt her zu regieren beginnt. Sie operiert nicht über die disziplinartechnische Normierung von Subjekten, sondern über die Manipulation von umweltlichen Variablen und ist daher auch offen gegenüber Risiken, Überraschungen und transversalen Phänomenen.[12] Sicherheit als gouvernementale Technik richtet sich darum primär an das Milieu und impliziert einen anderen Zugriff auf den Raum, als es etwa bei der Souveränität oder der Disziplin der Fall ist. Anders gesagt ist Gouvernementalität durch ein Umweltlich-Werden von Macht charakterisiert; sie ist, wie jüngst auch Erich Hörl hervorgehoben hat, eine »environmentale« Macht.[13] Wetter und Klima sind nun exakt solche umweltlichen Phänomene, die nicht nur den Körper eines Individuums betreffen, sondern ganze Bevölkerungen, und die zudem weder vor individuellen Körper- noch vor Staatsgrenzen haltmachen. Und tatsächlich ist, wenn Foucault Gouvernementalität auch als Umwelttechnik bezeichnet, der Schritt zu Klimakontrolle und -manipulation nicht weit.[14]

Die seit dem späten 19. Jahrhundert immer systematischere Herausbildung von Sicherheitstechnologien und einer auf Sicherheit fußenden Machtökonomie scheint des Weiteren genau mit dem Beginn des Zeitalters der Globalität bzw. des »Weltinnenraums« zusammenzufallen. Mit der Entfaltung eines Atmosphärenbewusstseins und einer Explikation von Atmosphären- und damit Hintergrundphänomenen kommt die terrestrische Globalisierung als das Zeitalter der Seefahrt, der europäischen Expansion und Erderfassung zu einem Ende.[15] Wenn im *Global Age* die Technosphäre beginnt, das Wetter, das Klima, die Atmosphäre zu bebauen, tritt eine andere Machtökonomie, eben eine gouvernementale, umweltliche Macht in den Vordergrund.[16]

Wie prägt diese Macht nun die Beschaffenheit der Propellerinsel? Bemerkenswert ist zunächst einmal deren Kurs. Die Reiseroute richtet sich nämlich, wie eingangs bereits kurz angedeutet, ausschließlich nach den Wetterverhältnissen:

> Standard-Island segelt nicht aufs Geradewohl umher. Die Ortsveränderung der Insel erfolgt nach einem von der obersten Verwaltungsbehörde festgesetzten Programme, nachdem darüber die Anschauung der Meteorologen des Observatoriums eingeholt war. Ihre Fahrt ist ein Spaziergang mit nur geringen gelegentlichen Abweichungen durch den Theil des Stillen Oceans, der die herrlichsten Inselgruppen umschließt, und unter möglichster Vermeidung schroffen Witterungswechsels, dieser mächtigsten Ursache für vielerlei Lungenkrankheiten.[17]

Die Charakterisierung des Kurses als Spaziergang macht weiterhin deutlich, dass es nicht um eine zielstrebige und möglichst schnelle (Fort-)Bewegung von A nach B, von einem Ufer zum anderen geht, sondern vielmehr das Unterwegssein selbst das Ziel ist. Damit gehört die Propellerinsel offensichtlich nicht mehr zum Konnex von Seefahrt als Entdeckungsfahrt, es geht nicht mehr um Expansion, um Erderfassung und »Globalisierung« – vielmehr lässt sich eine Nähe zur Kreuzschifffahrt ziehen. Entsprechend bewegt sich die Insel ausschließlich und mit mäßiger Geschwindigkeit in einem klar abgesteckten Gebiet zwischen dem 35. Breitengrad auf der Nord- und Südhalbkugel und zwischen dem 130. und 145. Längengrad. Das zeigt, dass die Propellerinsel die Erschließung der Welt und ein globales Verkehrssystem voraussetzt, zugleich aber auch das genaue Gegenteil zur Durchquerung und Raumüberwindung Phileas Foggs in *In 80 Tagen um die Welt* bietet: Die Propellerinsel ist keine klassische Reisemaschine, eher eine Wohnmaschine, ein mobiles Zuhause, eine mobile Heimat.

Weiterhin ist der Kurs auf bestimmte Klimazonen – nämlich die Subtropen und Tropen – beschränkt und führt damit zu einem beständigen sonnigen Wetter und konstant warmen

10 Arndt Niebisch stellt in seiner Lektüre von *Michel Strogoff* eine interessante These auf, die dem Perspektivwechsel von der Disziplin zur gouvernementalen Kontrolle entspricht: nämlich dass bei Verne der Mensch aus den Narrationen verschwindet und stattdessen die Welt als ein Netzwerk von Konnektivitäten und Routen in den Blick gerückt wird. Der moderne Weltverkehr interessiert sich für die Struktur als Ganzes, nicht für den einzelnen Reisenden. Deshalb geschieht bei Verne das Ungeheuerliche nicht als Überraschung auf der Reise, sondern als Reise selbst. Vgl. Arndt Niebisch: *Medienzusammenbrüche und posthumanes Erzählen in Jules Vernes* Michel Strogoff. In: Christian Moser, Linda Simonis (Hg.): *Figuren des Globalen. Weltbezug und Welterzeugung in Literatur, Kunst und Medien.* Göttingen 2014, S. 483–494, hier S. 493.

11 Michel Foucault: *Sicherheit, Territorium, Bevölkerung. Geschichte der Gouvernementalität I.* Frankfurt am Main 2014, S. 22 f.

12 Vgl. Erich Hörl: *Die environmentalitäre Situation. Überlegungen zum Umweltlich-Werden von Denken, Macht und Kapital.* In: *Internationales Jahrbuch für Medienphilosophie* 4 (2018), S. 221-250, hier S. 233.

13 Ebenda, S. 231.

14 Vgl. ebenda, S. 232.

15 Vgl. Sloterdijk: *Im Weltinnenraum*, S. 22 f.

16 Jürgen Links Lesart der *Propellerinsel* verhält sich parallel dazu. Link unterscheidet in seiner Normalismustheorie zwischen zwei fundamental verschiedenen normalistischen Strategien, dem Protonormalismus und dem flexiblen

Temperaturen. Falls es, etwa bei der Durchquerung der Wendekreise oder in Äquatornähe, zu heiß werden sollte, sorgen durch die Beweglichkeit der Insel hervorgerufene laue Seewinde für Milderung.[18] Die Bewegung der schwimmenden Insel steht folglich im Dienste eines wohltemperierten Klimas und einer »gleichmäßigen Existenz«[19]: Regenfälle, Stürme oder extreme Temperaturwechsel, die Varietäten und die Bandbreite der Wettererscheinungen also, sollen, ebenso wie der Wechsel der Jahreszeiten, vermieden werden. Der Versuch, das Ereignishafte und Kontingente des Wetters und damit auch der umweltlichen, atmosphärischen Bedingungen kontrollierbar zu machen und weitestgehend auszuschalten, lässt sich so als Traum von einem Zustand der Gleichmäßigkeit und meteorologischen Normalität lesen, aber auch als Traum des ewigen Sommers, in dem die Zeit angehalten und in dessen ewiger Gegenwart die Geschichte zu Ende ist. Dieser Zustand der Posthistoire ist zudem durch ein permanentes Ausbalancieren gekennzeichnet, das wiederum mit der Gouvernementalität als Steuerungskunst, die die Mitte hält, in Verbindung steht. Standard Island zeichnet sich durch eine absolut ebene Wasserlage, ein *Floaten*, aus. Durch ihre schiere Größe sind selbst bei unvermeidlichen Stürmen keine Schwankungen des Seeganges zu bemerken.[20] Und wird ein weiterer homöostatisch optimaler Zustand, nämlich das gleichmäßige Klima der Insel, durch Wetterschwankungen aus der Balance gebracht, sorgt ein Kurswechsel für eine dynamische Anpassung und Wiederherstellung des Gleichgewichts.

Insgesamt lässt die Propellerinsel als Hybrid aus Schiff und Insel die klare Trennung zwischen einem Nomos der Erde und einem Nomos des Meeres (Schmitt) porös werden[21] – oder anders gewendet: Der Nomos der Erde und des Meeres werden in dem Moment ununterscheidbar, in dem die Souveränitätsgeschichte zu Ende geht. Zugleich zeichnet sie sich durch ein Wechselspiel von Offen- und Geschlossenheit aus. Als Insel stellt sie eine fixe Lokalität, einen scharf abgegrenzten Raum und ein geschlossenes System dar: Standard Island ist etwa in der Lage, Regen für die Bewässerung der Parks, der Pflanzen und Gemüsefelder selbst zu erzeugen[22], »ein hygienisches, von jeder Verunreinigung freies, auf Wunsch auch moussierendes oder eisenhaltiges Wasser«[23] zu produzieren sowie eine »hygienische Atmosphäre, die so reich an Ozon, an verdichtetem Sauerstoff ist, der durch Elektrisierung weit wirksamere Eigenschaften besitzt, als der gewöhnliche Sauerstoff der Luft«.[24] Diese Geschlossenheit, oder besser Isolation, erhält mit Blick auf die etymologische Verwandtschaft von Insel und Isolation (aus dem lateinischen *insula* und dem italienischen *isola*) eine wortwörtliche Bedeutung. Isolation als Insulation verweist so bereits auf die Herstellung eines abgeschlossenen, kontrollierten Innenklimas und die Klimakapselmodelle des 20. Jahrhunderts. Die Insulation der Propellerinsel besteht darüber hinaus darin, sich schifffahrtstechnisch – durch die Ablösung des Segels vom Propeller- bzw. Dampfantrieb – vom Wetter und vor allem vom Wind abkapseln zu können. Denn erst indem die Windverhältnisse ausgeblendet werden können, wird es möglich, dem schönen Wetter hinterherzufahren. Klima, gedacht als »An-einem-Ort-Sein«[25], wird so in Bewegung gesetzt, gleichzeitig aber auch als Ort mitgenommen – es handelt sich hier gewissermaßen um ein permanentes Changieren zwischen De- und Reterritorialisierung. Und wenngleich im Roman immer wieder die Künstlichkeit der Insel hervorgehoben wird, handelt es sich weniger um ein künstliches als um ein Hybridklima und entsprechend um eine Klimaregulation, die im Wechsel zwischen Öffnung und Schließung, zwischen Natürlichkeit und Künstlichkeit funktioniert. Denn das Unkontrollierbare des Wetters wird ferngehalten, ohne voneinander getrennte Innen- und Außenräume zu schaffen. Damit ist die Propellerinsel ein offenes System – sie arbeitet mit den vorhandenen Wetter- und Klimaverhältnissen und nutzt sie zu ihren Gunsten, indem sie sich den Himmel selbst wählt. Das Mikroklima wird durch konstante Bewegung, gewissermaßen *mobilis in mobili* und damit dynamisch, reguliert. Die Propellerinsel ist durch einen durch Wettervorhersagen optimierten Kurs und die gleichmäßige Wasserlage bereits mit einem kybernetischen Symbolkomplex verschaltet. Nicht zuletzt auch deshalb, weil sie als schwimmende Insel bereits buchstäblich auf die nautische Steuerung und den nautischen Hintergrund der Kybernetik verweist. Die Gouvernementalität, die die Wechselwirkungen zwischen Einzelkörper und Umwelt regiert, wird sich schließlich im 20. Jahrhundert mit der Technik und den Feedbackschleifen der Kybernetik verschalten.

Normalismus, und verortet den Roman nun »an der ersten großen Bifurkation zwischen Protonormalismus und Flexibilitätsnormalismus«. Letzterer setzt sich nach 1945 zunehmend durch und ist durch flexible und dynamische Normal- und Grenzwerte; Floating durch Selbstadjustierung und -normalisierung ausgezeichnet und steht mit Technologie, Ökologie, Autopoiesis und Kybernetik sowie mit einer dynamischen Homöostase in Verbindung. Vernes Propellerinsel antizipiere »die Produktivkräfte des Flexibilitätsnormalismus, einschließlich der psychotechnischen und ›kybernetischen‹ Produktivkräfte, spielt dabei aber ihr (katastrophenträchtiges) Funktionieren unter Prämissen protonormalistischer Mentalität experimentell durch.« Jürgen Link: *Versuch über den Normalismus*, S. 405 sowie S. 78 f.

17 Verne: *Die Propeller-Insel*, S. 68.

18 Vgl. ebenda, S. 114.

19 Ebenda, S. 99.

20 Vgl. ebenda, S. 71 f.

21 Vgl. hierzu auch Bernhard Siegert: *Der Nomos des Meeres. Zur Imagination des Politischen und ihren Grenzen*. In: Daniel Gethmann, Markus Stauff (Hg.): *Politiken der Medien*. Zürich, Berlin 2005, S. 39–56.

22 Vgl. Verne: *Die Propeller-Insel*, S. 51 sowie S. 54 f.

23 Ebenda, S. 51.

24 Ebenda, S. 92.

25 Antike Klimatheorien, etwa bei Aristoteles oder Hippokrates, denken Klima als Ort des Menschen und als Verortung; dieser Aspekt spiegelt sich auch etymologisch in

Ein letzter Punkt: Der ewige Sommer, das wohltemperierte Klima, die Vermeidung von Witterungswechseln und die inseleigene Wasser- und Atmosphärenproduktion stehen im »Interesse der allgemeinen Hygiene«[26] und verweisen medizingeschichtlich auf die kontinuierliche Entdeckung geografischer und klimatischer Gegebenheiten als Krankheitsursachen. Die Propellerinsel ist allerdings kein schwimmendes Sanatorium. Es geht weniger um Heilung oder Klimaheilkunde als um Prävention, um präventive Klimatherapie und Meteorotropie und letztlich ein Optimierungskalkül: nämlich darum, die Gesundheit zu erhalten und die durchschnittliche Lebensdauer zu erhöhen.[27]

Das Wissen um die Auswirkungen atmosphärischer und klimatischer Bedingungen geht also nicht nur mit einer Klimaregulation und der Produktion inseleigner hygienischer Atmosphären einher, sondern Hand in Hand mit einer gesunden Lebensführung. Das Sicherheitsdispositiv zeigt sich hier in einer Subjektivierung, die auf die gouvernementale Regierungstechnik der Selbstführung und Selbstverantwortung und nicht auf Zwang setzt. Entsprechend gibt es auf der Propellerinsel auch die Institutionen des Disziplinarregimes nicht mehr – es gibt zwar eine eigene Miliz, aber keine Gefängnisse, nur ein Minimum an Polizei und interessanterweise auch keine Anwälte. Ärzte sind ebenso überflüssig. Die Bewohner Standard Islands sind durch verschiedene medizinische Gerätschaften über ihre gesundheitliche Konstitution ohnehin genauestens im Bilde.[28] Es gibt zudem keine Schankstätten, Cafés oder Restaurationen, die Alkoholismus befördern könnten, und auch das Rauchen ist nur mit präpariertem Tabak, dem das Nikotin entzogen wurde, gestattet.[29] Kommt es nun »auf dieser Schraubeninsel, die jeder klimatischen Unbill entzogen und gegen jede Beeinflussung durch Mikroben geschützt ist«, dennoch zu einem Todesfall, dann nur, »weil man, wenn die früher aufgezognen Federn der Lebensmaschinerie nach langer, langer Zeit abgelaufen sind, doch eben einmal sterben muß«.[30]

Makroklimamanipulation: Kein Durcheinander

Während es sich bei der Propellerinsel um die technische Utopie einer insulären Klimaregulation auf lokaler Ebene handelt, stellt der in *Kein Durcheinander* angestrebte Plan einer Erdachsenbegradigung einen planetarischen Makroeingriff dar. In dessen Folge sollen sich sowohl das Klima der gesamten Erde als auch deren Stellung im Sonnensystem ändern, nämlich indem sie sich in einem anderen Neigungswinkel um die Sonne dreht.

Das gigantische Abschmelzprojekt des arktischen Eises sieht vor, die Erdachse um 23°28' zu verschieben. Die begradigte Erdachse schneidet die Erdoberfläche nun nicht mehr am geografischen Nord- und Südpol, stattdessen wird der neue Pol auf dem 67. Breitengrad liegen und die Erde mit ihrer Achse senkrecht auf der Ebene der Umlaufbahn stehen. Durch die veränderte Lage der Erde auf ihrer Bahn um die Sonne und die stärkere Sonneneinstrahlung wird am Nordpol ein Klima wie im norwegischen Trondheim herrschen.[31] Der Äquator verschiebt sich, ebenso wie die von der Erde absorbierte Sonnenstrahlung und ihre geografische Verteilung: Die Sonne wird nun beständig senkrecht über dem Äquator stehen und ihr Einfallswinkel sich mit zunehmendem Breitengrad gleichmäßig verringern. Eine weitere Konsequenz besteht darin, dass die Sonne an immer der gleichen Stelle auf- und untergeht und sich die Zeit der Äquinoktien im März und September auf das gesamte Jahr ausdehnt. Entsprechend haben Tag und Nacht immer exakt die gleiche Länge. Es gäbe keine kalten Zeiten und Zonen und keine Jahreszeiten mehr (die sich aus einer Mischung aus Neigung der Erdachse und Ekliptik ergeben), stattdessen herrscht ein planetarisch gemäßigtes Klima.[32]

Die Erdachsenbegradigung sorgt für Konstanz, Gleichmäßigkeit und Beständigkeit. Interessanterweise führt die Begradigung der Erdachse auch dazu, dass sich die verschiedenen räumlichen Dimensionen des Klimas – Mikroklima und planetarisches Klima – annähern. Dass es sich um ein planetarisch gemäßigtes, und nicht nur ein lokales, Klima handelt, ist auch deshalb interessant, weil es sozialgesellschaftlich gewendet bedeutet, dass sich aus der gemäßigten Zone keine herausragende Stellung einer sich als zentral positionierenden Kultur ableiten lässt.[33] Anders gewendet bedeutet das auch: Im Zeitalter des Planetarischen und sei-

»klinein« als bestimmtem Neigungswinkel der Sonne an einem bestimmten Ort wider. Vgl. Eva Horn: *Klimatologie um 1800. Zur Genealogie des Anthropozäns*. In: *Zeitschrift für Kulturwissenschaften* 10.1 (2016), S. 87–102, hier S. 89.

26 Verne: *Die Propeller-Insel*, S. 107

27 Vgl. Link: *Versuch über den Normalismus*, S. 403.

28 Vgl. Verne: *Die Propeller-Insel*, S. 67.

29 Vgl. ebenda, S. 94.

30 Ebenda, S. 67.

31 Verne: *Kein Durcheinander*, S. 94.

32 Vgl. ebenda, S. 95 f.

33 Vgl. dazu etwa Hanna Hamel: *Gemäßigte Temperatur: J. G. Herders Klimatologie der Mitte*. In: Urs Büttner, Ines Theilen (Hg.): *Phänomene der Atmosphäre. Ein Kompendium Literarischer Meteorologie*, Stuttgart 2017, S. 421–435.

34 Vgl. Verne: *Kein Durcheinander*, S. 100.

35 Vgl. John Milton: *Paradise Lost* (hg. v. Alastair Fowler), London, New York 2013, Buch 10, V. 665–666.

36 Vgl. ebenda, V. 10.656–660.

37 Vgl. ebenda, V. 10.668–671.

38 Vgl. ebenda, V. 10.653–654.

39 Vgl. James Rodger Fleming: *Fixing the Sky. The checkered History of Wheather and Climate Control*, New York 2010, S. 19.

40 Verne: *Kein Durcheinander*, S. 98.

41 Vgl. ebenda, S. 97.

42 Ebenda, S. 98.

43 Ebenda.

ner Kontrolle organisiert sich Macht nicht mehr über einen souveränen Zentralpunkt, sondern gouvernemental und environmental, und das heißt unter anderem auch: dezentral. Indem die meteorologischen Variationen und klimatologischen Differenzen aufgehoben werden und es keine Wetterereignisse, Jahreszeiten und Klimazonen mehr gibt, lässt sich die Begradigung der Erdachse auch dahingehend lesen, dass eine ursprüngliche Abweichung als differenzgenerierendes Prinzip aufgehoben wird. Herrscht der ewige Frühling, muss man sich höchstens zwischen Binnendifferenzen, zwischen einem kühleren oder einem milderen Frühling, entscheiden.[34]

Das Zurechtrücken der Erdachse lässt sich zudem im Windschatten von John Miltons *Paradise Lost* lesen: Herrschte nach Milton im Paradies mit einem beständigen ewigen Frühling das ultimative temperierte Klima, werden die Erde und ihre Umgebung nach dem Sündenfall durch göttliche Hand neu arrangiert. Die Winde beginnen mit ihrem Brausen Wasser, Luft und Strände aufzuwühlen[35], die Stellung der Planeten und Fixsterne wird neu geordnet[36] und die Erdachse geneigt[37], so dass Kälte und Hitze, Winter und Sommer entstehen.[38] Eine Konsequenz des Sündenfalls ist also der Klimawandel.[39] Wenn sich Barbicane und Co als berichtigende Instanz der Schöpfung verstehen[40], dann geht es, wie der Verweis auf Milton zeigt, auch um die Wiederherstellung eines paradiesischen Zustands, um eine Rückkehr zum Ursprung.

Der einzige Nachteil besteht laut Barbicane, und das ist für einen Technokraten bemerkenswert, darin, dass die Astrologen auf einige Sternbilder verzichten müssen und die Dichter keine Wintermärchen und Sommerelegien mehr verfassen können, weil sie nicht mehr verstanden würden.[41] Da »die ganze Menschheit [...] durch diesen Zustand der Dinge unendlich gewinnen [wird]«, seien diese Nachteile jedoch zu verschmerzen. Parallel zum gesundheitlichen Steuerungs- und Sicherheitsdispositiv der Propellerinsel wird die Erde zu einem einzigen Luftkurort und »nicht mehr der Planet der Rheumatismen, der Schnupfenfieber und der Brustkatarrhe sein«.[42] Indem sich »jedermann [...] je nach Temperament ein unveränderliches Klima wählen [kann], wie ein solches seinem Schnupfen oder seinen rheumatischen Beschwerden am besten zusagt«[43], deutet sich bereits das an, was Peter Sloterdijk unter dem Stichwort der Atmosphärenexplikation für das 20. Jahrhundert konstatiert: eine Aufmerksamkeit für die Atembarkeit der Luft und die Möglichkeit, Atmosphären durch sogenannte Atmotechniken zu modifizieren.[44]

Die Begradigung bringe darüber hinaus, so Barbicane, auch Vorteile für die Landwirtschaft mit sich: Ackerbau kann am binnenklimatisch günstigsten Ort betrieben werden, und »Störungen« wie Hagel, Regen, Sturm und Schnee kommen nicht mehr vor. Die Nivellierung der Jahreszeiten bringt schließlich eine Effizienzsteigerung mit sich, weil sich die Ernte- und Saatzyklen unmittelbar anschließen und der Winter nicht mehr abgewartet werden muss, bis neue Samen keimen. Nicht zuletzt wird die Beschleunigung der Kohleförderung die Wirtschaftskapitäne und Brennstoffhändler freuen.[45] Die Begradigung der Erdachse lässt sich damit nicht nur als Sinnbild des Anthropozäns, sondern explizit auch als das des *Capitalocenes* (Haraway)[46] oder des weltweit integrierten Kapitalismus (Guattari)[47] lesen.

Abschließend möchte ich noch auf die Umsetzung dieses gigantischen Begradigungsvorhabens zu sprechen kommen. J. T. Maston, der als Rechenmeister des GunClubs bereits für die Berechnungen für den Schuss zum Mond verantwortlich zeichnete, bereitet den Zugang zum Nordpol theoretisch vor:

> Zu Anfang zeichnete J. T. Maston mit schön kreisförmiger Armbewegung eine Umfangslinie, welche das Erdsphäroïd darstellen sollte. Am Aequator wurde die Bogengestalt der Erdkugel durch eine vollausgezogene Linie, welche dem vorderen Theile der Krümmung entsprach, und durch eine punktirte Linie, für den hinteren Theil der Krümmung, angedeutet, wodurch die Projection eines sphärischen Körpers recht gut versinnbildlicht erschien. Die an den beiden Polen auslaufende Achse vertrat ein zur Ebene des Aequators senkrechter Strich, der mit den Buchstaben *N* und *S* bezeichnet wurde. Auf die rechte obere Ecke der Tafel – von dieser selbst aus gesehen – schrieb er die Zahl, welche den Erdumfang in Metern ausdrückt: 40 000 000.[48]

Prägnanter kann man den Erdschrumpfungsprozess durch Vermessbarkeit nicht ausdrücken. »Mit der kopernikanischen Wende wurde nicht nur klar«, schreibt Bergermann im Anschluss an Hannah Arendt zum Planetarischen, »dass

44 Peter Sloterdijk: *Luftbeben*, S. 84 sowie S. 93.

45 Vgl. Verne: *Kein Durcheinander*, S. 98.

46 Donna J. Haraway: *Unruhig bleiben. Die Verwandtschaft der Arten im Chthuluzän*. Frankfurt, New York 2018, S. 70 f.

47 Félix Guattari: *Die drei Ökologien*. Wien 1989, S. 42.

48 Verne: *Kein Durcheinander*, S. 74.

49 Ulrike Bergermann: *Das Planetarische. Vom Denken und Abbilden des ganzen Globus*. In: Ulrike Bergermann, Isabelle Otto, Gabriele Schabacher (Hg.): *Das Planetarische. Kultur – Technik – Medien im postglobalen Zeitalter*. München 2010, S. 17–41, hier S. 28.

50 Vgl. ebenda, S. 28.; vgl. Hannah Arendt: *Vita activa oder Vom tätigen Leben*. München, Zürich 1981, S. 246.

51 Vgl. Verne: *Kein Durcheinander*, S. 165.

52 Verne: *Kein Durcheinander*, S. 188.

53 Guattari: *Die drei Ökologien*, S. 13.

die Erde nicht der Mittelpunkt des Weltalls ist, sondern vor allem, dass die Erfindung des Teleskops und die entsprechenden Messungen den theoretischen Berechnungen entsprechen und das heißt: dass Formeln ein Aneignungsvermögen des Kosmos (Mikrokosmos und Makrokosmos) bereitstellen.«[49] Und wenn Vermessen Entferntes zusammenbringt, Messung Nähe konstituiert und sich der Mensch aus der Nähe zum Vermessenen zurückzieht,[50] ist es für die pensionierten Artilleristen des GunClubs folgerichtig auch gar nicht nötig, selbst zum Nordpol zu reisen und der Geschichte der Arktiserforschung eine weitere (womöglich) scheiternde Expedition hinzuzufügen. Stattdessen ist es möglich, die Unternehmung durch Mastons Berechnungen vorzubereiten und von einem ganz anderen Ort aus in Angriff zu nehmen: dem Kilimandscharo. Während für Archimedes' Hebelwirkung und sein berühmtes Diktum »Gib mir einen Punkt, wo ich hintreten kann, und ich bewege die Erde« ein Punkt im Außen notwendig wäre, um die Erde aus den Angeln zu heben, nimmt der Plan von Barbicane und Co seinen Ausgangspunkt auf der Erde, nicht im Weltraum, sondern im »Weltinnenraum«. In das Gestein des Kilimandscharo wird ein Stollen getrieben, der mit einer Länge von 600 Metern und einem Durchmesser von 27 Metern als eine Art riesige Columbiade dienen und durch die enorme Kraft des Rückstoßes bei der Zündung die Erdachse begradigen soll. Diese Art Columbiade ist, neben dem Personal des GunClubs, ein weiterer intertextueller Verweis auf die *Reise zum Mond* und stellt eine Verbindung zwischen Weltraumfahrt und einem Eingriff planetarischen Ausmaßes in die Bewegung der Erde her. Klimamanipulation gestaltet sich hier wie die Reise zum Mond als mathematisch-ballistisches Problem und impliziert gleichzeitig eine grundsätzliche Berechenbarkeit und damit Kontrolle. Zudem erscheint, und auch das ist interessant, die Manipulation der Erdachse ungleich größere Geschütze zu erfordern als eine Reise zum Mond.[51]

Die Pointe des Romans ist nun, dass Maston sich – bedingt durch den Anruf einer Frau und einen Blitzeinschlag – unbemerkt um drei Nullen verrechnet und seinen Berechnungen einen Erdumfang von 40 000 Metern statt 40 000 Kilometern zugrunde legt. Resultat ist, dass die mithilfe des Sprengstoffs Meli-Melonit hervorgerufene Explosion zwar die gesamte weitere Umgebung um den Kilimandscharo zerstört, die Erdachse aber lediglich um »drei Mikrons (drei Tausendtheile eines Millimeters)«[52] verrückt. Eine Erdachsenbegradigung ist zwar theoretisch möglich, erfordert aber noch größere Dimensionen: Erst eine Trillion Geschosse von 180 000 Tonnen Gewicht hätten die erforderliche Rückstoßkraft entwickelt. Da diese jedoch auch irgendwo aufgestellt werden müssen und sich, so das Fazit des Romans, auf der Erdoberfläche kein Platz gefunden hätte, braucht es am Ende doch ganz archimedisch eine Hebelwirkung von außen, um die Erde aus den Angeln zu heben.

Nicht nur das technische Großprojekt der Erdachsenbegradigung scheitert grandios, auch die Propellerinsel nimmt kein rühmliches Ende: Aus unüberwindlichen Rivalitäten der Bewohnerschaft heraus laufen am Ende die Schiffsschrauben gegeneinander und lassen die Insel in einem Wirbelsturm auseinanderbrechen. Beide Romane lassen sich in ihrer Tragikomik als Satiren auf einen optimistischen Fortschritts- und Machbarkeitsglauben lesen, der heute in Gestalt des *Climate Engineerings* erneut Konjunktur hat. Vor allem *Kein Durcheinander* zeigt gegenwärtig eine erstaunliche Aktualität, die nicht nur darin begründet liegt, dass Verne die mit der globalen Erwärmung steigende geopolitische Bedeutung der Arktis vorwegnimmt, sondern auch die heillose Verquickung von Kapitalismus und anthropogener Klimaveränderung vorführt. »Es wird auf die ökologische Krise erst im Maßstab des ganzen Planeten eine wirkliche Antwort geben«, schreibt Guattari, und zwar »unter der Bedingung, daß sich eine authentische politische, soziale und kulturelle Revolution vollzieht, welche die Ziele der Produktion materieller wie immaterieller Güter neu ausrichtet«.[53] Im Kapitalozän, so lässt sich mit Guattari im Anschluss an Verne folgern, ist der Klimawandel also nicht zu stoppen.

SERGEJ RICKENBACHER ist wissenschaftlicher Mitarbeiter am Institut für Germanistische und Allgemeine Literaturwissenschaft der RWTH Aachen. Sein aktuelles Forschungsprojekt widmet sich den Düften und Gerüchen in der europäischen Literatur von 1750 bis 2015. Zuletzt erschien von ihm: »Ein Fest der Phantosmie. Italo Calvinos kleine olfaktorische Kulturpoetik in der Erzählung il nome, il naso«. In: Stéphane Boutin u. a. (Hg.): *Fest/Schrift. Für Barbara Naumann* (2019).

Sonne und Glas, Untergang und Rettung. Zur Genealogie des Narrativs »Treibhaus Erde«

SERGEJ RICKENBACHER

Was mit »Treibhauseffekt« bezeichnet wird, weiß jeder ökologisch bewusste Mensch: Er steht für die gegenwärtige Erwärmung des globalen Klimas durch anthropogene Emission von Gasen. Weniger bekannt dürfte sein, dass der »Treibhauseffekt« keine Analogie ist, mit der identische oder zumindest ähnliche kalorische Prozesse in einem Treibhaus und in der Erdatmosphäre verglichen werden, wie es das Kompositum suggeriert. Ein Gewächshaus heizt sich auf, weil die Mischung von warmer und kalter Luft verhindert wird. Dagegen stellt sich die Erwärmung des globalen Klimas wegen der hohen Absorptionsfähigkeit von Kohlendioxid, Wasserdampf, Schwefel oder bestimmten Spurengasen ein, die für die Speicherung beziehungsweise die Reflexion von Wärmestrahlen sorgen.[1] Zwischen der Wärmespeicherung im Treibhaus und in der Atmosphäre existiert in physikalischer Hinsicht keine Ähnlichkeit, und der »Treibhauseffekt« entspricht somit einer für den Laien kaum erkennbaren Metapher für die Erwärmung des globalen Klimas.

Bekanntlich verleihen Metaphern Sachverhalten mehr Plastizität, gehen dem wissenschaftlichen Begriffssystem voraus oder füllen Lücken, die es offen lässt.[2] Allerdings kommunizieren sie auch immer mehr, als sie bezeichnen, ja strukturieren und präformieren in bestimmten Fällen sogar unser Denken und Handeln.[3] Auch der »Treibhauseffekt« besitzt semantische Überschüsse, die über das bezeichnete Phänomen hinausgehen. Zunächst impliziert die Metapher, dass die Erde mit einem Treibhaus gleichgesetzt werden kann, was sie als Raum darstellt, der sowohl technisch als auch natürlich ist. Da Gewächs- und Glashäuser neben ihren physikalischen und botanischen Eigenschaften unwillkürlich auch mit den ökonomischen, sozialen und ästhetischen Entwicklungen im späten 19. Jahrhundert und frühen 20. Jahrhundert assoziiert werden, verbindet der »Treibhauseffekt« die globale Erwärmung zudem auch mit der technischen Entwicklung, der Industrialisierung und dem Kapitalismus, die heute meistens als Ursachen für den sprunghaften Anstieg der klimarelevanten Gase in der Erdatmosphäre genannt werden.

Die Bedeutung von »Treibhauseffekt« – und somit der Einfluss der Metapher auf Denken und Handeln – ist jedoch nicht derart eindeutig, wie unser heutiges Verständnis der Klimaerwärmung suggerieren mag. Zunächst ist das Treibhaus nicht durchweg negativ belegt: Abgesehen von der formalen Attraktivität von Glas-Eisen-Bauten verspricht das Gleichnis Erde als Treibhaus auch, dass das Klima potenziell mittels der geeigneten Technik kontrolliert und reguliert werden könnte. Das Treibhaus kann somit für Untergang und Rettung durch ein künstliches Klima zugleich stehen. Wird zudem der Blick von der gegenwärtigen, deutschen Metapher »Treibhauseffekt« auf andere Sprachen verlagert, offenbart sich eine Bedeutungsvielfalt in der Metaphorik. Es wird von *greenhouse effect*, *effet du serre* oder *Treibhauseffekt* gesprochen, was insofern relevant ist, als jede Metapher ihre eigene Nuancierung besitzt und auf andere Architekturen verweist. Das *greenhouse* meint ein unbeheiztes Treibhaus zum Überwintern von Pflanzen, das mit einer leicht erhöhten Innentemperatur nur gegen Frost schützen soll. Dagegen ist das Treibhaus beheizt und dient zum Austreiben der Pflanzen. Im französischen Terminus, der dem deutschen »Gewächshaus« entspricht, wird mit dem Wortstamm das Moment des Einschlusses betont.

Diese Bedeutungsvielfalt ist aber nicht nur auf Übersetzungseffekte zurückzuführen. Sie verweist auch darauf, dass es sich beim »Treibhaus Erde« nicht nur um eine Metapher, sondern vielmehr um ein komplexes Narrativ handelt. Es findet nicht nur eine Übertragung aus einem Bereich in einen anderen statt, und es werden nicht mehr nur Plastizität erzeugt oder Lücken gestopft. Vielmehr stellt das Treibhaus ein Reservoir an Zeichen und Praktiken zur Verfügung, mit dem das Verhältnis des Menschen zu seiner Umwelt reflektiert und dargestellt wird – nicht nur in Bezug auf die globale Erwärmung. Dieses Reservoir schöpft aus einer historischen Tiefe. Zwar wurde das Treibhaus als Krisennarrativ für »eine der größten und zugleich umstrittensten ökologischen Katastrophen«[4] von der internationalen Umweltschutzbewegung etabliert, aber es stammt nicht aus den Anfängen der ökologischen Sorge, sondern aus der diskursiven Gemengelage des 19. Jahrhunderts, in der der »Treibhauseffekt« allerdings nicht jener Metapher entspricht, die wir heute kennen.

Obwohl das Treibhaus in den Kulturwissenschaften sowie der Wissenschaftsgeschichte ausführlich behandelt wurde, blieben bislang der nach ihm benannte Effekt und damit die Wechselwirkungen zwischen der frühen meteorologischen Modellbildung, der Architektur der Gewächshäuser und dem ästhetischen Topos beziehungsweise der Metapher im Dunkeln. Wie dringlich das Rekonstruieren einer solchen Genealogie ist, indiziert bereits der Umstand, dass der sogenannte Treibhauseffekt nur wenig mit den physikalischen Vorgängen in einem Gewächshaus zu tun hat. Dieses Wissen, das schon in der ersten Phase der Ausformulierung dieses anthropogenen Einflusses auf das Klima bekannt war, tat aber der Persistenz der Rede vom Treibhauseffekt keinen Abbruch. Die Beharrlichkeit ist allerdings nicht auf die Eignung zur Metapher für einen unsichtbaren physikalischen Vorgang zu reduzieren. Vielmehr basiert das Potenzial zum Krisennarrativ in gleicher Weise auf der ausdifferenzierten Gartenhaustypologie sowie der literarischen Topologie und Metaphorik, in der die Grenzen zwischen Innen und Außen beziehungsweise Technik und Natur dynamisiert werden und für die das ständige Changieren zwischen Kontrolle und Exzess konstitutiv ist. Mit anderen Worten: Im gegenwärtigen Krisennarrativ sind verschiedene kulturelle Erscheinungsformen des Treibhauses sowohl aktual wie latent vorhanden, was die Wandelbarkeit und die Produktivität bis in die Gegenwart bedingt und auch unser Nachdenken über Handlungsoptionen angesichts der Klimakatastrophe präformiert.

Eine heuristische Analogie in der frühen CO_2-Theorie

Bereits im 19. Jahrhundert existiert ein Rezeptionsmuster, das die Analogie von Erde und Treibhaus Joseph Fourier zu-

1 http://www.wikipedia.org/wiki/treibhauseffekt (17.1.2019).

2 Vgl. Hans Blumenberg: *Paradigmen zu einer Metaphorologie*. Frankfurt am Main (zuerst 1960), S. 7–13.

3 Vgl. George Lakoff, Mark Johnson: *Metaphors We Live by*. Chicago 1980.

4 Benjamin Bühler, Stefan Rieger: *Kultur. Ein Machinarium des Wissens*. Frankfurt am Main 2014, S. 214.

5 http://www.wikipedia.org/wiki/treibhauseffekt (17.1.2019).

6 Vgl. auch Steve Easterbrook: *Who first coined the term »Greenhouse effect«?*. http://www.easterbrook.ca/steve/2015/08/who-first-coined-the-term-greenhouse-effect/ (17.1.2019).

7 Vgl. James R. Fleming: *Historical Perspectives on Climate Change*. New York u.a. 2005, S. 59–71.

8 Vgl. Roger Bauer: *Das Treibhaus oder der Garten des Bösen. Ursprung und Wandlung eines Motivs der Dekadenzliteratur*. Mainz 1979 sowie Niels Werber, Esther Ruelfs: *Techniken der Zeit- und Raummanipulation. Die Form des Treibhauses im 19. Jahrhundert*. In: Bettina Gruber, Gerhard Plumpe (Hg.): *Romantik und Ästhetizismus. Festschrift für Paul Gerhard Klussmann*. Würzburg 1999, S. 255–289.

9 Franz von Cerny: *Die Veränderlichkeit des Klimas und ihre Ursachen*. Wien, Pest u.a. 1881, S. 77.

10 Vgl. Samuel P. Langley: *Researches on Solar Heat and Its Absorption by the Earth's Atmosphere. A Report of the Mount Whitney Expedition*. Washington 1884, S. 11. Ferner: F. B. Mudge: *The Development of the »Greenhouse Theory« of Global Climate Change from Victorian Times*. In: *Weather* 52 (1997), S. 13–16, hier S. 14.

spricht. Diese Ansicht hat sich bis heute gehalten,[5] obwohl Roger Fleming 1998 zeigt, dass im Werk Fouriers der Temperaturhaushalt der Atmosphäre nie mit einem Gewächshaus verglichen wird.[6] Auch Claude Pouillet oder John Tyndall, die häufig im Rahmen dieser Ursprungsfrage angeführt werden, bringen nie die klimatischen Verhältnisse mit Gartenarchitekturen in Verbindung.[7]

Erst ab den 1880er Jahren häufen sich die Belege für Vergleiche zwischen Gewächshäusern und dem globalen Klima – in jenen Dekaden also, in denen diese Architektur als Topos und Metapher in der europäischen Literatur und Kunst ihre Blütezeit hatte.[8] Die erste mir bekannte, explizite Analogiebildung nimmt der österreichische Erdkundler Franz von Cerny vor, der in *Die Veränderlichkeit des Klimas* die atmosphärischen Bedingungen der Urzeit mit einem Treibhaus vergleicht:

> Indem sie [die Erde, SR] aber mit derartigem Gas gesättigt war, liess sie freilich mit Leichtigkeit die lichten Strahlen der Sonnenwärme durch, um so schwieriger aber liess sie die dunklen, der Erde entstammenden Wärmestrahlen in den kalten Weltraum hindurchdringen, so dass in Folge dessen die Oberfläche und die Atmosphäre der Erde gleichsam in ähnlichen Bedingungen befanden, wie die Pflanzen in unseren Treibhäusern, und zwar die Temperatur des Bodens und der Luft musste damals eine höhere sein als die gegenwärtige.[9]

Cerny beschreibt den physikalischen Vorgang des Treibhauseffekts im Grundsatz korrekt: Kurzwellige Sonnenstrahlen werden vom Boden absorbiert und als langwellige Wärmestrahlen wieder abgegeben, die von verschiedenen Gasen – bei Weitem nicht nur CO_2 – in der Atmosphäre absorbiert werden können. Die Analogie mit dem Treibhaus bleibt falsch, erlaubt jedoch die paläolithische Erde als einen Planeten in Entwicklung – am »Treiben« – zu beschreiben.

Zwar bildet das Klima als Treibhaus kein zentrales Argument für Cernys frühe Geschichte des Klimawandels, die Analogie scheint sich allerdings allmählich international zu etablieren, wie zum Beispiel die Schriften des amerikanischen Astrophysikers Samuel P. Langley zeigen, der von einer Atmosphäre gleich einem »hot bed«[10] spricht. Eine breite Rezeption beschert um 1900 der theoretische Physiker und Chemiker Svante Arrhenius dem Vergleich zwischen Gartenarchitektur und Atmosphäre. Arrhenius' Schriften werden in der ganzen westlichen Hemisphäre rezipiert – nicht zuletzt dank des Umstandes, dass er auf Schwedisch, Deutsch und Englisch publizierte. In seinem grundlegenden Artikel *On the Influence of the Carbonic Acid in the Air upon the Temperature of the Ground* von 1896 fügt er der Reihe von Vergleichen eine neue Variation zu, indem er die Atmosphäre als »hot-house«[11] – im schwedischen Original als »drivbänk« – bezeichnet[12], das für lebensfreundliche klimatische Bedingungen sorge. Das *hot house* besitzt genau genommen neben dem Sonnenlicht noch zusätzliche Wärmequellen und ist begehbar. Signifikant ist in diesem Kontext aber vielmehr, dass er diese Analogie in seiner Einleitung, wo er auf Grundwissen zum Thema referiert, explizit Fourier zuschreibt. Er scheint sich also auf einen Konsens in der atmosphärischen Forschung zu beziehen, der gleichermaßen die Analogie wie den physikalischen Vorgang umfasst. Die bis heute gültige Ursprungserzählung festigt sich also um 1900 und präformiert die physikalische Forschung zu kalorischen Prozessen in der Atmosphäre.

Grenzen der heuristischen Analogie

Die Differenzen zwischen den Architekturen *hot house, hot bed, greenhouse, drivbänk* oder Treibhaus dürfen nicht ignoriert werden. Sie sind Ausdruck für die Unschärfe der Analogie. Wie instabil diese um 1900 ist, zeigen auch die Konkurrenzbegriffe wie z. B. der *blanketing effect*[13], die ebenfalls als Analogien für den atmosphärischen Temperaturprozess kursierten. Die semantischen Überschüsse der Übersetzungen, die verschiedenen Gartenarchitekturen sowie die alternativen Analogien korrespondieren mit den epistemologischen Problemen der frühen Meteorologie: Die Physik und die Chemie sehen sich mit dem planetarischen Klima einem Hyperobjekt[14] ausgesetzt, das sie in seiner Totalität weder beobachten noch messen können. Die Treibhausarchitekturen reduzieren die atmosphärischen Temperaturprozesse und ihre klimatischen Auswirkungen *per analogiam* auf einen

11 Svante Arrhenius: *On the Influence of the Carbonic Acid in the Air upon the Temperature of the Ground.* In: *Philosophical Magazine and Journal of Science* 41 (1896), S. 237–276, hier S. 237.

12 Vgl. Easterbrook: *Greenhouse Effect?*

13 Vgl. John Henry Poynting: *On Prof. Lowell's Method for Evaluating the Surface Temperatures of the Planets; with an Attempt to Represent the Effect of Day and Night on the Temperature of the Earth.* In: *Philosophical Magazine and Journal of Science* 84 (1907), S. 749–760, hier S. 749.

14 Vgl. Timothy Morton: Hyperobjects. Philosophy and Ecology after the End of the World. Minneapolis, MS, London 2013.

15 Poynting: *Surface Temperatures*, S. 749, Übers. SR.

16 Ebd., S. 750, Übersetzung SR.

17 Frank Very: *On the Greenhouse Theory and the Planetary Temperatures.* In: *Philosophical Magazine and Journal of Science* 93 (1908), S. 462–480, hier S. 463, Übers. SR.

18 Ebd., S. 480. Very ist selbstredend nicht der erste und einzige Physiker, der die Grenzen der Analogie reflektiert. Vgl. z. B. dazu Langley: *Researches on Solar Heat*, S. 10.

19 Robert Wood: *Note on the Theory of the Greenhouse.* In: *Philosophical Magazine and Journal of Science* 93 (1908), S. 319–320, hier S. 320 f.

20 Vgl. dazu auch Christoph Hoffmann: *Unter Beobachtung. Naturforschung in der Zeit der Sinnesapparate.* Göttingen 2006, bes. S. 23–51.

geschlossenen und beobachtbaren Raum, der sich zur Modellbildung eignet. Das Potenzial sowie die Grenzen dieses Verfahrens illustriert exemplarisch eine Debatte im *Philosophical Magazine* kurz nach der Jahrhundertwende, die auch für das Schwinden des heuristischen Werts der Analogie steht. 1907 reklamiert der englische Physiker John Henry Poynting die Entdeckung des *greenhouse effects* für sich.[15] Doch eignet er sich die Analogie nicht nur an, sondern erweitert sie auch zu einem virtuellen Modell, das als Grundlage für seine Berechnungen dient:

> Der »Treibhauseffekt« der Atmosphäre kann vielleicht einfacher verstanden werden, wenn wir ein Treibhaus mit einem horizontalen Dach betrachten, dessen Dach im Verhältnis zu seiner Höhe so groß ist, dass der Effekt der Ecken vernachlässigt werden kann. Nehmen wir zudem an, dass die Sonne vertikal steht und dass der Boden unter dem Glas »schwarz« oder ein perfekter Absorber ist. Wir sollten zudem die Konduktion und Konvektion der Luft in einem Treibhaus vernachlässigen.[16]

Senkrechte Sonneneinstrahlung, schwarzer Boden, unendliches Flachdach, keine Wärmeleitung und -strömung: Poynting baut sein Gewächshaus nach den Bedürfnissen der Mathematik und eliminiert alle störenden Faktoren. Diese Modellbildung kritisiert aber bereits ein Jahr später der amerikanische Astronom Frank Very, der Poyntings Vorgehen mit einer *reductio ad absurdum* desavouiert: »Nun, da wir keine Welt machen, sondern nur ein Ideal, oder sollte ich besser sagen ein transzendentales Treibhaus, gibt es nichts, was uns daran hindern würde, Etage über Etage zu schichten, bis wir ein Treibhaus haben.«[17] Very würde diese Transzendierung der Gartenarchitektur akzeptieren, wenn Poyntings Vergleich für atmosphärische Vorgänge und Modellrechnung passend wäre.[18] Den Schlusspunkt in diesem Disput setzt ein Jahr später der Experimentalphysiker Robert Wood mit einer kurzen Note, indem er darauf hinweist, dass die Konvektion weitaus wichtiger für die Erwärmung eines Gewächshauses sei als die Absorption von langwelliger Strahlung, und somit das Treibhaus nicht als Modell für klimatische Prozesse tauge.[19]

Dieser kleine Streit in den 1910er Jahren bildet *in nuce* die Konstitution und das Ende der Karriere der Gewächshäuser als Analogie sowie als heuristisches Modell. In einer Phase epistemologischer Unsicherheit verhelfen die Gewächshäuser trotz begrifflicher Verwirrungen, physikalischer Ungenauigkeiten und beinahe grotesker Berechnungen das Hyperobjekt »Klima«

zu versinnlichen, d.h. experimentierbar zu machen,[20] und der CO_2-Theorie zum Durchbruch zu verhelfen. Insofern kann die Treibhausanalogie auch als typische absolute Metapher im Sinne Blumenbergs betrachtet werden, denn sie erlaubt die »logische ›Verlegenheit‹« zu überwinden, »für die die Metapher einspringt«,[21] und entspricht einer »*Übertragung der Reflexion über einen Gegenstand der Anschauung auf einen ganz anderen Begriff, dem vielleicht nie eine Anschauung direkt korrespondieren kann.*«[22] Allerdings erschöpft sich das Treibhaus nicht in seiner metaphorischen Qualität, sondern ist bereits in der Konstitutionsphase des gleichnamigen Effekts Teil eines komplexeren Narrativs.

Imaginierte Kontrolle des Klimas

In Gewächshäusern konserviert und kultiviert der Mensch seit der Antike Pflanzen, oder auch Tiere.[23] Die architektonischen und technischen Entwicklungen erlauben zum Ende des 19. Jahrhunderts aus dem Schutzraum vor Kälte eine ganzjährig betriebene Höhle zu schaffen, in der ein künstliches Klima herrscht. Durch diese »Insulation«[24] entstand ein Experimentalraum, der von den räumlichen und zeitlichen Außenverhältnissen weitgehend unabhängig ist und trotz der klimatischen Hermetik in vielfältiger Beziehung mit der Umwelt steht. Zum einen handelt es sich bei Treibhäusern meist um Eisen-Glas-Architekturen, die blickdurchlässig sind. Zum anderen erfüllen Gewächshäuser im 19. Jahrhundert nicht nur einen repräsentativen Zweck für Bürgertum und Adel, sondern sie sollen auch die Versorgung einer Massengesellschaft mit eigentlich heimischen Gemüsesorten und Früchten sicherstellen[25] sowie Erkenntnisse über Plantagenwirtschaft liefern, die wiederum in den Kolonien eingesetzt wurde.[26] Das Gewächshaus ist somit nicht nur Ausdruck einer pastoralen Geste des Europäers gegenüber der Natur, sondern demonstriert ebenso einen zum Totalen tendierenden Kontroll-, Macht- und nicht zuletzt Gestaltungsanspruch.[27]

21 Hans Blumenberg: *Paradigmen zu einer Metaphorologie*. Frankfurt 1997, S. 10.

22 Ebenda, S. 12.

23 Vgl. Bühler, Rieger: *Kultur*, S. 234.

24 Vgl. Eva Horn: *Zukunft als Katastrophe*. Frankfurt am Main 2014, S. 121–148.

25 Vgl. Bühler, Rieger: *Kultur*, S. 240.

26 Paul Dobryden: *Architektur: Paul Scheerbarts künstliche Atmosphären*. In: Urs Büttner, Ines Theilen (Hg.): Phänomene der *Atmosphäre. Ein Kompendium Literarischer Meteorologie*. Stuttgart 2017, S. 29–40, hier S. 29.

27 Nicht zuletzt durch diese zweifache Wirkung gehörten die großen Gewächshäuser aus Eisen und Glass sowohl an den Weltausstellungen in London und Paris als auch in botanischen Gärten seit der Mitte des 19. Jahrhunderts zu den größten Attraktionen. Vgl. Hans-Peter Ecker: *Von der Orangerie aufs Treibhaus gekommen. Literarische Reflexe der Entwicklungsgeschichte der Gewächshauskultur bei Eduard Mörike und Theodor Fontane*. In: Jürgen Landwehr (Hg.): *Natur hinter Glas: Zur Kulturgeschichte von Orangerien und Gewächshäusern*. St. Ingbert 2003, S. 203–219, hier S. 203.

28 Nils Ekholm: *On the Variations of the Climate of the Geological and Historical Past and their Causes*. In: *Quarterly Journal of the Royal Meteorological Society* 27 (1901), S. 1–61, hier S. 61, Übers. SR.

29 Vgl. Svante Arrhenius: *Das Werden der Welten*. Leipzig 1907, S. 46 f.

30 Ebenda, S. 57.

Ein vergleichbarer Experimentalraum, wenn auch ein gedanklicher, war das Treibhaus auch wie beschrieben in der frühen Meteorologie. Die Hoffnung auf Klimakontrolle ist allerdings in der Frühphase des Narrativs vom »Treibhaus Erde« noch absent. Erst Arvid Gustav Högboms Entdeckung des Einflusses von Kohleverbrennung auf den CO_2-Haushalt im Jahr 1894 rückt überhaupt eine anthropogene Wirkung auf das globale Klima in den Horizont des Möglichen. Es dauert aber nochmals sieben Jahre, bis Nils Ekholm in seinem Aufsatz *On the Variations of the Climate of the Geological and Historical Past and their Causes* ausdrücklich die Veränderbarkeit des Klimas durch den Menschen in Betracht zieht:

> Aber an diesem Punkt stoßen wir auf einen bemerkenswerten Umstand, der bisher in der Geschichte der Erde beispiellos ist: der Einfluss des Menschen auf das Klima. [...] Wenn es [der CO_2-Ausstoß mittels Verbrennung, SR] für einige tausend Jahre weitergeht, wird es ohne Zweifel einen sehr offensichtlichen Anstieg der durchschnittlichen Temperatur der Erde verursachen. [...] Somit scheint es möglich, dass der Mensch in der Zukunft sehr effektiv das Erdklima regulieren und entschieden eine neue Eiszeit verhindern kann. [28]

Unter der um 1900 allgegenwärtigen Angst vor der Rückkehr einer Eiszeit – eine Variation der allgegenwärtigen Angst vor Entropie – erweitert Ekholm den Einfluss auf das Klima zu dessen Kontrolle. Die von ihm in Aussicht gestellte Klimatechnik wird 1907 auch von Svante Arrhenius in seiner populärwissenschaftlichen Publikation *Das Werden der Welten* aufgegriffen.[29] Anders als Ekholm befürchtet Arrhenius keine neue Eiszeit, aber auch er betont den Nutzen des Treibhauseffekts:

> Die Kohlensäurenmenge der Luft hat also in letzter Zeit zugenommen. Man hört oft Klagen darüber, daß die in der Erde angehäuften Kohlenschätze von der heutigen Menschheit ohne Gedanken an die Zukunft verbraucht werden. [...] Doch vielleicht kann zum Trost gereichen, daß es hier wie so oft keinen Schaden gibt, der nicht auch sein Gutes hat. Durch die Einwirkung des erhöhten Kohlensäuregehalts der Luft hoffen wir uns allmählich Zeiten mit gleichmäßigeren und besseren klimatischen Verhältnissen zu nähern, besonders in kälteren Teilen der Erde; Zeiten, da die um das Vielfache höhere Ernten zu tragen vermag zum Nutzen des rasch anwachsenden Menschengeschlechtes.[30]

Arrhenius *relativiert* und *normalisiert* die Einwirkung auf das Klima in seiner Prognose. Nicht mehr die große Katastrophe gilt es zu verhindern, sondern ein ausgeglichenes Klima und höhere Ernten zu erreichen. Damit erwartet er allerdings von dem regulierten Klima exakt diejenigen Leistungen, die Gewächshäuser zu erbringen vermögen. Die Erde wird in Arrhenius' Vision zu einem veritablen Treibhaus. Natürlich korrespondiert diese Vorstellung mit der Technikeuphorie in gewissen Kreisen zu jener Zeit. Jedoch geht die Imagination vom »künstlichen« Klima über andere futuristische Entwürfe hinaus, denn der Mensch glaubt sich seine eigenen Bedingungen des (Über-)Lebens schaffen zu können.[31]

Von Kunst-Welten und Kunst-Menschen

Das künstliche Klima ist ab 1850 das treibende Moment für die Gewächshausarchitektur in Kunst und Literatur. Und auch in diesen Milieus erweist sich das Erzählen vom Treibhaus als vielverzweigt.[32] Ein gemeinsamer Nenner – und eine Differenz zur Geophysik – ist allerdings auszumachen: Die Kontrolle versagt in den fiktiven Treibhäusern, und die floralen sowie organischen Triebe wuchern exzessiv.[33] Wie dieses Wuchern wiederum bewertet wird, differiert beträchtlich. Während in Texten des europäischen Realismus die verdrängte Körperlichkeit der bürgerlichen Gesellschaft im Treibhaus manifest wird, proliferiert es in ästhetizistischen Versuchen die Evokation einer »›Kunst-Welt‹«.[34] Es ist vor allem diese »Kunst-Welt«, die mit den Imaginationen der Klimaregulation von Ekholm und Arrhenius korrespondiert, weil sie nicht nur die Abhängigkeit des organischen Lebens von klimatischen Verhältnissen thematisiert, sondern auch die Aussicht auf eine neue, artifiziell geschaffene und kontrollierte Umwelt eröffnet.

Allerdings umfassen die ästhetizistischen »Treibhäuser« anders als die Geophysik noch nicht den Erdenkreis, sondern beschränken sich auf eine abgeschlossene Klimainsel. Zudem

31 Als anthropologische Denkfigur versteht Peter Sloterdijk das Treibhaus. Tiere und Menschen schaffen sphärische Ortschaften mit einem Binnenklima, »in denen Lebewesen unter selbstbewirkten klimatischen Sonderbedingungen gedeihen.« Peter Sloterdijk: *Das Menschentreibhaus. Stichworte zur historischen und prophetischen Anthropologie*. Weimar 2001, S. 30. Mit der Zeit verkehrt das »Treibhaus« die existenziellen Selektionsprinzipien: »Im Treibhaus überlebt nicht der Tüchtigste im Sinne einer Bewährung an der Fron von Umwelthärten, sondern der Glücklichste im Sinne der Klimaausnutzung und Chancenverwertung.« (ebenda, S. 40).

32 Vgl. Bauer: *Das Treibhaus*.

33 Niels Werber und Esther Ruelfs sehen die Gleichsetzung zwischen Großstadt und Treibhaus als entscheidenden Vorgang, der aus dem kontrollierten Raum einen Ort des sinnlichen Exzesses werden lässt. Vgl. Werber, Ruelfs: *Techniken der Zeit- und Raummanipulation*, S. 258.

34 Ebenda, S. 270–274.

35 Ebenda, S. 282 f.

36 Am augenscheinlichsten ist diese neue Vernetzung bei Joris-Karl Huysmans *À rebours* (1884), wo des Esseintes' Gewächshaus mit Blumen ausgestattet wird, die artifizielle Stoffe wie Wachstuch oder Zinkplatten imitieren (vgl. Joris-Karl Huysmans: *À rebours*. Paris 1977 [zuerst 1884], S. 159–181). Aber auch in weniger stilisierten Romanen wie Fontanes *L'Adultera* (1882) wirken Pflanzen in künstlichen Klimata entscheidend auf Nerven und Verhalten der Figuren ein (vgl. Theodor Fontane: *L'Adultera*, Stuttgart 1983 [zuerst 1882], S. 82).

formulieren sie weitere Konsequenzen der Künstlichkeit aus, die in den Artikeln zum CO_2-Haushalt allerhöchstens implizit mitgedacht sind. Es erwacht dort nämlich nicht nur eine verdrängte Sinnlichkeit, sondern Menschen, Pflanzen und Technik werden auch semantisch entdifferenziert[35] und zu einer artifiziellen, alternativen Ordnung zusammengesetzt.[36] Noch wichtiger ist, dass die »Kunst-Welt« Voraussetzung sowie Bedingung der sie bewohnenden Lebensformen sein kann, wie Richard Wagner bereits früh hinsichtlich seiner eigenen künstlerischen Existenz ausformuliert: »Wie ich einzig Kunstmensch bin, kann ich auch nur ein künstliches Leben führen. Ganz künstlich, wie ein tropisches Gewächs im Wintergarten muß ich mich gegen die Atmosphäre der Wirklichkeit abschließen.«[37] Der Ästhetizismus projektiert noch vor der Geophysik einen neuen Menschen mittels technischer Veränderung des Klimas[38] und weist auf die Sozialutopien der Architekturtheorie im frühen 20. Jahrhundert, die in Glas-Eisen-Bauten ein gesellschaftsveränderndes Mittel zur Raumgestaltung sehen.[39]

Neue Menschen dank künstlichem Klima: Salomon Friedländers **Von der Wollust über Brücken zu gehen**

Die globale Dimension der klimatischen Regulierung, wie sie Ekholm und Arrhenius imaginieren, sowie die Feier des künstlichen Lebens, wie sie von ästhetizistischen Texten suggeriert wird, kombiniert der Philosoph und Schriftsteller Salomon Friedländer (Mynona) in seiner Groteske *Von der Wollust über Brücken zu gehen* (1911). Es dürfte einer der ersten Texte sein, die den insularen Experimentalraum »Treibhaus« in der Literatur auf die ganze Erde ausweiten[40] und die Erschaffung eines neuen Menschen durch ein künstliches Klima imaginieren.[41]

In einem haushohen Saal aus »nietenlosem Metall« und mit »Oberlicht« hat der Chemiker Doktor van der Krendelen ein »Versuchslaboratorium«[42] eingerichtet, wo er mit künstlichen Klimata experimentieren kann:

> Diesen Saal hatte v. d. K. vom Erdklima sorgsamst isoliert; er konnte ihm von sich aus jedes beliebige verleihen, die Luft war geographisch regulierbar geworden. Herr van der Krendelen nahm die heutige Wetterkarte zur Hand [...] und entschied sich für Nizza; d. h. er stellte künstlich in seinem Saale das Klima von Nizza her (durch ein paar äußerst einfache Manipulationen).[43]

Van der Krendelens Labor ermöglicht die vollständige atmosphärische Beherrschung des Innenraums, in dem jedes denkbare Klima vom Menschen selbst erschaffen werden kann. Das Treibhaus bildet in *Von der Wollust über Brücken zu gehen* aber nicht nur die diskursive Voraussetzung für die Imagination von Macht über das Klima. Auch die architektonische Ähnlichkeit ist offensichtlich. Zwar bestehen Boden und Mauern des Versuchslaboratoriums aus geschlossenem Metall, jedoch gibt das Oberlicht den Blick zum Himmel frei. Dieser Blick zum Himmel ist für van der Krendelen auch symbolisch, da er seine Klimaexperimente nicht etwa aus wissenschaftlicher Neugier verfolgt, sondern aus dem Anspruch, Welt und Mensch zu verbessern:

> Die Wirkung dieser Hygiene [die Reinigung der Luft, SR] läßt sich gar nicht beschreiben. Tatsächlich sind wir ja ein »Spiel von jedem Druck der Luft«. [...] Schlechte Luft ist nämlich das Unglück der Menschen; ja es ist am Ende der Mensch selber. Luftverbesserung bedeutet die gewisseste Menschenveredelung, mehr als alle philosophische Moralisterei.[44]

Nicht zufällig ist von Veredelung als Begriff der Gartenzucht die Rede:[45] Wie eine Pflanze sei der Mensch vollumfänglich durch seine Umwelt bestimmt – als Wesen mit Geist nicht nur in körperlicher Hinsicht.[46] Soll jedoch ein neuer Mensch entstehen, kann sich der findige Wissenschaftler nicht mit der räumlichen Beschränkung des künstlichen Klimas zufriedengeben. Die globale Atmosphäre müsste verändert werden – genauso wie es die Geophysiker Ekholm oder Arrhenius wenige Jahre zuvor beschrieben haben. Mit der Ausweitung der klimatischen Bestimmung der Existenz auf das Nichtphysische steigert Friedländer allerdings die naturwissenschaftlichen Imaginationen eines künstlichen Klimas, in dem wärmere, gleichmäßigere Temperaturen vor allem die Rückkehr einer tödlichen Eiszeit oder eine Nahrungsmittelknappheit verhindern sollten. Gleichzeitig spinnt die kurze Groteske auch die Folgen eines solchen Eingriffs weiter.

37 Richard Wagner: *Das braune Buch. Tagebuchaufzeichnungen 1865–1882*, Zürich 1975, S. 44. Wie Paul Dobryden zeigt, entwirft Paul Scheerbart in seinem Manifest *Glasarchitektur* (1914) eine Vision, in der der Mensch »durch Glasarchitektur sozusagen sein eigenes Wetter, das nicht mehr als ein natürliches (oder göttliches Ereignis), sondern als eine Art Kunstwerk zu betrachten ist. (vgl. Dobryden: *Architektur*, S. 31–35).

38 Die Isolation des Menschen durch ein insulares Klima und somit seine Emanzipation von einer natürlichen Körperlichkeit findet somit bereits im frühen 20. Jahrhundert statt – und nicht erst in der zweiten Hälfte des 20. Jahrhunderts, wie Eva Horn vermutet. Vgl. Horn: *Zukunft als Katastrophe*, S. 134 f.

39 Vgl. Paul Scheerbart: *Glasarchitektur*. München 1970 [zuerst 1914], S. 137: »Nach dem Gesagten können wir wohl von einer ›Glaskultur‹ sprechen. Das neue Glas-Milieu wird den Menschen vollkommen umwandeln.« Ferner: Georg Kohlmeier, Barna von Sartory: *Das Glashaus. Eine Bautypus des 19. Jahrhunderts*. München 1981, S. 7–44.

40 Die Literatur kennt spätestens seit Herders kleinem Riesen zahlreiche Szenarien der Wetterbeherrschung. Keines knüpft aber das (Über)Leben des Menschen derart radikal an die Veränderlichkeit des globalen Klimas wie Friedländer. Vgl. Horn: *Zukunft als Katastrophe*, S. 119–124. Auch in Paul Scheerbarts Roman *Das graue Tuch*, das wie Friedländers Groteske 1914 erschienen ist, finden sich Glashäuser, die einen revolutionären Einfluss versprechen. Sie bleiben jedoch insulare Räume. Vgl. Dobryden: *Architektur*, S. 35–40.

Vorerst wagt van der Krendelen die Manipulation des globalen Klimas nicht, da die meisten Menschen die schlechte Luft brauchen und »eine bessere für sie Gift werden [würde]«.[47] Als Zwischenstufe vergrößert der Doktor also nur den regulierbaren Innenraum, und »[a]n sein Laboratorium als Zentrale sollten sich Freiwillige mit ihren Privatwohnungen oder Kasernen oder Fabrikräumen oder Ställen usw. usw. anschließen.«[48] Das »Paradies der Lungen«[49] floriert, und zahlreiche vermögende Mitbürger sorgen für Anschluss an das Laboratorium. Eine entscheidende Kehrseite besitzt van der Krendelens künstliches Gesundheitsklima allerdings: »Zuletzt konnte sich keiner der künstlich Gesundeten mehr nach außen begeben, ohne tot umzufallen. Es war eine zu tiefe Kluft zwischen der gewohnten und der ungewöhnlichen Gesundheit [...] aufgerissen worden.«[50] Der Mensch ist bereits zum Gefangenen seines selbstgeschaffenen Klimas geworden, so dass er einer tödlichen Umwelt ausgesetzt zu werden droht.[51]

Mehr aus drohendem Konkurs denn aus moralischer Verpflichtung entscheidet sich der Vater des künstlichen Klimas am Ende doch für die Einspeisung seines »erfundenen luftreinigenden Stoffes«[52] in den Außenraum, also die irdische Atmosphäre. Die Folgen sind verheerend: »Bereits Freitag Nacht wüteten Seuchen schrecklich dezimierend auf der gesamten Erdoberfläche.«[53] Die künstlich herbeigeführte Klimaveränderung überleben nur »die Überstumpfen, Überzarten, die Blöden und Hypersensiblen«.[54] Alle Gesunden und »Normalen« verenden hingegen in der neuen Luft. Trotz des Massensterbens »gesundet« die Erde: Die neuen Menschen zeichnen sich durch »ungemeine Strenge und Präzision [aus], wie wenn in ihre Leiber Mathematik und Musik gefahren wäre«,[55] aus Kindern und Greisen bildet sich eine »überirdische Jugend«[56] und »durch die strahlende Reinheit der Luft sah auch alles ätherischer aus: irdischer!«.[57] Der wichtigste Effekt, der sich aber erst mit einer jahrelangen Verzögerung einstellt, ist die Abstraktion aller räumlichen und zeitlichen Faktoren der Existenz: Schlafen und Wachen, Leben und Sterben oder auch die Jahreszeiten werden voneinander getrennt, und die Bewegung der Erde erfolgt nach dem kollektiven Willen ihrer Bewohner.

Friedländers Groteske thematisiert keine kalorischen Prozesse. Dennoch ist sie nicht von der »falschen« Übertragung des Treibhauses und seiner Erwärmung auf das globale Klima zu trennen, wie es von der Geophysik der Zeit imaginiert wurde. Diese fiktive Erweiterung des Experimentalraums auf die ganze Erde vermag die latenten Machtfantasien der Kontrolle über Spezies, Zeit und Raum zu entfalten, die sowohl den literarischen als auch wissenschaftlichen Manifestationen des Narrativs um 1900 inhärent sind. Gleichzeitig erscheint die Groteske eine der wenigen Möglichkeiten zu sein, über das Absolute des Narrativs »Treibhaus« zu schreiben. Friedländers kurzer Text hat trotz kritischem Impetus keinen Anspruch auf soliden Gegenwartsrealismus oder warnende Zukunftsprognose. Die für die Groteske typische Übersteigerung ins Komische und Absurde verhindert eine solche Inanspruchnahme. Damit scheint sie aber – ähnlich wie die Fantastik oder Sci-Fi-Texte – dem Absoluten des Narrativs näher zu kommen, das ganz gleich wie die Metapher darin besteht, die »Idee der Totalität möglicher Erfahrung« zu sein, ohne jedoch zum »Begriff eines Gegenstands der Erfahrung« zu werden.[58]

Treibhauseffekt als Vorbote der Klimakatastrophe

Bekanntlich haben absolute Metaphern und mit ihnen auch Narrative eine Geschichte. Ihr historischer Wandel »bringt die Metakinetik geschichtlicher Sinnhorizonte und Sichtweisen selbst zum Vorschein, innerhalb deren Begriffe ihre Modifikationen erfahren.«[59] Auch das Narrativ vom »Treibhaus Erde« erfährt nach dem Ersten Weltkrieg einen Wandel in zwei Phasen, was abschließend kursorisch skizziert werden soll.

In der Meteorologie findet in den 1920er Jahren nicht nur eine Abkehr von der ungenauen Analogie zwischen Gewächshäusern und Klima, sondern auch von der CO_2-Theorie als Erklärung für klimatische Schwankungen statt. Diese völlige Marginalisierung in der meteorologischen Forschung – allzu populär war die Theorie ohnehin nicht – ist rückblickend als eine Folge von fehlender Messtechnik zu verstehen. Denn als in den 1940er und 1950er Jahren mehr Daten verfügbar wurden, kehrte die Theorie vermittelt durch Guy Stewart Callendar, Gilbert Plass, Roger Revelle und Hans Suess in

41 Einwirkungen auf die Umwelt in Form von künstlichen Klimata oder *terraforming* werden jedoch zeitnah in der Literatur immer häufiger thematisiert. Vgl. z.B. Hans Rosegger: *Der Golfstrom*. Berlin 1913, oder Franz Werfel: *Stern der Ungeborenen. Ein Reiseroman*. Frankfurt 1949. – Vgl. dazu den Artikel von Roland Innerhofer in diesem Band.

42 Mynona (Salomo Friedländer): *Von der Wollust über Brücken zu gehen*. In: Ders.: *Rosa, die schöne Schutzmannsfrau und andere Grotesken*. Hg. v. Ellen Otten. Zürich 1965, S. 17–21, hier S. 17.

43 Ebenda, S. 17.

44 Ebenda.

45 »Veredelung« meint um 1900 zunächst einmal eine »ungeschlechtliche Vermehrungsweise holzartiger und halbholziger Gewächse«. [o. A.]: *Veredelung*. In: *Meyers Großes Konversationslexikon*. Leipzig 1909, Bd. 20, S. 45.

46 Friedländer bringt diese materialistische Perspektive auf den Menschen insofern an seine Grenzen, als der entscheidende Einfluss zumindest in der alltäglichen Wahrnehmung immateriell ist: die Luftverhältnisse.

47 Mynona: *Von der Wollust*, S. 18.

48 Ebenda.

49 Ebenda.

50 Ebenda, S. 19.

51 Vgl. auch Sloterdijk: *Das Menschentreibhaus*, S. 39.

52 Mynona: *Von der Wollust*, S. 19.

53 Ebenda, S. 20.

54 Ebenda.

die naturwissenschaftliche Debatte zurück. Die zuerst sporadisch, dann in kürzeren Abständen veröffentlichten Studien bestätigen die Korrelation, die bereits um 1900 vermutet wurde: Der Temperaturanstieg und der höhere CO_2-Gehalt in der Atmosphäre entwickeln sich im Gleichschritt. Zudem legen die Messungen in den 1940er Jahren eine Verstärkung des Temperaturtrends nahe, was auf die höhere Anzahl von Verbrennungsmotoren zurückgeführt wird.[60]

Obwohl alle neuen Studien ihren Vorgängern im 19. Jahrhundert Reverenz erweisen, setzt sich das Narrativ vom »Treibhaus Erde« nicht unmittelbar flächendeckend durch. Zwar verwendet Plass bereits 1955 in seinem Artikel *Effect of Carbon Dioxide Variations on Climate* den Vergleich zwischen einem mit Glas geschlossenen Innenraum, in den Sonnenstrahlen eindringen, aber erst Mitte der 1960er Jahre beginnt sich der *greenhouse effect* in verschiedenen medialen Kontexten zu etablieren:[61] 1965 taucht er, jetzt wortwörtlich, in einem Bericht zur Umweltverschmutzung an Lyndon B. Johnson auf, wo explizit die Folgen des anthropogen produzierten CO_2 skizziert werden,[62] drei Jahre später warnt der Harvard-Professor Paul Ehrlich in seinem populärwissenschaftlichen Buch *The Population Bomb* vor den unvorhersehbaren Folgen des »greenhouse effects«.[63] 1972 wird John Sawyers breit rezipierte Studie *Man-made Carbon Dioxide and the »Greenhouse Effect«* publiziert, und bereits ein Jahr später ist im dystopischen Thriller *Soylent Green* der *greenhouse effect* die Erklärung für die konstant erhöhten Temperaturen in New York.[64]

Mit der Ankunft in der Popkultur hat sich das Treibhaus zur etablierten politischen Erzählung für die anthropogen verursachte Erwärmung der Atmosphäre und den drohenden Klimawandel entwickelt, der sich nach Eva Horn als eine »latente, nicht wahrnehmbare und schwer darstellbare Katastrophe«[65] erweist. Bar jedes heuristischen Werts, dient das Treibhaus zur Evidenzerzeugung und Popularisierung der wissenschaftlichen Theorie. Diese Funktion hat das Narrativ zwar ebenfalls um 1900 inne, jedoch nicht ausschließlich und unter umgekehrten Vorzeichen: Erhofften sich Arrhenius und Ekholm die Zähmung des Klimas durch die Technik, warnen Plass, Revelle und Kollegen vor einer schleichenden Klimakatastrophe aufgrund unsauberer Technik. Vor dem Hintergrund der zunehmenden Umweltverschmutzung und des drohenden nuklearen Winters begleiten die Aussichten auf eine anthropogene Beeinflussung des Klimas keine Visionen des Fortschritts, sondern schüren Ängste vor einer nicht zu beherrschenden, zur Zerstörung führenden Techniknutzung. Entscheidend ist, dass sich die Aktualisierung des Narrativs gerade den unkontrollierten Exzess der literarischen Treibhäuser um 1900 zunutze macht – nur wuchern nicht mehr die Pflanzen, sondern die Menschen und die Technik in einem künstlichen Klima. Es ist nicht die Eignung zur heuristischen Analogie oder die Evidenz als Metapher, sondern die historisch gewachsene, zum Teil widersprüchliche Vielschichtigkeit des Narrativs, die die Popularität des Treibhauses bis in die heutigen Tage sichert.

Die Etablierung des Treibhauseffekts im ökologischen Diskurs der 1970er Jahre markiert allerdings nicht die Erstarrung des Narrativs. Die meistdiskutierte wissenschaftliche Publikation zur Klimaerwärmung im Jahr 2018 kursiert unter dem Beinamen *Hothouse Earth Paper* (Original: *Trajectories of the Earth System in the Anthropocene*).[66] Will Steffen und die fünfzehn Co-Autorinnen warnen darin insbesondere vor Rückkopplungseffekten und Umschlagspunkten in der Klimaerwärmung, wenn zum Beispiel das im Permafrost gespeicherte Methangas freigesetzt wird oder Polkappen nicht mehr die Sonnenstrahlen reflektieren. Im Vergleich zum *greenhouse effect* liegt der Akzent beim *hothouse earth* allerdings nicht allein auf der Hitze. Die Metapher besitzt erstens einen anderen Geltungsanspruch, da nicht nur ein klimatischer Prozess, sondern die ganze Erde mitsamt ihren Einwohnern zum Treibhaus wird, und zweitens handelt es sich um eine andere Gartenarchitektur: Das *hothouse* besitzt zusätzliche, vielfach künstliche Wärmequellen. Die Erde wird als ein fragiles technisch-natürliches Mischmilieu verstanden. Und darin berührt sich die gegenwärtige CO_2-Theorie wiederum mit den fiktiven Verinselungen des Klimas, die nach 1914 den Experimentalraum des 19. Jahrhunderts ersetzen.

55 Ebenda.

56 Ebenda, S. 21.

57 Ebenda.

58 Hans Blumenberg: *Theorie der Unbegrifflichkeit*. Frankfurt am Main 2007, S. 72.

59 Vgl. Blumenberg: *Paradigmen zu einer Metaphorologie*, S. 13.

60 Vgl. Fleming: *Historical Perspectives on Climate Change*, S. 121 f.; Mudge: *The Development of the »Greenhouse Theory«*, S. 16.

61 Gilbert N. Plass: *Effect of Carbon Dioxide Variations on Climate*. In: *American Journal of Physics* 376 (1956), S. 376–387, hier S. 377.

62 The Environmental Pollution Panel, Presidents Science Advisory Committee: *Restoring the Quality of our Environment*. White House (Washington) 1965, S. 113.

63 Paul Ehrlich: *The Population Bomb*. New York 1970, S. 52.

64 Vgl. *Soylent Green* (1973), 00:02:10–00:05:51. Die Schuldigen für den Treibhauseffekt werden im Vorspann auch eindeutig identifiziert: die Massengesellschaft, die Industrie und der Individualverkehr.

65 Horn: *Zukunft als Katastrophe*, S. 177.

66 Vgl. Will Steffen, Johan Rockström u. a.: *Trajectories of the Earth System in the Anthropocene*. In: *PNAS* 115 (2018), S. 8252–8259.

67 Horn: *Die Zukunft als Katastrophe*, S. 165–180.

Verinselung des Klimas

Wie Eva Horn gezeigt hat, sind trotz der gegenwärtigen Virulenz von Katastrophenerzählungen die Versuche, den Klimawandel darzustellen, aus den oben angedeuteten epistemologischen und ästhetischen Gründen selten.[67] Diese Diagnose gilt besonders für den Treibhauseffekt, der von unsichtbaren Teilchen verursacht wird und Veränderungen nur über einen größeren Zeitraum bewirkt, die zudem vielfach nur einer Verstärkung von bereits vorhandenen Klimaphänomenen entsprechen. Dennoch haben das Treibhaus und das künstliche Klima auch in den gegenwärtigen Zukunftserzählungen – mit oder ohne Apokalypse – ihren festen Platz.

Ganz ähnlich wie die Umwertung des Wachstums als exzessives Wuchern von Mensch und Technik in der Umweltschutzdebatte erfährt auch das Kunst-Treibhaus im 20. Jahrhundert eine metaphorische Neuausrichtung: Anstatt als Heterotopie der bürgerlichen Gesellschaft oder als Modell für das irdische Klima zu dienen, wird das Treibhaus bereits in den 1930er Jahren zu einem Zufluchtsort, in dem das überlebensfreundliche Klima konserviert wird, so dass eine erhöhte Unabhängigkeit von den Außenbedingungen erreicht wird. Ist das Treibhaus in der Naturwissenschaft oft die moderne Höhle beziehungsweise Hölle, die es zu verlassen gilt, betonen die Künste vielfach die zweite Funktion der Höhle als Ort der Einkehr, der Schutz und Geborgenheit bietet.[68]

Diese metaphorische Bestimmung ist zunächst wortwörtlich zu nehmen, denn die partielle Verlegung des Lebens unter die Erdoberfläche ist Topos in Romanen wie H. G. Wells *The Shape of Things* (1933) oder Franz Werfels *Der Stern der Ungeborenen* (1946).[69] Aber auch in späteren Erzählungen wie Thomas Pynchons *Entropy* (1960) ist das Treibhaus ein letzter Schutzraum.[70] Die Architektur erfährt dadurch eine Aufwertung, und die künstliche Regulation der klimatischen Verhältnisse erscheint vordergründig wünschenswert.[71] Angesichts der Betonung des artifiziellen Raums zum Überlebenszweck und häufigen Ausweitung auf größere Teile der Erdpopulation können diese literarischen Varianten von Treibhäusern auch als Frühformen der Arkologien betrachtet werden, die mit Paolo Soleris *Mesa-City*-Projekts in die Architekturtheorie eingingen und unterdessen fester Teil des Bildreservoirs von Science-Fiction- und Raumfahrtserzählungen wurden – nicht zuletzt von interstellaren Exodusszenarien wie *Silent Running, Interstellar* oder *The Passenger*.[72] Arkologien und der Exodus von der Erde schreiben dem künstlichen Klima jedoch einen ganz anderen Wert zu, als es die frühe Umweltschutzbewegung des 20. Jahrhunderts tut: Die Erde als Treibhaus ist nicht mehr der Untergang, sondern die Rettung.[73] Insofern findet eine weitere denkwürdige Überkreuzung im Narrativ statt: Ganz ähnlich wie die Umweltschutzbewegung die Momente der Katastrophe und des Exzesses im Treibhaus für die Debatte der Klimaerwärmung übernommen hat, zeichnen Literatur und Film im Verlauf des 20. Jahrhunderts eine zunehmend technikoptimistische Tendenz aus.

Die konstante Präsenz sowie die Wandlungsfähigkeit des »Treibhauses Erde« seit knapp 150 Jahren werfen die Frage auf, ob das Narrativ lediglich dazu dient, ein Hyperobjekt zu beschreiben beziehungsweise einer schleichenden Katastrophe eine kommunizierbare Form zu verleihen. Dies ist zu verneinen. Es scheint vielmehr, als habe das Treibhaus einen anthropologischen und epistemologischen Gehalt für den Menschen der Moderne. Die Genealogie des »Treibhauses Erde« schließt in gewissem Sinne an Blumenbergs Bestimmung der Höhle an, die gleichermaßen den Beginn des menschlichen Weges aus der Unmündigkeit wie die finale Einkehr in die Geborgenheit bedeuten kann. Blumenberg umgeht in *Die Höhlenausgänge* das Treibhaus als Höhlenarchitektur – vielleicht aus guten Gründen: Das Treibhaus ist eine selbstgemachte Höhle, die für ihre Bewohner im Extremfall überlebenswichtig ist und von der das lebensfeindliche Außen beobachtet werden kann. Weder ist ein Ausgang mehr möglich noch erkenntnistheoretisch notwendig.

68 Vgl. Hans Blumenberg: *Höhlenausgänge*. Frankfurt 1996, S. 57.

69 In letzterem findet das Sterben sogar in einem veritablen Treibhaus im Erdinnern statt. Vgl. Werfel: *Stern der Ungeborenen*, S. 545–658.

70 Vgl. Rieger, Bühler: *Kultur*, S. 233 f.

71 Selbstredend fallen diese neuen Treibhaus-Narrative nicht derart eindimensional aus.

72 *Arcology* ist ein Kunstbegriff, gebildet aus *architecture* und *ecology*, mit dem autarke Habitate des Menschen bezeichnet werden. Sie zeichnet aus, dass sie ganz oder beinahe unabhängig von ihrer Umwelt sind und Technik mit Natur zu einem System verbinden, das Leben erlaubt. Der Begriff wurde in den 1950er Jahren vom Architekten Paolo Soleri und seinem Mesa-City-Projekt geprägt. – Vgl. dazu auch den Artikel von Christiane Heibach in diesem Band.

73 Diese Hoffnung findet sich als »Traum und Albtraum vom gemäßigten Klima« bereits im 19. Jahrhundert. Vgl. Horn: *Zukunft als Katastrophe*, S. 121–139.

FRANZ KATHER, 1990 geboren, ist wissenschaftlicher Mitarbeiter im Arbeitsbereich Geschichte des 19. u. 20. Jahrhunderts an der Universität Bielefeld. Seine Forschung zur Architektur und Epistemologie der Schwindsucht im 19. Jahrhundert liegt an der Schnittstelle seiner Interessenschwerpunkte, historischer Epistemologie und Medien- und Technikanthropologie, sowie der Kulturgeschichte des Raums.

FRANZ KATHER

»… wegen der schon angeführten Forderung wahrer Humanität«. Künstliches Heilklima und die Architektur der Schwindsucht

> Die Einwirkung des Klimas auf den Menschen wird von Ärzten und Laien in gleicher Weise ohne Beschränkung anerkannt. Man weiß, daß Körperbau, allgemeine Stimmung des Geistes und der Temperamente und namentlich das Gleichgewicht der verschiedenen organischen Thätigkeiten, worauf die Gesundheit beruht, zuletzt doch von dem Klima abhängen, in dessen Ungunst im Gegentheil die meisten und verbreitetsten Krankheitsformen ihre Wurzel haben. Es ist hiernach nicht zu bezweifeln, daß es Aufgabe der Heilkunst ist, den mächtigen Einfluß des Klimas, soweit dieß möglich ist, zu beherrschen.[1]

Die einleitenden Worte des Weimarer Mediziners und Verlegers Robert Froriep zur Werbung für sein Konzept einer Heilanstalt zur Therapie Schwindsüchtiger und »Schiefwüchsiger« legen konzise den Klimadeterminismus offen, der insbesondere im 19. Jahrhundert die Wissenschaften vom Leben prägte. Zwar ist die historische Epistemologie dieser Zentrierung von Geografie, Medizin, Anthropologie und Zoologie um das Konzept des Klimas im Allgemeinen bereits weitreichend beleuchtet,[2] doch bieten die vergeblichen Bemühungen Frorieps während der Jahre von 1852 bis 1856 in Berlin, Wiesbaden oder Frankfurt eine Klimaheilanstalt mit dem bezeichnenden Namen *Südpalast* zu errichten die Gelegenheit, diesen Klimadeterminismus auch hinsichtlich seiner technologischen Anwendung als frühe Form des *Climate Engineerings* in den Blick zu nehmen. Ich möchte dafür argumentieren, dass die spezifische Form des hier verhandelten Klimakonzeptes wesentlich von den technischen wie epistemischen Manipulationen und deren Wechselwirkungen bestimmt ist und darlegen, inwiefern sich Klimakonzept und *Climate Engineering* nicht in einer Unterscheidung von

Theorie und Anwendung erschöpfen. Vielmehr kann in einer Lesart der Architektur als medientechnischer Praxis[3] sowohl Klima wie auch die Architekturtechnik seiner Manipulation auf eine gemeinsame Grundlage gestellt werden: beide lassen sich als strukturierte Raumproduktionen lesen und darin zusammenführen. Hieran lässt sich verfolgen, inwiefern durch die therapeutische Isolation von Umweltbedingungen und deren Manipulation im technischen Innenraum gleichermaßen die Möglichkeit der Konzeption einer grundlegend äußerlichen, potenziell schädlichen Umwelt gegeben ist; aber auch die Wahrnehmungsgrundlage der persönlichen, privaten Innerlichkeit, die diesen Außenraum erkennend erschließt ist hierin angelegt. Mithin möchte ich aufzeigen, inwiefern in dieser frühen Form des *Climate Engineerings* gleichermaßen ein Raumkonzept wie auch die perspektivische Epistemologie der europäischen Moderne entworfen werden.

Nach einer eingehenderen Darlegung des Konzeptes für den *Südpalast* und seines therapeutischen Ansatzes werde ich daher vertiefen, wie sich das Verhältnis von Krankheit und Raum sowohl im Krankheitsbild als auch in der Therapie zur Mitte des 19. Jahrhunderts ausgestalteten. Die geografische Aufschlüsselung von Krankheit über eine Population hinweg fußt hierbei, so möchte ich aufzeigen, auf denselben Techniken der Ordnung und Verräumlichung wie auch die Genese des Klimas als Forschungsgegenstand. Indem ich diese in der architektonischen und gestalterischen Produktion von Raum verfolge, möchte ich aufzeigen, weshalb *Climate Engineering* in dieser Form nicht lediglich ein Traum von der »Zähmung des Klimas«[4] ist, sondern jenseits solch eindeutiger instrumenteller Direktionalität die Herstellung von Subjektivität im Verhältnis zu einer globalen Welt steht.

Klimatherapie und kranke Umwelten: Zur ätiologischen Ambivalenz der Schwindsucht

Erstes und explizites Anliegen von Frorieps Südpalast war die klimatische Therapie der Schwindsucht sowie einiger spinaler Deformationen bei Kindern. Deren Therapie verpasse, so monierte Froriep in dem Entwurf zur bis dahin ersten klimatherapeutischen Heilanstalt für Schwindsüchtige, die wesentlichen Ziele erfolgreicher Behandlung.[5]

Abb. 1 Außenansicht des Entwurfes für den *Südpalast*. Aus Stadtarchiv Schweinfurt: *Konvolut zum Südpalast*. In: *Nachlass von Robert Froriep*. F100–141.

Abb. 2 Grundriss des Entwurfes für den *Südpalast*. Aus Stadtarchiv Schweinfurt: *Konvolut zum Südpalast*. In: *Nachlass von Robert Froriep*. F100–16.

> [Es] sind indes die Ärzte bisher noch nicht weiter gekommen, als daß sie ihre Kranken vor dem Klima entweder flüchten oder auf mehr oder minder vollkommene Weise durch Einsperrung in die Stube sicher zu stellen suchen. [...] [D]ie Einsperrung in die Stuben dagegen ist eine der härtesten Maßregeln des practischen Arztes, da sie mit einer Absperrung von allem erheiternden Verkehr verbunden ist [...].[6]

Denn ob die Patienten nun der gängigen Praxis gemäß ans Mittelmeer auf strapazenreiche Seereise verschickt würden, wo ihnen dann neben einem zwar wärmeren, jedoch nicht minder ungleichmäßigen Klima die Nähe der Familie fehlte, oder ob ihnen mangels der notwendigen finanziellen Mittel nur die Abriegelung in den eigenen Zimmern unter Ausschluss von kaltem Luftzug und Kontakt zur Außenluft übrig blieb, stets waren die Kranken dem Kontakt zur sozialen Umgebung und dem kontinuierlichen ärztlichen Zutun entzogen.[7] Somit ließen sich nie optimale Bedingungen zur Genese erreichen.

> Die allgemeine Forderung dafür ist also: die gewöhnlichen Wohnungen der Kranken nicht allein, sondern der ganze gesellig geistige Verkehr sammt seinen Lebensgenüssen, an welche die Bewohner unserer Länder gewöhnt sind, sollen von einer das allbelebende Sonnenlicht nicht ausschließenden Hülle in der Art umgeben werden, daß sie sammt und sonders von den Unbilden unserer rauhen Klimate geschützt seien [...].[8]

Zu diesem Zweck plante Froriep, da die von ihm als ideal erachtete Verglasung ganzer Stadtviertel nicht umsetzbar erschien,[9] eine Anstalt, in der sich alle erdenklichen therapeutischen wie auch pädagogischen und kulturellen Einrichtungen finden sollten, um nicht nur den Kranken die optimalen Entfaltungsbedingungen zu bieten, sondern auch der gesunden Bevölkerung eines der »ersten Schaustücke Europas«[10]. So sollten sich darin finden:

> [...] immergrüne exotische Gärten mit Springbrunnen, [...] eine Kapelle, Speise- und Unterhaltungssäle, einen Concert- und Schauspielsaal, ein Gartentheater, Spielsäle, Billiards, einen Ballsaal, [...] Kegelbahnen, Schießstände zum Pistolen- und Armbrustschießen, eine Volière für exotische Vögel und andere Thiere, Naturhistorische Sammlungen für das Bedürfnis gebildeter Laien, Journal- und Lesezimmer, eine Biblio-

> thek, mancherlei Kunstsammlungen, Säle für Übung der schönen Künste, eine permanente Gemäldeausstellung, ein Palmenhaus [...].[11]

Die Lösung zur künstlichen Klimatisierung sollte dabei eine in direkter Anlehnung an den Londoner *Crystal Palace* konzipierte Glaskonstruktion bieten. Denn »es sind bei jenem bewundernswerten Gebäude zugleich die Aufgaben der Heizung, der Kühlung und der Lufterneuerung auf eine so befriedigende Weise gelöst worden, daß von dieser Seite der Ausführbarkeit der erwähnten großen medizinischen Aufgabe nichts mehr im Wege steht«.[12] Das Gebäude der ersten Weltausstellung von 1851 hatte durch eine beträchtlich skalierte Variante des Gewächshausbaus zwar den Anspruch gestellt, mittels einer Kombination von nötigenfalls abhängbaren Glasdächern und der Lüftung durch kippbare, sigmoide Seitenpanelen, die auf Länge der gesamten Gebäudeseite Luftzug ermöglichen konnten, Belüftung und Temperierung zu erreichen. Diese war jedoch weitaus weniger erfolgreich in der Umsetzung als erhofft – es herrschte über weite Teile der Ausstellung eine enorme Hitze, der die Kühlungsmechanismen selbst nach Entfernung der Seitenpanele nicht entgegenwirken konnten.[13] Zwar hatte der Architekt des *Crystal Palace*, Joseph Paxton, auch weitreichendere Pläne zur umfassenden Innenraumklimatisierung kleinerer Gebäude desselben Typs gehegt, in denen Luft angesaugt, gereinigt und gefiltert und schließlich abgesaugt werden sollte, um autarke Lufträume zu erschaffen.[14] Hiermit reihte er sich in eine seinerzeit verbreitete Forschungsrichtung zur ingenieurstechnischen Lösung medizinischer und sozialer Problemkontexte durch Lüftung und Klimatisierung.[15] Diese jedoch rezipierte Froriep nicht explizit: Technische Details zur Klimatisierung oder den Feinheiten der Konstruktion finden sich in den Plänen nicht, der *Crystal Palace* diente aber offensichtlich trotz der Verfehlung dieses Ziels bei der Ausstellung als hinlänglicher Grund für einen weitreichenden Optimismus der nun vollendeten Beherrschung aller relevanten Klimafaktoren. Demgemäß soll die Klimatisierung hier weniger hinsichtlich ihrer technischen Umsetzung in Betracht gezogen werden als im Hinblick auf ihre Rolle in der Konzeption von Krankheit und den gemeinsamen epistemologischen und technischen Grundlagen dieser Konzepte. Insofern liegt der Schwerpunkt auf der Beobachtung der architektonischen Aspekte des in der Heilanstalt verankerten Konzeptes von Klima. Denn das Gebäude fungierte als Kosmogramm eines globalen Raumes, der durch Klima eine Strukturierung erfuhr, deren Denkgrundlagen im *Südpalast* in ungewöhnlich umfassender Weise implementiert wurden. Das Narrativ des Klimas als Treibhaus, das Sergej Rickenbacher in diesem Band nachverfolgt, wird hier in seiner Raumform ausdekliniert und mit einer Reihe von angrenzenden Narrativen aufeinander abgebildet. Insbesondere die Zusammenführung zur Klimatherapie mit den Plänen für einen an die Heilanstalt angeschlossenen zoologischen Garten, dessen Planung Froriep in Kooperation mit dem Berliner Zoologen Albert Günther vornahm,[16] erlaubt und erfordert eine Erweiterung der Perspektive auf den epistemischen Zusammenhang von Krankheit, Zoologie, Geografie und Klima in einer Betrachtung ihrer jeweiligen Verräumlichungen.

Die Zusammenführung von Kontrolle des Klimas mit der Regulierung von Bewegung, Ernährung und der Wasserkur in Bädern verweist auf den wesentlich ambivalenten Charakter der Ätiologien von Schwindsucht im 19. Jahrhundert.[17] Schwindsucht wurde einerseits als Leiden an kranken Umwelten erachtet, die durch giftige Miasmen und Emanationen des Bodens und zunehmend auch der industriellen Verschmutzung der Luft pathologisch geworden waren. Andererseits wurde die Krankheit gleichermaßen als hereditäre Disposition, als erbliche Anlage zu moralischem Exzess und Überschwang der Gefühle, verhandelt.[18] Diese Gemengelage der Ätiologien von Schwindsucht bot eine ungemein flexible Grundlage zur Diagnostik und Therapie entlang der moralischen Stratifikation der bürgerlichen Gesellschaft. Die Diagnose Schwindsucht konnte einerseits für die Regulation von Schadstoffbelastungen der Arbeitsumgebung (oder auch der Körperhaltungen der Arbeitenden an den Maschinen der Fabriken) mobilisiert werden. Andererseits konnte sie auch als Resultat einer Veranlagung zur ökologischen Unvernunft gedeutet werden, die es zu rektifizieren galt. So musste nicht nur die Umgebung am Arbeitsplatz der Kontrolle und Regulierung anheimgegeben werden, sondern auch die Regulierung gerade der privaten Wohnung.[19] Zugleich konnten jene wohlhabenden Erkrankten, deren Leiden in der »romantisch-literarischen Vision«[20] der Schwindsucht zum Sinnbild von gesteigerter Empfindsamkeit und Natürlichkeit im Weltschmerz stilisiert wurde, ihre Krankheit als natürliche Veranlagung zum Leiden an den pathologischen Umwelten aufgrund ihrer natürlichen Zartheit und Empfindsamkeit verstehen. Somit war flexibel deutbar, wessen Schuld nun die Krankheit sei, je nach Bedürfnislage der Erkrankten und der sie Behandelnden. Nicht zuletzt wurde schließlich die Ätiologie einer erblichen Disposition auch populationshygienisch gewendet und so die Kranken der Arbeiterklasse als erbliche Belastung für die Bevölkerung denkbar.[21] Die einen wurden zur Therapie eingesperrt, die anderen wurden auf Weltreise verschickt: der *Südpalast* aber vereinte beides. Dort konnten die Erziehung und Disziplinierung der Kranken zu Hygiene und diätetischer Vernunft verbunden werden mit einer Regulierung der Einflüsse von Luft, Temperatur und Feuchtigkeit auf diejenigen, deren Erziehung nicht schuld sein konnte an ihrem Leiden.[22]

Dem therapeutischen Profil von Bewegungs-, Bade- und Reitkuren in diesem Raum also, das Froriep in erstaunlichem Detail bis zur Rationierung der Mahlzeiten für bestimmte Krankheitsbilder minutengenau ausgearbeitet hatte, lag eine zentrale Erweiterung der ihm zufolge zu überwindenden therapeutischen Praktiken inne. Denn während die (wohlgemerkt imperfekte) Klimatisierung der direkten Umgebung der Patienten sowohl auf Reisen wie auch in der zunehmend technisierten Wohnraumklimatisierung bereits zuvor ein erreichbares Ziel war,[23] wurde diese therapeutische Ausrichtung um eine wesentliche pädagogische Aufgabenstellung ergänzt. Die strikte Umsetzung des detaillierten Kurplanes, überwacht vom Arzt als Instanz der Bestimmung über die Adäquatheit der Lebensvollzüge, ergänzt die öffentliche Ausführung des kultivierten Benimms, der durch Fremdbeobachtung zur Selbstbeobachtung anhält. In Lektüre, Spaziergang und Reitsport kodifizierten sich die Techniken des Selbst, das hierin Innerlichkeit, Beobachtung und Manipulation des Beobachteten erlernte.[24] Somit also fanden sich Patienten gleichermaßen als Beobachtende und als Beobachtete hinsichtlich ihrer körperlichen wie auch kultivierten Lebensvollzüge, deren Übergang die Schwindsucht aus beiden Richtungen markierte. Dies, freilich, ist der biopolitische Schematismus moderner Krankenhausarchitektur.

Medikalisierte Raumzeit in der therapeutischen Architektur

Die ätiologische Ambivalenz der Schwindsucht und die daraufhin angepassten vielfältigen therapeutischen Ansätze des *Südpalastes* weisen darüber hinaus auf ein Kernmerkmal der Heilanstalt hin, in dem sich Wissens- und Medientechniken offenbaren, die für den medikalen Raum der Schwindsucht zu dieser Zeit wesentlich waren. Die Schwindsucht bewegte sich im Feld einer »topozentrischen«[25] Medizin, die in der Definition und Bestimmung sowie der Regulierung von Innen- und Außenräumen auf die technischen Möglichkeiten einer solchen Trennung speziell in der Architektur rekurriert.[26] Diese medizinische Architektur steht in wesentlicher Verbindung mit erstarkenden epidemiologischen Wissenstechniken, die seit Ende des 18. Jahrhunderts die ärztliche Praxis und medizinische Theoriebildung prägten.[27] Zentrales Bestreben dieser Theoriebildung war, Krankheit an Umwelteinflüssen festzumachen, die damit als das Gegenstück des Körpers als Raum der Innerlichkeit denselben beeinträchtigten. In der Ausweitung des gesunden Raumes des Körpers nun fand sich die Aufgabe medizinischer Architektur, wobei dies über die Klimatisierung hinaus auch in einer dem sittlich-moralisch gesunden (und damit dem gebildeten) Lebenswandel zuträglichen Einrichtung und Ausstattung seinen Ausdruck fand. Darin allerdings fand die Aufgabe der Architektur medizinischer Räume keine Erschöpfung – vielmehr war ferner die Strukturierung, Ordnung und Gestaltung dieser architektonischen Innenräume zum Zwecke der standardisierten Datenerfassung zu Krankheitsverläufen und Umwelteinflüssen gleichermaßen strukturgebend.

Zwei Bewegungen, die sich gegenläufig aufeinander beziehen, finden sich damit im *Südpalast*: die Differenzierung der Räume einzelner Patienten und die Totalisierung der gesamten Krankenschaft in der Sphäre des gesundheitsfördernden Innenraumes. Der Wohnraum der Heilanstalt sollte nach dem Schema des Pavillon-Krankenhauses aufgebaut werden, dem Raumformat der statistischen Medizin. In der differenzierenden Positionierung der Patientenkörper in den Reihen der Zimmer entlang der Sichtachse des Flurs konnte Krankheit vom einzelnen Leib abstrahiert und zu einem dem einzelnen Körper äußerlichen Phänomen totalisiert werden, das in der städtischen Verwaltung zu einer Gesamtheit mit geografischer und demografischer Ausbreitung synthetisierbar war.[28] Datenblatt und Krankenhaus vollziehen dabei dieselbe Bewegung der Rasterung, ausgerichtet auf die Zentralperspektive des Arztes in der Visite, der die Daten aggregiert, Veränderungen grafisch abträgt und bildlich darstellt.[29]

Ebendiese Technik der Überlagerung von Datensammlung nach klar definierten Rastern mit perspektivischen Raumbildern und -wahrnehmungen war es freilich, die dabei auch jenseits der gläsernen Hülle des therapeutischen Palastes angewandt wurde. Die Rezeption des *Crystal Palace* erreichte, was die Architekturtheorie ihr zum Ziel ausrief: Beim Durchschreiten der standardisierten kubischen Blöcke unter den einheitlichen, durchsichtigen Paneelen des Glashauses wurde der Eindruck erweckt, der Raum eröffne sich nach außen hin, werde unendlich, und die Raumhülle entmaterialisiere sich.[30] Innenraum und Außenraum, der anhand der hier ausgestellten Waren und Symbole als geografische Ordnung verstanden werden wollte, verschmolzen in eins.[31] Die Architektur trat als vermittelnde Instanz zwischen Weltraum und gebautem Raum zurück, und war mithin ein generatives Medium.[32]

In derselben Doppelbewegung zeichnete sich schließlich seit Humboldt die Aggregation von Wetterdaten zu einem kohärenten Konstrukt des Klimas aus der Überlagerung von Datenpunkten in Rastern und grafischen Beschreibungen auf Karten ein.[33] Die datenbasierten Grenzlinien, die nicht nur die graduelle Variation von vereinzelten Wetterbeschreibungen bildlich darstellbar machten, sondern anhand der hieraus generierten Grenzlinien bald auch demografische und ethnografische Zeugnisse verschiedener Art geografisch aufschlüsselten, dienten aber zugleich der Verortung von Krankheit im kartografischen Raum.[34] Es liegt daher nahe, dass »Krankheitsökologie und moralische Kartografie weit mehr als nur entfernte Vettern waren«.[35] Beide basieren auf dem epistemischen und räumlichen Schematismus der aufeinander bezogenen Totalisierung und Fragmentierung.

Wie die Isoklinen in der Klimatologie zu Trennlinien moralischer und kultureller Befähigung und Entwicklung imaginiert wurden, vollzog die Schwindsucht diese Trennung innerhalb des Menschen. Der Raum der Klimatologie fand mithin sein Pendant in der Produktion des Patientenkörpers, in den Natur und Kultur als Widersacher eingeschrieben wurden. Sie fanden sich gleichermaßen als Datenpunkt in der Überschau des Krankenflügels und als ausführende Instanz desselben Blickes der Überschau und Ordnung der Welt. Dies ist die Faltung des modernen Subjektes in sich selbst, sein Doppelcharakter als Subjekt und Objekt zugleich.[36]

Es ist darum bezeichnend, dass Klima in seiner konkreten Formulierung in diesem Kontext ebenso zentral wie ambivalent bleibt. Denn obgleich Franz Mauelshagen die Transformation des Klimabegriffs von einer nominalen Kenngröße der geografischen Verortung (basierend auf der Inklination zur Sonne etwa) hin zu einem Gesamtkonstrukt physikalisch kausaler Umweltfaktoren bereits im klimatologischen Diskurs des späten 18. Jahrhunderts festmacht,[37] so oszilliert es in der Beschreibung des *Südpalast* und seiner technischen Umsetzung noch zwischen ebendiesen beiden

Verwendungen. Steht einerseits das »Südklima« als topologische Ordnungskategorie für konstitutive Äußerlichkeit, das nicht-hier »Süden«, so wird dieses gleichermaßen technologisch produziert anhand von jenen auf das Wohlbefinden ausgerichteten numerischen Faktoren von Temperatur, Luftfeuchtigkeit und Luftzusammensetzung.[38] Kategorische Veräußerlichung und Aufgliederung dieses Außenraumes in Analogie zur Gliederung des körperlichen Innenraumes gehen somit Hand in Hand. Klima bot damit zugleich Selbstpositionierung wie auch geografisch-kartografische Verortung durch raumstrukturierende Datenaggregation. Biopolitik ging damit nicht nur einher mit Geopolitik, sondern gleichermaßen mit Klimapolitik – ebenso wie Klimapolitik mithin biopolitisch war. Wie der Mensch in seiner modernen Ausprägung unter der Maßgabe seiner politischen Formung erst denkbar wird, wird auch das Klima unter der Ägide der technischen Manipulierbarkeit zur Denkmöglichkeit. Die Architektur des *Südpalastes* stellt dabei den Spielraum beider epistemischer Arrangements bereit.

Der Gott-Trick des enträumlichten rationalen Beobachtungspunktes, das Sehen ohne Position der imperialen panoramischen Imagination des Raumes wurde im *Südpalast* zum Gegenstück des omnipräsenten Auges des Arztes und des Kartografen schließlich auch als Technik des Wissens der Patienten eingeübt.[39] Das Durchschreiten der dergestalt räumlich strukturierten Welt als Praktik des Wissens und der Erfahrung war auch in der Reise öffentlich zugänglich gemacht. Das Reisen bot der bürgerlichen Subjektivität den Weg, in der Welt die Vergangenheit zu finden. Eine Reise aus dem Zentrum der Wissensgeneration gestaltete sich als eine Reise in die Geschichte für die raumlosen Beobachter des 19. Jahrhunderts.[40] Auf eisernen Schneisen den Raum durch Bewegung generierend und um diese Schneisen herum denselben aus ebendem Innenraum des Wagons zergliedernd[41] eröffnen sich die durchschrittenen Räume erst – von dem Zwischenraum der Grenze her entsteht der Raum.[42]

Klimakarten, Körper und Gärten: Zur medialen Phänomenologie des Globalen in der Heilanstalt

Ebendiese Phänomenologie der Grenze bringt nun der *Südpalast* im zoologischen Garten den Patienten auch auf weitere Weise nahe. Der Spaziergang im zoologischen Garten sollte die Reise in die Welt und die Zeit ersetzen: so ließe sich der Erkenntnisgewinn der Fahrt in die anthropologische Vorzeit im Schutze des künstlichen Klimas reproduzieren und simulieren. Dies, freilich, unter optimal kontrollierbaren Bedingungen – der Spaziergang im Zoo, auf den Spazierwegen zwischen den aneinandergereihten Käfigen entlang der definierten Sichtachsen erweist sich dabei als pädagogische Geschichte von Raum und Zeit, als strukturierter Chronotopos.[43] So wird die Architektur anhand der ihr eingeschriebenen Kosmografie zur Medienpraxis:[44] In der landschaftsästhetischen Produktion der »Charakterlandschaften« verschiedener Klimazonen wurde die aus den eurozentrischen Reise- und Forschungsberichten vorstrukturierte Wahrnehmung einer Welt vorbereitet.[45] Erfahrung des Raumes auf allen Skalen war so technisch veranlasst und rekursiv: Das Gebäude ermöglicht die Wahrnehmung eines Raumes, in den es sich zugleich einschreibt.

Und wie sich schon im *Crystal Palace* unter dem Dach des ordnenden Marktes zum Wohle aller Nationen (der Räume im Raster der Geopolitik) die Völker in der Transzendenz der ökonomischen Ordnung einer Zeitreihe nach ordnen sollten,[46] stellt schließlich auch der *Südpalast* die Theogonie des Marktes explizit in das Zentrum seiner Möglichkeit:

> Es gibt [...] unter den Gesunden immer unendlich viel mehre, welche ihre überflüssigen Mittel lieber ihrem Vergnügen opfern, als daß sie dieselben den Leiden ihrer Mitmenschen widmeten. Diese moralische Unvollkommenheit (ja bekanntlich noch traurigere Verirrungen) können aber einige Versöhnung finden, wenn sie dazu benutzt werden, daß man durch die jenen Schwächen und Fehlern geopferten Geldmittel Dinge herbeischafft, welche in den gewöhnlichen Verhältnissen unmöglich erscheinen. [...] Macht man das neue Heilinstitut so groß und so schön, daß es zu einem der ersten Schaustücke Europas wird, so werden hunderttausende herbeiströmen, einen Theil ihres Überflusses am Eingang herzugeben.[47]

Der Mensch, der hier in der Klinik in seinem Raum entsteht, tut dies somit aus der Spaltung in sein moralisches und sein triebhaftes Wesen gerade auch durch die Vereinigung beider Teile in der Teleologie des Marktes. Der Markt als kommende Welt des Gleichgewichts und der Harmonie sollte beide widersprüchlichen Anteile zum Besten hin auszurichten vermögen, eben wie er auch die Welt auf ihre Zukunft hin ausrichtet.[48] Die Analogie, mit der sich die ökonomische Theoriebildung der Marktorthodoxie in ihren

Konzepten an den Organismustheorien der Medizin bediente,[49] findet also gleichermaßen hier ihre architektonische Übertragung. Körper-Raum der statistischen Medizin und klimatischer Welt-Raum überlagern sich hier unter der vereinheitlichenden Maßgabe der Transzendenz des Marktes, so dass aus Krankheit und moralischem Detritus im utopischen Universalklima Gesundheit, Wohlstand und aufklärerische Ästhetik entstehen mögen.[50]

Der *Südpalast* wurde nie gebaut – ironischerweise mutmaßlich aufgrund der wenig nachvollziehbaren Kalkulationen der sehr erheblichen Kosten seiner Errichtung. Froriep gelang es nicht, die nötigen Mittel einzuwerben, weder bei staatlichen Trägern noch bei privaten Investoren. Auch die Gründung einer Aktiengesellschaft zu diesem Zwecke scheiterte.[51] Dessen ungeachtet aber erlaubt das Projekt gerade in dieser Virtualität Aufschluss über die Dynamiken der raumzeitlichen Formation der Welt im Bild, deren technisches Apriori den Angelpunkt zur Herstellung der Grundkategorien einer globalen Welt (und damit einer Welt, die als Globus erfahrbar ist)[52] bietet. Freilich bleiben diese Regimes der Genese von Subjekten, Klima und Welt unscharf konturiert und reich an Überlagerungen, wie es jede Praxis in der Medienwerdung bleibt.[53] Doch lässt sich gerade daran aufzeigen, inwiefern diese Schemata nicht als Repräsentation einer vorgängigen, transzendenten (mithin ermöglichenden) Ordnung von Dingen zu verstehen sind, sondern vielfältige Prozesse des Konstruierens und Formens der Wirklichkeit beschreiben. Und wie demzufolge Bernhard Siegert der Karte attestiert, dass sie eben doch (entgegen dem klassischen kartografischen Mantra)[54] das Territorium *ist*, insofern sie als Technik der medialen Verräumlichung seine Wahrnehmungs- und Denkmöglichkeit bindet und festigt,[55] so lässt sich im Anschluss an Gaston Bachelards Analytik der Kosmologie des Hauses für den *Südpalast* konstatieren, dass in der Tat das Gebäude der Globus ist. »In diesem dynamischen Wettlauf von Universum und Haus finden wir uns weit jenseits jeder Verweisung auf einfache geometrische Formen.«[56] Der Palast produziert, was er repräsentiert, er befindet sich stets in der Schwebe zwischen den sich wechselseitig durchwirkenden Skalen von Körpern, Gebäuden und Welten.

1 Stadtarchiv Schweinfurt: *Konvolut zum Südpalast*. In: *Nachlass von Robert Froriep*. Signaturen F100-1 bis F100-223. Weimar 1853–1856. Abgerufen aus den Beständen der Universal Multimedia Electronic Library (UrMEL) auf collections@urmel: http://archive.thulb.uni-jena.de/hisbest/receive/HisBest_cbu_00028987 (16. 4. 2019).

2 Etwa David N. Livingstone: *Environmental Determinism*. In: John A. Agnew, Davin N. Livingstone (Hg.): *The SAGE Handbook of Geographical Knowledge*. Los Angeles, London 2011, S. 368–380; Phillip Aufenvenne: *Klimadeterminismus und Geographie*. Jena 2011; Tom Koch: *Disease Maps*. Chicago, London 2011, S. 58; Eva Horn: *Klima*. In: Benjamin Bühler, Stefan Willer (Hg.): *Futurologien. Ordnungen des Zukunftswissens*. Paderborn 2016, S. 351–362, hier S. 353–354.

3 Dorit Müller, Sebastian Scholz: *Raum, Wissen, Medien. Anmerkungen zu einem Zusammenhang*. In: Dies. (Hg.): *Raum Wissen Medien. Zur raumtheoretischen Reformulierung des Medienbegriffs*. Bielefeld 2012, S. 9–38, hier S. 17–18.

4 Eva Horn: *Air Conditioning. Die Zähmung des Klimas als Projekt der Moderne*. In: *Sinn und Form* 67 (2015), S. 455–462, hier S. 456.

5 Das weithin als erste Klimaheilanstalt bekannte Sanatorium in Sokolowsko wurde erst 1859 zur Vollendung gebracht. Vgl. Andreas Jüttemann: *150 Jahre Lungenheilstätte Görbersdorf (Sokołowsko)*. In: *Pneumologie* 68 (2014), S. 483–487.

6 Stadtarchiv Schweinfurt: *Konvolut zum Südpalast*, F100-52.

7 Stadtarchiv Schweinfurt: *Konvolut zum Südpalast*, F100-40. Zur therapeutischen Reise in der Therapie der Schwindsucht s. Simon M. Kevan: *Quests for Cures. A History of Tourism for Climate and Health*. In: *International Journal of Biometeorology* 37 (1993), S. 113–124, hier S. 118. Für eine generellere Einordnung beider Therapieformen s. Jürgen Voigt: *Tuberkulose: Geschichte einer Krankheit*. Köln 1994, S. 73.

8 Stadtarchiv Schweinfurt: *Konvolut zum Südpalast*, F100-52.

9 Ebd. Genau dieser Plan wurde ferner von John Claudius Loudon für Dörfer in Russland anvisiert. Dazu auch Henrik Schoenefeldt: *The Crystal Palace, Environmentally Considered*. In: *Architectural Research Quarterly* 12 (2008), S. 283-294, hier S. 283.

10 Stadtarchiv Schweinfurt: *Konvolut zum Südpalast*, F100-52.

11 Ebenda.

12 Ebenda.

13 Schoenefeldt: *The Crystal Palace*, S. 286–291.

14 Joseph Paxton: *Sanitariums for Exercise of Invalids and Others in All Weathers*. In: *Illustrated London News*, 5. 6. 1851, S. 11–12.

15 Alain Corbin: *Pesthauch und Blütenduft. Eine Geschichte des Geruchs*. Aus dem Französischen von Grete Osterwald. Frankfurt am Main 1988, S. 121–136; Vladimir Jankovic: *Confronting the Climate. British Airs and the Making of Environmental Medicine*. New York 2010, S. 67–74.

16 Annelore Rieke-Müller, Lothar Dittrich: *Der Löwe brüllt nebenan. Die Gründung Zoologischer Gärten im deutschsprachigen Raum 1833–1869*. Köln 1998, S. 77–79. Ein Entwurf dieses Gartens findet sich im Stadtarchiv Schweinfurt: *Konvolut zum Südpalast*, F100-2.

17 David Barnes: *The Making of a Social Disease. Tuberculosis in Nineteenth-century France*. Berkeley 1995, S. 40.

18 Susan Sontag: *Illness as Metaphor*. New York 1977, S. 31–33.

19 Jankovic: *Confronting the Climate*, S. 67.

20 Barnes: *The Making of a Social Disease*, S. 51.

21 Hans-Jörg Rheinberger, Staffan Müller-Wille: *Vererbung. Geschichte und Kultur eines biologischen Konzepts*. Frankfurt am Main 2009, S. 83–85.

22 Flurin Condrau: *Lungenheilstätten im internationalen Vergleich*. In: *Historia Hospitalium* 19 (1993), S. 220–234, hier S. 223.

23 Corbin: *Pesthauch und Blütenduft*, S. 166; Jankovic: *Confronting the Climate*, S. 81–84.

24 Philipp Sarasin: *Reizbare Maschinen. Eine Geschichte des Körpers 1765–1914*. Frankfurt am Main 2001, insbesondere S. 43–50, S. 73–81 sowie S. 118–123.

25 Jankovic: *Confronting the Climate*, S. 6–8.

26 Ebenda, S. 5.

27 Koch: *Disease Maps*, S. 58; David Turnbull: *Masons, Tricksters and Cartographers. Comparative Studies in the Sociology of Scientific and Indigenous Knowledge*. London, New York 2003, S. 6.

28 Michel Foucault: *Die Geburt der Klinik. Eine Archäologie des ärztlichen Blicks*. Aus dem Französischen von Walter Seitter. Frankfurt am Main 2016, S. 111; Koch: *Diesease Maps*, S. 58.

29 Bernhard Siegert: *(Nicht) Am Ort. Zum Raster als Kulturtechnik*. In: *Thesis 3* (2003), S. 92–104, hier S. 99–102.

30 Monika Wagner: *Vom Ewigen zum Flüchtigen zum ewig Flüchtigen. Die erste Londoner Weltausstellung als Wahrnehmungsproblem*. In: Thomas Koebner, Sigrid Weigel (Hg.): *Nachmärz. Der Ursprung der ästhetischen Moderne in einer nachrevolutionären Konstellation*. Opladen 1996, S. 209–229, hier S. 210; sowie Caroline van Eck: *Semper's Metaphor of the Living Building. Its Origins in 18th-Century Fetishism Theories and its Function in his Architectural Theory*. In: Andri Gerber, Brent Patterson (Hg.): *Metaphors in Architecture and Urbanism. An Introduction*. Bielefeld 2013, S. 133–146, hier S. 136.

31 Siegert: *(Nicht) Am Ort*, S. 99.

32 Krämer: *Medium, Bote, Übertragung. Kleine Metaphysik der Medialität*. Frankfurt a.M. 2008, S. 28.

33 Birgit Schneider: *Klimabilder. Eine Genealogie globaler Bildpolitiken von Klima und Klimawandel*. Berlin 2018, S. 119–121.

34 Nicolaas Rupke, Karen Wonders: *Humboldtian Representations in Medical Cartography*. In: Nicolaas Rupke (Hg.): *Medical Geography in Historical Perspective*. London 2000, S. 163–175, hier S. 163–167.

35 David N. Livingstone: *Race, Space and Moral Climatology. Notes Toward a Genealogy*. In: *Journal of Historical Geography* 28 (2002), S. 159–180, hier S. 173. Übers. FK. Im Original: »disease ecology and moral cartography were much closer than distant cousin«.

36 Georges Canguilhem: *The Death of Man, or Exhaustion of the Cogito?* In: Gary Gutting (Hg.): *The Cambridge Companion to Foucault*. Cambridge, New York 1994, S. 71–91, hier S. 85.

37 Franz Mauelshagen: *Ein neues Klima im 18. Jahrhundert*. In: *Zeitschrift für Kulturwissenschaften* 10 (2016), S. 39–57, hier S. 48–50 sowie S. 53.

38 Jankovic: *Confronting the Climate*, S. 12–14.

39 Vgl. Zu dieser Positionalität und ihrer Kritik Gearóid Ó Tuathail: *Critical geopolitics. The politics of writing global space*. Minneapolis 1996, S. 5–10. Ferner zur Problematisierug auch dieser Kritiken Donna Haraway: *Simians, cyborgs, and women. The reinvention of nature*. New York 1991, S. 188.

40 Adam Barrows: *Time, Literature, and Cartography After the Spatial Turn. The Chronometric Imaginary*. New York 2016, S. 8; Johannes Fabian: *Time and the other. How anthropology makes its object*. New York 1983, S. 8.

41 Michel de Certeau: *Kunst des Handelns*. Aus dem Französischen von Ronald Vouillé. Berlin 1988, S. 209–211.

42 Ebenda. Vgl. in weiter gefasster Perspektive auch Günzel: *Raum / Bild. Zur Logik des Medialen*. Berlin 2012, S. 33–37; Roland Borgards: *Liminale Anthropologien. Skizze eines Forschungsfeldes*. In: Jochen Achilles, Roland Borgards, u. a. (Hg.): *Liminale Anthropologien. Zwischenzeiten, Schwellenphänomene, Zwischenräume in Literatur und Philosophie*. Würzburg 2012, S. 9–13.

43 Mary Louise Pratt: *Concept and Chronotope*. In: Anna Lowenhaupt Tsing, Heather Swanson u. a. (Hg.): *Arts of Living on a Damaged Planet. Ghosts of the Anthropocene*, Minneapolis, London 2017, S. 169–174; Michael C. Frank: *Chronotopoi*. In: Jörg Dünne, Andreas Mahler (Hg.): *Handbuch Literatur & Raum*. Berlin 2015, S. 160–169.

44 Zur Praxis der Medialität als nicht-substantieller Vermittlungsfunktion vgl. Joseph Vogl: *Medien-Werden: Galileis Fernrohr*. In: *Archiv für Mediengeschichte* 1 (2001), S. 115–123, hier S. 116–117.

45 Angelika Epple, Walter Erhart: *Die Welt beobachten. Praktiken des Vergleichens*. In: Angelika Epple, Walter Erhart (Hg.): *Die Welt beobachten. Praktiken des Vergleichens*. Frankfurt am Main 2015, S. 7–34, hier S. 17 sowie 20–21.

46 Paul Young: *Globalization and the Great Exhibition. The Victorian New World Order*. Basingstoke, New York 2009, S. 67–70.

47 Stadtarchiv Schweinfurt: *Konvolut zum Südpalast*, F100-52.

48 Joseph Vogl: *Das Gespenst des Kapitals*. Zürich 2016, S. 33 sowie S. 36–38.

49 Camille Limoges: *Milne-Edwards, Darwin, Durkheim and the division of Labour. A case study in reciprocal conceptual exchanges between the social and the natural sciences*. In: Robert S. Cohen, Bernard Cohen (Hg.): *Natural Sciences and the Social Sciences. Some Critical and Historical Perspectives*. Dordrecht 2010, S. 317–343.

50 Horn: *Klima*, S. 354–355.

51 J. A. Hammeran: *Mannichfaltigkeiten*. In: *Didaskalia. Blätter für Geist, Gemüth und Publicität*, 275 (1854).

52 Tim Ingold: *The Perception of the Environment. Essays on Livelihood, Dwelling and Skill*. London 2008, S. 209–211; Schneider: *Klimabilder*, S. 351.

53 Vogl: *Medien-Werden*, S. 117.

54 Krämer: *Medium, Bote, Übertragung*, S. 298–330.

55 Bernhard Siegert: *The Map is the Territory*. In: *Radical Philosophy* 196 (2011), S.13–16, hier S. 14–15.

56 Gaston Bachelard: *The Poetics of Space*. Aus dem Französischen von Maria Jolas. Boston 1994, S. 47. Übers. FK. Hier: »In this dynamic rivalry between house and universe, we are far removed from any reference to simple geometrical forms.«

CHRISTIANE HEIBACH ist Professorin für Medienästhetik am Institut für Information und Medien, Sprache und Kultur der Universität Regensburg. Ihre Forschungsschwerpunkte sind Medienästhetik, Epistemologie der Multi- und Intermedialität sowie Theorie und Ästhetik Digitaler Medien. Zu ihren wichtigsten Herausgeberschaften zählen *Atmosphären. Dimensionen eines diffusen Phänomens* (2012), *Ästhetik der Materialität* (2015, mit C. Rohde); *Constructions of Media Authorship. Investigating Aesthetic Practices from Early Modernity to the Digital Age* (2021, mit A. Krewani und I. Schütze).

CHRISTIANE HEIBACH

Zwischen Kapitalismus, Kybernetik und Katastrophe. Zur Epistemologie der Klimakapsel

Klimakapseln sind hermetisch abgeschlossene Orte in einer Welt, in der die Atemluft zum schützenswerten Gut geworden ist. Eine vom Designtheoretiker Friedrich von Borries kuratierte gleichnamige Ausstellung in Hamburg lenkte 2010 die Aufmerksamkeit einer breiteren Öffentlichkeit auf dieses Thema, indem sie reale Kunstprojekte, narrative Konstrukte und (noch) nicht realisierte designerische Entwürfe mikroklimatischer Konzepte unter dem etwas reißerischen Signum »Überlebensbedingungen in der Katastrophe« präsentierte. Klimakapseln, so verkünden die ersten, in übergroßer Schrift gesetzten drei Seiten des die Ausstellung begleitenden Buchs, sind eine Reaktion auf eine umfassende Umweltkatastrophe, in der das Leben in der Außenwelt durch die Verschmutzung und Vergiftung der Atmosphäre unmöglich geworden ist: Als »Wohlstandsinseln«, so heißt es dort, sind Klimakapseln »militärisch und atmosphärisch« geschützt. Doch schon einen Absatz später wird statt vom (guten) Leben vom »Überleben«[1] gesprochen. Daraus ist zu schließen – und die versammelten Entwürfe bestätigen dies –, dass nicht alle Klimakapseln durch Luxus und Komfort gekennzeichnet sind, sondern manchmal auch nur Minimalbedingungen zur Aufrechterhaltung der menschlichen Existenz bereitstellen: atembare Luft, nichtkontaminierte Nahrung und etwas, wenn auch wenig Bewegungsspielraum.

Ob liebliches Elysium oder karger Käfig – in der Figur der Klimakapsel scheinen sich dystopisches und utopisches Denken zu treffen: Zwar geht sie aus dem Denken der atmosphärischen Katastrophe hervor, steht aber gleichzeitig für einen potenzierten Technooptimismus, der uns wiederum davor bewahrt, dem selbstverschuldeten Untergang ins Auge zu sehen. Die

Notwendigkeit der Abschottung von der natürlichen Atmosphäre führt dabei zu einer neuen Aufmerksamkeit für die soziale Atmosphäre der Kapselwelten, die für die Utopisten und Gedankenexperimentierer eine willkommene Laborsituation darstellen, um die Gesetze des menschlichen Zusammenlebens unter den Bedingungen des künstlichen Air Designs[2] zu betrachten. So gesehen bekommt der Begriff des *Climate Engineerings* eine umfassendere Bedeutung, denn das Design des meteorologischen Klimas kann letztlich nicht ohne die sozialen Gegebenheiten gesehen werden, sogar mehr: In künstlichen Klimata bedingen beide einander.

Tatsächlich gibt es in der Welt der Fiktion zahlreiche Beispiele solcher Gedankenexperimente, die physikalisches und soziales Klima eng miteinander verknüpfen. Dies geschieht – so die These dieses Beitrags – in jeweils spezifischer Weise: Wie diese Experimentalanordnungen verfasst sind, verweist auf die entsprechenden zeitgenössischen Modellierungen der Mensch-Technik-Umwelt-Beziehung und deren Paradigmen. Dies soll in der Folge an verschiedenen Beispielen exemplifiziert werden: einer fiktionalen Welt aus dem 19. Jahrhundert, einem Realexperiment aus den 1990er Jahren sowie an den postapokalyptischen Klimakapselentwürfen der Gegenwart.

Die Klimakapsel avant la lettre

Die Idee weitgehend autark existierender Mikrowelten wird schon lange vor der in den 1960er Jahren einsetzenden Umweltschutzdiskussion geboren: So entwirft der Utopist *par excellence*, Jules Verne, in seiner 1895 erschienenen Erzählung *Die Propeller-Insel*[3] einen *hortus conclusus* der Reichen als radikale Technofantasie:

> Standard-Island war aus Stahlplatten gefügt. Die Tragfähigkeit und Widerstandskraft ihres Rumpfes wurde unter Berücksichtigung ungeheurer Belastung errechnet. 270 000 Bauteile, jedes 16,70 m hoch, 10 m lang und breit, waren durch Bolzen und Nieten zu einem Behälter mit einer Gesamtoberfläche von 27 km² verbunden worden. […]. Die gesamte Außenwand war mit einem neuen – sein Erfinder wurde dadurch Milliardär – Präparat bestrichen, das jede Muschel- oder Seetierablagerung verhinderte. […] Der Insel-Unterbau wurde, abgesehen von den

extra verstärkten Teilen direkt unter der Stadt, mit guter Muttererde aufgeschüttet. Diese Humusdecke genügte für die Vegetation, die sich ohnehin auf Rasenflächen, Blumenbeete, Sträucher, einige Baumgruppen, Weideplätze und Gemüsefelder beschränkte. Der Bedarf an Getreide und Schlachttierfutter wurde durch regelmäßige Zufuhr von außen gedeckt.[4]

Die Propellerinsel namens *Standard Island* ist also ein hochartifizielles Konstrukt, dessen technoexperimenteller Charakter die Phantasmen des späten 19. Jahrhunderts spiegelt. Die Faszination für den neuen Baustoff Stahl, aus dem auch die Insel besteht, sorgte zur Zeit Jules Vernes für architektonische Sensationen wie den bei Erscheinen des Romans gerade mal seit sechs Jahren fertiggestellten Eiffelturm; ebenso wird der kaum zu überschätzenden Bedeutung der Elektrizität ein Denkmal gesetzt: Überdimensionale Dynamos treiben nicht nur den gewaltigen Motor von 10 000 PS an, sondern erhalten auch das künstliche Klima der Insel und dessen Biosphäre aufrecht. Die Bewohner der Insel sind maximal privilegiert, als reichste unter den reichen Amerikanern leben sie auf *Standard Island* in höchstem Luxus und unter angenehmsten meteorologischen Bedingungen: Auf der Insel herrschen dank *Climate Engineering* immer die gleichen mild-moderaten Temperaturen und konstant sonniges Wetter, es regnet nur bei Bedarf aus einem künstlichen Röhrensystem. Da *Standard Island* ein privates Investitionsprojekt ist, das sich durch die horrenden Mieten der Villen der Inselhauptstadt *Milliard City* finanziert, ist die soziale Komponente der finanziellen bei weitem untergeordnet – die Propellerinsel ist ein Symbol des Hochkapitalismus. Es verwundert daher nicht, dass sie schließlich an der Kleinmütigkeit ihrer reichen Bewohner zugrunde geht, die sich die Insel ohnehin aufgeteilt haben: Leben backbord die Amerikaner aus dem Norden, so wird steuerbord von den Südstaatlern beherrscht. Als schließlich ein neuer Gouverneur zu wählen ist, arbeiten beide Seiten buchstäblich gegeneinander, indem sie ihre jeweiligen Mo-

1 Vgl. Friedrich von Borries: *Klimakapseln. Überlebensbedingungen in der Katastrophe*. Frankfurt am Main 2010, S. 7–9.

2 Im letzten Band seiner Sphären-Trilogie verwendet Peter Sloterdijk diesen Begriff für alle technischen Entwicklungen der Innen- und Außenraumbelüftung von der Klimaanlage bis zur »Gestaltung von Atemumgebungen mittels psychoaktiver Designerluft – besonders in Shopping Malls«. Peter Sloterdijk, *Sphären III: Schäume*. Frankfurt am Main 2004, S. 179.

3 Die Kenntnis der Geschichte von Jules Verne verdanke ich der Tagung, aus der das vorliegende Buch hervorging, vor allem den Vorträgen von Roland Innerhofer und Uta Caroline Sommer (vgl. auch deren Beiträge in diesem Band).

4 Jules Verne: *Die Propeller-Insel*. In: Ders.: *Das Karpatenschloss – Die Propeller-Insel – Ein Journalist im Jahre 2889*. Frankfurt am Main 1968, S. 109–301, hier S. 145 f.

5 Katja Iken: *Projekt »Biosphäre 2«. Hölle im Glashaus*. In: *Der Spiegel*, 22. September 2011, http://www.spiegel.de/einestages/projekt-biosphaere-2-a-947336.html (14. 2. 2019).

6 Biome sind klimaspezifische Regionen: In *Biosphere 2* gab es eine Wüste, eine Savanne, einen Regenwald, einen Ozean, eine Sumpflandschaft, eine agrikulturelle (also menschlich bewirtschaftete) Region sowie die menschlichen Habitate.

toren (jede der Seiten hat die Hälfte der Motoren unter ihrer Aufsicht) gegeneinander steuern, bis die Insel zerbricht. Die geballte technische Kraft, angeleitet und gesteuert vom Menschen, zerstört sich schließlich selbst.

Jules Vernes *Propeller-Insel* ist nicht nur eine Lobpreisung der neuesten technischen Errungenschaften und eine Anspielung auf den amerikanischen Bürgerkrieg, sondern kann ganz generell als Metapher auf das menschliche Zusammenleben unter dem Primat des Kapitals gelesen werden: Rein auf Gewinnmaximierung angelegt muss die Wohlstandsinsel letztlich an der Konkurrenz als *dem* kapitalistischen Sozialprinzip zugrunde gehen.

Die Klimakapsel als kybernetisches System

Fast 100 Jahre später macht ein ähnliches Projekt Furore – jedoch nicht als literarische Fiktion, sondern als reale Versuchsanordnung:

> Um dem Traum von menschlichen Kolonien im Weltall näherzukommen, probten vier Frauen und vier Männer im roten Sand der Sonora-Wüste in Arizona [...] den Ernstfall: Für 24 Monate ließen sie sich in einem zwei Fußballfelder großen, luftdicht versiegelten Mega-Gewächshaus einsperren, gemeinsam mit 3800 Tier- und Pflanzenarten. Alle Kreaturen sollten, so der Plan, in der irdischen Raumstation voneinander abhängen, alle Luft, alle Lebensmittel und alles Trinkwasser selbst produziert werden. [...] Nach sechs Jahren Vorbereitungszeit war die »Biosphäre 2« bezugsfertig.[5]

Das berühmt gewordene Realexperiment einer autarken Biosphäre, die analog zur *Biophäre 1*, der Erde, angelegt war und eine Miniaturwelt mit einer ausgewählten Flora und Fauna und sieben »Biomen«[6] darstellte, sollte den Beweis antreten, dass ein Überleben, ja sogar ein Leben in einer künstlichen, auf Hochtechnologie basierenden Welt möglich ist:[7] In einem ersten Experimentalzirkel (1991–1993) sollten acht Versuchspersonen von der Außenwelt abgeschnitten zwei Jahre lang in diesem geschlossenen System nicht nur überleben, sondern auch leben. Dieser ersten Phase sollten weitere Testphasen folgen, da das gesamte Experiment auf hundert Jahre angelegt war, doch nach einer nur sechsmonatigen zweiten Versuchsphase endete das Unternehmen. *Spiritus rector* und Initiator war der Ökologe John Allen, der schon 1973 seine Firma *Ecotechnics* gegründet hatte, die auf eine

Verflechtung von Hochtechnologie und Ökologie abzielte. Er beschreibt *Biosphere 2* folgendermaßen:

> Biosphäre 2 ist ein geschlossenes System aus sieben Biomen, das als Modell möglichst nah an die irdische Biosphäre (Biosphäre 1) angelehnt ist. Es ist grundsätzlich materiell geschlossen (6,2 % Luft-Austrittsrate pro Jahr); energetisch offen mit 16 000 Quadratmetern Glasoberfläche, die ca. 45 % der Außenstrahlungen absorbiert und einen Maximaleintritt von 7 000 Kilowatt Solarenergie erlaubt; mit ca. 12 800 Quadratmetern hermetisch abgeschlossener Grundfläche (das entspricht ca. drei innerstädtischen Wohnblocks in Manhattan); mit ca. 6 Millionen Mol oder 180 Tonnen Atmosphäre; 4 500 Kubikmetern Wasser, fünf Sechstel davon als Ozean, sowie 28 000 Tonnen Erde, die 3 % Carbon enthalten.[8]

Dem Mikromodell der Erde lag also ein hochtechnisiertes System zugrunde, das die Sauerstoffversorgung, die Ozeangezeiten, kurz: die gesamten Regernationszirkel steuerte – »wie ein Garten Eden auf einem Flugzeugträger«, so nannte es Roy Walford, einer der Bewohner.[9] Strukturell weist *Biosphere 2* auf den ersten Blick signifikante Parallelen zu Jules Vernes *Propeller-Insel* auf: Wie diese simuliert sie eine »natürliche« Kombination von Natur und Zivilisation, die auf hochkomplexen, aber in die »Unterwelt« verbannten technischen Voraussetzungen beruht. Gleichzeitig stellt sie ein gigantisches, vom texanischen Ölmilliardär Edward Bass mit 150 Millionen Dollar gesponsertes Unternehmen dar, das hochprofessionell vermarktet wurde. Und schließlich ist auch sie exklusiv, allerdings weniger aufgrund sozioökonomisch motivierter Grenzziehungen als vielmehr wegen der Verwirklichung des Strukturprinzips geschlossener biotechnischer Systeme.

Denn zwischen der *Propeller-Insel* und *Biosphere 2* liegt – so könnte man sagen – eine grundlegende epistemologische Wende, die vor allem mit den ab den 1940er Jahren entwickelten Modellen des kybernetischen Systemdenkens verbunden ist und sich in einer grundsätzlich anders verfassten

7 Der Begriff »Biosphäre« wird mit Bezug auf Vladimir Vernadsky (oder Wladimir Wernadskij – die Schreibweisen variieren) gewählt, dessen 1926 erschienenes Buch *Der Mensch in der Biosphäre. Zur Naturgeschichte der Vernunft* den Begriff in die Geologie einführte. Er bezeichnet damit eine Sphäre, die durch die Entstehung von Leben erzeugt wird und dieses wiederum ermöglicht. In diesem Prozess können Ursache und Wirkung daher nicht voneinander getrennt werden, weil das eine nicht ohne das andere existieren würde.

8 John Allen: *Biosphere 2. Description, Purpose and Conceptual Design*, www.biospherics.org/publications/1984-2003/biosphere-2-description-purpose-and-conceptual-design/ (16. 2. 2019), Übersetzung CH.

9 Vgl. Paul Weideman: *The Sea Inside. Life in Biosphere 2*. In: *Pasatiempo*. May 18, 2018, https://www.pressreader.com/usa/pasatiempo/20180518 (16. 2. 2019), Übersetzung CH.

10 Verne: *Die Propeller-Insel*, S. 148.

11 John Allen bezieht sich hier explizit auf Vernadsky: »Vernadsky sah die Technosphäre als natürliche Folge des evolutionären Prozesses aus der Biosphäre hervorgehen. Die zukünftige Harmonisierung von Biosphäre und Technosphäre, die er voraussagte, nannte er Noosphäre. Biosphäre 2 ist insofern ein Modell für die Noosphäre 1.« Allen: *Biosphere 2*, Übersetzung CH.

12 Jane Poynter: *Life in Biosphere 2*, www.youtube.com/watch?v=a7B39MLVelc (14. 2. 2019), 00:03:51–00:04:38, Übersetzung CH.

Mensch-Technologie-Umwelt-Beziehung manifestiert. Ist Jules Vernes *Standard Island* ganz auf Wachstum und Luxus ausgerichtet, und bringt die fruchtbare Erde »Radieschen von 25 cm Länge und [...] Mohrrüben von 3 Kilo Gewicht«[10] hervor, weil man elektrische Schwingungen zur Wachstumsbeschleunigung einsetzt, so zielt *Biosphere 2* auf den zirkulären Selbsterhalt und eine symbiotische Koexistenz der Arten ab: Die menschlichen Bewohner bedienten sich zwar der vorhandenen Pflanzen und Tiere im vorgegebenen Rahmen als Nahrung, sollten aber auf ein ökologisches Gleichgewicht achten und ihr Verhalten in jeder Hinsicht den Gegebenheiten anpassen (was allerdings zu Mängel- und Hungererscheinungen führte). Ziel war die Schaffung eines sich selbst erhaltenden, autopoietischen Ökosystems und die wissenschaftliche Durchdringung seiner Funktionsweise, um es jederzeit auch in unwirtlichen und nicht für den Menschen gemachten Gegenden (wie z. B. dem Mars) reproduzierbar zu machen. Der »Garten Eden« war daher selbst durchsetzt mit Hochtechnologie – 2000 Sensoren überwachten die Entwicklung der Biome, den Sauerstoffgehalt der Luft, die Sauberkeit des Wassers etc.[11] Trotz dieser Öko-Technik-Symbiose hatten die *Biospherians* tatsächlich das Gefühl, mit der Umwelt zu verschmelzen. Jane Poynter, eine der Bewohnerinnen, schildert 2009 in einem TED-Talk, wie die Geschlossenheit des Mikroklimas dazu führte, dass sie sich irgendwann nicht mehr als Mensch, sondern als Teil des Ressourcenkreislaufs fühlte:

> An dem Tag, als ich Biosphäre 2 betrat, atmete ich zum ersten Mal eine völlig andere Atmosphäre als jeder andere in der Welt – ausgenommen sieben weitere Personen [die an dem Experiment teilnahmen, CH]. Genau zu diesem Zeitpunkt wurde ich Teil dieser Biosphäre – und ich meine das nicht in einem abstrakten Sinne, ich meine es ganz wörtlich. Wenn ich ausatmete, wurde mein CO_2 zur Nahrung für die Süßkartoffeln, die ich anbaute. [...] Und diese Süßkartoffeln wurden ein Teil von mir. [...] Ich aß buchstäblich denselben Kohlenstoff wieder und wieder – und insofern aß ich auf eine merkwürdig-bizarre Art auch mich selber.[12]

Die selbsterhaltenden und selbstregenerierenden Rückkoppelungskreisläufe sind die zentralen Prozesse des Mikroklimas in *Biosphere 2*, die in erster Linie dem Grundsatz des Gleichgewichts zwischen Mensch und Natur zum Erhalt des Systems folgen. *Standard Island* beruht dagegen auf dem Prinzip des linear-teleologischen, anthropozentrisch verfassten

Abb. 1 Biosphere 2 in der Wüste von Arizona. Bildquelle: https://en.wikipedia.org/wiki/Biosphere_2, lizenziert unter Creative Commons, letzter Zugriff 16. 5. 2019.

Fortschrittsdenkens, das auf Wachstum und Gewinnmaximierung ausgerichtet ist. Als Repräsentation fortschrittsgläubiger Technofantasien im Verbund mit einem lupenreinen kapitalistischen Gewinndenken und der darauf aufbauenden sozialen Exklusivität versteht sich die *Propeller-Insel* keinesfalls als selbsterhaltendes System, zumal diverse Ressourcen von außen zugeführt werden müssen.

Biosphere 2 ist dagegen als materialisierte Kybernetik zur Erforschung der Grundlagen sich selbsterhaltener autarker Systeme konzipiert, zudem setzt sie voraus, dass deren Entwicklung für das Überleben in feindlichen Umwelten nötig ist und daher die Ergebnisse des Experiments auch entsprechend vermarktet werden können. Damit verbindet sich Technooptimismus mit Ökopessimismus zu einem Denken der Exklusion, das zunächst nicht sozial motiviert ist.[13] Das liegt wiederum daran, dass dem Modell des holistisch gedachten kybernetischen Systems eine gewisse ontologische Gleichgültigkeit zu eigen ist: Da alles mit allem zusammenhängt, ist jedes Element, ob belebt oder unbelebt, ob Mensch, Tier, Pflanze, Stein oder Wasserpumpe, als Teil des Ganzen zu verstehen und wird zuallererst in seiner systemerhaltenden Funktion gesehen. Ein wichtiger Referenzpunkt für diese Idee ist Buckminster Fullers Metapher vom *Raumschiff Erde*, dessen »Leben an Bord durch Regeneration erhalten bleibt, trotz der

Entropie, durch die alle lokal begrenzten physikalischen Systeme Energie verlieren«, weshalb wir »unsere Energie für die Regeneration der Lebewesen von einem anderen Raumschiff – der Sonne – beziehen [müssen]«.[14] Als »grundsätzlich materiell geschlossenes, aber dennoch energetisch offenes System«[15] ist *Biosphere 2* ein mikroklimatisches Pendant zum Makroklima der Erde, die ebenfalls als selbstregenerierend materiell geschlossen, aber energetisch offenes System konzipiert wird; die diesbezügliche Orientierung an Fuller zeigt sich auch in der architektonischen Adaption seiner geodätischen Kuppeln (Abb. 1).[16]

Diese ontologische Gleichgültigkeit des kybernetischen Denkens führte allerdings dazu, dass bei der Modellierung des Realexperiments die Sozialdynamiken anscheinend meist außer Acht gelassen wurden. Tatsächlich gab es in den vierundzwanzig Monaten zunehmend Spannungen zwischen den Bewohnern, vor allem, als die Nahrungsmittel und der Sauerstoff knapp wurden.[17] Die soziale Geschlossenheit des Systems erwies sich als eines der Hauptprobleme der Versuchsanordnung – eine bizarre Bestätigung aller Science-Fiction-Fantasien, die mit künstlichen Klimata gedanklich experimentieren und die – zwar auf je verschiedene Weise, aber mit dem gleichen argumentativen Grundmuster – zeigen, dass exklusiven (und damit auch exkludierenden) geschlossenen Gemeinschaften keine positive soziale Entwicklung beschieden sein kann.[18] Nur kurz sei in diesem Zusammenhang auf T. C. Boyles Roman *Die Terranauten*[19] verwiesen, der die Geschichte von *Biosphere 2* aufgreift und sie weiterspinnt, indem er die zweite Experimentalphase imaginiert. Die Sozialdynamik zwischen den acht Eingeschlossenen steht in *Die Terranauten* im Vordergrund mit ähnlichen Konkurrenz- und Ressourcenkämpfen, wie sie die echten *Biospherians* erlebt haben dürften. Bei Boyle bringt die Terranautin Dawn in der *Ecosphere 2* (dem *Biosphere 2*-Äquivalent) ein Kind zur Welt und entscheidet sich am Ende der Versuchsphase, im geschlossenen Kapselmikrokosmos zu verbleiben: »Es fällt mir schwer, jemandem, der nicht drinnen gelebt hat, zu erklären, was es bedeutet, mit Leib und Seele in der Umwelt aufzugehen und so sehr Teil von etwas zu sein, dass man sich nicht vorstellen kann, es könnte ohne einen weiterexistieren [.]«[20], erläutert sie ihren Entschluss ganz analog zu Jane Poynters Beschreibung ihres Empfindens, ein Teil des Süßkartoffel-Lebenszyklus zu sein. Sozialpsychologisch gesehen bedeutet diese Aussage gleichzeitig, dass sie sich nicht in der Lage sieht, aus dem übersichtlichen Schutzraum des Mikroklimas in die große Unübersichtlichkeit der Makrowelt von *Biosphere 1*, der Erde, zu wechseln, ein Gefühl, das Jane Poynter ebenfalls zur Sprache bringt.[21]

Die Geburt der Klimakapsel aus dem Geist der Katastrophe

Das Biosphären-Experiment ist inspiriert von kybernetischen und ökologischen Ideen, die in der *Counterculture* der 1960er Jahre zusammenfinden und in deren spezifischem Klima scheinbar Widersprüchliches miteinander verbinden: Sie oszillieren zwischen Naturspiritualismus und Technofaszination, zwischen Do-It-Yourself-Kultur und Kapitalismus, zwischen individueller Verwirklichung und Kollektivismus. Dies lässt sich auch an einigen kanonischen Dokumenten dieser Zeit demonstrieren, wie dem vom Ökoaktivisten Stewart Brand herausgegebenen *Whole Earth Catalog* (1968), der das ganzheitliche kybernetische und ökologische Systemdenken mit einer Akkumulation verschiedenster Waren koppelt, die im Versandkatalogstil nach dem Vorbild des Kaufhauses *Sears* angepriesen werden.[22] Simon Sadler versteht den *Whole Earth Catalog* daher auch als »a hippie variant of consumerism as managerialism.«[23] In dem vom Architekten Lloyd Kahn 1973 publizierten Kompendium *Shelter*[24] wiederum werden eine beeindruckende Variationsbreite von *Selfmade*-Architekturen aus verschiedenen Kulturen und Menschheitsepochen präsentiert und gleichzeitig Anleitungen zum Nachbau geliefert. Beide Publikationen sind Zeugnisse einer Do-It-Yourself-Kultur, die sich auch aus der umfassenden Bedrohung durch den Kalten Krieg und dem langsam wachsenden Bewusstsein für die bedenkliche Zukunft der Menschen speist, die im berühmten Bericht *Die Grenzen des Wachstums* (1972) des Club of Rome[25] erstmals pointiert zur Sprache gebracht wird. Geantwortet wird auf diese Erkenntnisse wiederum mit einer übersteigerten Selbstermächtigung des gottgleichen Individuums und seiner Fähigkeit, seine eigene Umgebung zu erschaffen, wie es im *Whole Earth Catalog* gleich zu Anfang heißt.[26]

13 So heißt es bei Allen: *Biosphere 2*: »Biosphere 2 und die Wissenschaft der Biosphären [›biospherics‹] sind grundlegend wichtig, weil wir Menschen Richtlinien brauchen, aufgrund derer technische Innovationen sowohl lebensverbessernd [»life-enhancing«] als auch angenehm und profitabel werden.« (Übersetzung CH).

14 Buckminster Fuller: *Raumschiff Erde*. In: Ders.: *Das Raumschiff Erde und andere Schriften*. Dresden 1998, S. 45–66, hier S. 46. Vgl. zu diesem Bezug auch Benjamin Bühler: *Ökologische Gouvernementalität. Zur Geschichte einer Regierungsform*. Bielefeld 2018, S. 119–122.

15 John Allen: *Biosphere 2*, Übersetzung CH.

16 Hier besteht wiederum ein enger Zusammenhang zur *Gaia*-Theorie, die die Naturwissenschaftler Lynn Margulis und James Lovelock zur selben Zeit in Adaption des kybernetischen Denkens entwickeln. *Gaia* steht für eine Auffassung von der Erde als komplexem Ökosystem, in dem alles mit allem zusammenhängt und der Mensch keine Vorrangstellung gegenüber anderen Elementen einnimmt, vgl. auch Bühler: *Ökologische Gouvernementalität*, S. 134 f. An dieses Denken schließt Bruno Latour derzeit an, wenn er beispielsweise für ein Mitspracherecht nichtmenschlicher Entitäten eintritt. Vgl. Bruno Latour: *Das Parlament der Dinge*. Frankfurt am Main 2001.

Abb. 2 Vincent Callebaut: Lilypad (2008–2017). Vgl. die Webseite {vincent.callebaut.org/object/080523_lilypad/lilypad/projects/user}, letzter Zugriff 16.2.2019

Diese Ambivalenzen finden sich auch in den gegenwärtigen Klimakapselvisionen wieder: So gründen diese zwar mit ihrem technizistischen Ursprung in Lebensraumsicherungs- und -erschaffungsfantasien, verweisen aber gleichzeitig auf die Gefahr einer dauerhaft kontaminierten Umwelt und auf die Verletzlichkeit des Menschen, der sich als Mängelwesen mit Schutzhüllen umgeben muss, die ihm überhaupt erst ein Überleben auch in seiner ureigenen Biosphäre, der Erde, ermöglichen. Damit ist die epistemologische Basis bereitet, die in den Klimakapseln weitergedacht wird bis hin zu den Fantasien des Schaffens menschlicher Lebensbedingungen in lebensfeindlichen Umgebungen (z. B. auf anderen Planeten). Es verwundert in diesem Zusammenhang nicht, dass Stewart Brand 1977 dann auch ein dem *Terraforming* gewidmetes Kompendium mit dem Titel *Space Colonies* herausgab.[27]

Dieses Denken bündelt sich in der eingangs erwähnten Ausstellung zu den Klimakapseln, die die genannten Motive ausdifferenziert: Die Visionen der Überlebenshüllen gehören in die Kategorie dessen, was Buckminster Fuller »comprehensive anticipatory design« nannte: Designstrategien, die so flexibel sind, dass sie sich an jede veränderte Gegebenheit anpassen. Der belgische Architekt Vincent Callebaut bietet mit seinen *Lilypads* hierfür ein exzellentes Beispiel (Abb. 2). Angesichts der Prognose, dass aufgrund des durch den Klimawandel steigenden Meeresspiegels und der damit einhergehenden Sturmfluten mit 250 Millionen Klimaflüchtlingen aus zumeist ärmeren Regionen zu rechnen sei,[28] entwirft er schwimmende Inseln, die sich nach den Meeresströmungen richten:

> Die schwimmende Insel soll eine »Ökopolis« sein, klimaneutral und autark. Sie soll 50 000 Menschen beherbergen, über eine Lagune zur Regenwassersammlung verfügen, Häfen und drei Berge aufweisen, Flora und Fauna beheimaten. Die doppelte Außenhaut aus Polyesterfasern ist mit Titandioxid beschichtet, das als Katalysator zur Luftreinigung beitragen soll. Das organische Design von Lilypad soll die harmonische Koexistenz von Mensch und Natur ausdrücken. Die Insel ist offen für Flüchtlinge jeder Herkunft und jeden Alters.[29]

Hier finden sich die altbekannten Klimakapseltopoi wieder, die allerdings unter den skizzierten Vorzeichen geradezu zynisch gewendet werden: Zwar kann *Lilypad* durchaus als Fortsetzung der insulären Kapitalismuskritik von Jules Vernes verstanden werden, doch die Kombination einer sozial offenen Gesellschaft mit der Forderung nach Selbstorganisation und Selbstregeneration eines autarken klimatischen Systems wirkt paradox: Auch wenn sich die Insel mit der Meeresströmung bewegt, ist sie doch nach außen hin abgeschottet und somit zwangsläufig sozial exklusiv, auch, weil ihre Ressourcen naturgemäß begrenzt sind. Wie Friedrich von Borries zutreffend bemerkt, fühlt man sich angesichts der *Lilypads* eher an Luxuskreuzschiffe erinnert, denen man vieles zuschreiben kann, sicher aber nicht, dass sie egalitär und klimafreundlich seien.[30] Es gilt also aufzupassen, dass derartige Visionen ob ihres Techno- und Ökooptimismus nicht zu naiv und damit geradezu zynisch daherkommen.

Nicht nur Callebauts *Lilypads*, sondern die meisten der in der Ausstellung gezeigten Klimakapselkonzepte reproduzieren Mythen der technooptimistischen Kybernetik genauso wie die damit verbundenen Tendenzen der *Counterculture*.

17 Gegen Ende der vierundzwanzig Monate musste der Biosphäre extern Sauerstoff zugeführt werden, weil der Sauerstoffgehalt der Luft sukzessive absank und irgendwann lebensgefährlich gering war. Laut Jane Poynter lag das unter anderem daran, dass die Betonwände, die in *Biosphere 2* verbaut waren, unerwarteterweise ebenfalls »atmeten« und Sauerstoff benötigten. Vgl. Poynter: *Life in Biosphere 2*, 00:06:52–00:07:08.

18 Beispiele aus dem Bereich des Science-Fiction gibt es zahlreiche: Beispielsweise *Total Recall* (USA 1990, R: Paul Verhoeven), *Elysium* (USA 2013, R: Neil Blomkamp) und die TV-Serie *Under the Dome* (2010–2015) nach einem Roman von Stephen King. Diese stehen exemplarisch für jeweils unterschiedliche Szenarien der Wechselwirkung von künstlichen Klimata und sozialen Dynamiken.

19 T.C. Boyle: *Die Terranauten*. München 2017 (engl.: *The Terranauts*, New York 2016).

20 Ebenda, S. 547.

21 Poynter: *Life in Biosphere 2*, 00:08:38–00:08:58.

22 Stewart Brand (Hg.): *Whole Earth Catalog. Access to Tools*. O. O. 1968, online abrufbar unter: https://monoskop.org/File:Brand_Stewart_Whole_Earth_Catalog_Fall_1968.pdf (13.5.2019).

23 Simon Sadler: An Architecture of the Whole. In: *Journal of Architectural Education*, 61:4 (2008), S. 108–129, hier S. 109.

Dabei offenbaren sie – vermutlich eher unabsichtlich denn absichtlich – grundlegende Ambivalenzen des holistischen Denkens: Denn zum einen sind sie integrativ und egalitär konzipiert, indem alle in ihnen befindlichen Elemente als unerlässliche Bestandteile des Systems markiert werden; zum anderen aber funktionieren die meisten dieser Konstrukte nur, wenn sie sozial selektieren und exkludieren, also nur eine begrenzte Bewohnerschaft zulassen.

Vom Mikroklima zum Metaklima

Auf einer Metaebene betrachtet leiden Klimakapseln unter der grundlegenden gedanklichen und/oder realen Paradoxie, dass sich ihr Konzept gegen die »natürliche« Welt richtet, die sie doch eigentlich zu bewahren versuchen. Als zwischen Dystopie und Utopie angesiedelte Hybridimaginationen spiegeln sie die Hoffnungen und Ängste ihrer Zeit: Preist die *Propeller-Insel* einerseits die technischen Errungenschaften des 19. Jahrhunderts und entwirft utopische Verwendungsszenarien, so ist sie gleichzeitig eine fundamentale Kapitalismuskritik. Die operativ geschlossenen Systeme der Kybernetik dagegen spiegeln die Sehnsucht nach Sicherheit und Kontrolle durch Hochtechnologie und Do-It-Yourself-Kultur einerseits, die Hoffnung auf die Etablierung eines egalitären, sich nachhaltig selbsterhaltenen Ökosystems andererseits. Damit reflektieren sie das Spannungsfeld zwischen atomarer Bedrohung und der zunehmenden Sensibilisierung für die Belange der Umwelt. Die Klimakapselfantasien der Gegenwart verbinden Nachhaltigkeitsdenken und Hochtechnologie im Angesicht der schon erfolgten Katastrophe und erheben damit den Schutz vor einer feindlichen, weil kontaminierten Umwelt zum primären Paradigma – nicht nur physikalisch, sondern auch sozial.

Konzeptuell ist all diesen Imaginationen seit Jules Verne gemeinsam, dass sich schöpferische Allmachtfantasien mit der Unwägbarkeit komplexer Systeme und sozialer Dynamiken verbinden: Klimakapseln oszillieren sowohl als Systeme als auch als soziale Gemeinschaften zwischen Selbstorganisation und Kontrolle.[31] Und nicht zuletzt ist ihnen inhärent, dass sie Grenzen zu ziehen haben: Geschieht das bei Jules Verne noch auf rein monetärer Basis (nur die Reichsten kommen als Bewohner infrage), so stellt *Biosphere 2* ein typisches Experimentalsystem dar, das nur begrenzte

Akteure zulässt, dessen ökonomische und soziale Aspekte zwar mitgedacht, aber in der Anlage des Versuchssettings nicht im Vordergrund stehen. Und schließlich denken die Klimakapselfantasien angesichts der ökologischen Katastrophe soziale Exklusionsmechanismen zentral mit (wenn sie diese auch nicht immer kritisch reflektieren).

All diese Aspekte spielen auch in einem künstlerischen Projekt des Schweizer Architekten und Künstlers Christian Waldvogel eine Rolle, werden dort allerdings buchstäblich umgestülpt: Das architektonische Gedankenexperiment *Globus Cassus* – hohle Kugel – ist eine ins Extreme gesteigerte Welterschaffungsfantasie: Waldvogel schlägt vor, das Material der Erde nach und nach abzubauen und über ein komplexes Gerüstsystem in das Weltall zu transportieren, um dort eine – bessere, gerechtere und lebenswertere – neue Welt zu erbauen: So werden einheitliche Klimazonen geschaffen und die Ressourcen – Wasser, Erde und Luft – der Bevölkerung in gleichem Maße zugänglich. Zudem ist dieses Konzept nicht auf Exklusion und Selektion ausgerichtet, sondern durch die Umstülpung der Erde und die bessere Verteilung ihres Materials (der Erdkern aus Magma beispielsweise wird der Erdmaterie zugeschlagen und zu »Baumaterial« umgewandelt) entsteht mehr Fläche zur Ansiedlung der Bevölkerung. Komplexe Transformationsprozesse, die im Einzelnen hier nicht ausgeführt werden können, führen zu einer Neuordnung von Atmosphäre, Biosphäre und – damit einhergehend – der Soziosphäre, also der Gesellschaft, die nun im Ganzen als gelungene soziale Plastik den »Egalitarismus« praktizieren sollen.[32]

Dieses bis zur Absurdität hin utopisch wirkende Konzept greift strukturell auf kybernetische Prinzipien zurück und lässt sie auch in seiner äußeren Gestaltung durch Rekurs auf die Fuller'sche geodätische Architekturstruktur manifest werden. Für Waldvogel sind ebenfalls die Grundsätze des Gleichgewichts und der Selbstorganisation auf allen Ebenen maßgeblich – doch durch das Prinzip der Umstülpung verleiht er seiner Idee zumindest gestalterisch einen doppelten

24 Lloyd Kahn: *Shelter*. Bolinas 1973. Kahn betreibt bis heute seinen eigenen Verlag *Shelter Publications*, in dem auch die Neuauflage von *Shelter* erhältlich ist. www.shelterpub.com/building/shelter (16.2.2019).

25 Vgl. Dennis Meadows, Donella Meadows u.a.: *Die Grenzen des Wachstums. Bericht des Club of Rome zur Lage der Menschheit*. Stuttgart 1972.

26 Brand: *Whole Earth Catalog*, S. 3.

27 Stewart Brand: *Space Colonies*. New York 1977.

28 Er geht zwar davon aus, dass der Anstieg des Meeresspiegels und die zu erwartenden Sturmfluten nicht nur die jetzigen Klima-Hotspots wie Indien, Vietnam, Bangladesch betreffen, sondern auch die Niederlande, New York, Miami und andere wohlhabende Gebiete. Dennoch betrifft die Klimaflucht vor allem die ärmeren Länder, die sich keinen Hochwasserschutz leisten können. Vgl. Friedrich von Borries: Klimakapseln, S. 127 f.

29 Ebenda, S. 128.

30 Vgl. Friedrich von Borries: *Klimakapseln*, S. 128.

31 Diese Ambivalenz, die das kybernetische Denken begleitet, ist Gegenstand der Kybernetik-Kritik von Tiqqun: *Kybernetik und Revolte*. Zürich 2007.

32 Christian Waldvogel: *Globus Cassus*. Bern 2004, S. 92; vgl. zum Projekt auch das Video, vimeo.com/37377163 (16.2.2019).

Boden: *Globus Cassus* dehnt das Terraforming so weit, dass man es als Satire auf die damit einhergehende menschliche Hybris lesen kann oder als Utopie im Sinne der Umkehrung der Verhältnisse: Die Erde muss von innen nach außen gewendet werden, damit sie zu einem wirklich lebenswerten Raum wird.

Wie man es dreht und wendet, Klimakapseln sind grundlegend paradoxe Konstruktionen, die uns verwirrt über unsere eigene Rolle im Kosmos zurücklassen. Weder gelingen reine Technoutopien, weil sie den Menschen in seiner Unbelehrbarkeit als Störfaktor identifizieren (Propeller-Insel), noch kann die Biosphäre als Mikrokosmos erfolgreich nachgebildet werden, weil sie die menschliche Willkür durch ihre Eigendynamik konterkariert. Und schließlich werfen uns alle Visionen schützender Klimakapseln zurück auf den Verlust unserer »natürlichen« Umgebung und stehen – trotz Hochtechnologie – für einen Gestus grundlegender Hilflosigkeit. *Globus Cassus* dagegen zeigt in seiner ästhetischen Multimedialität und seinem bewusst ins Extrem getriebenen utopischen Konzept das, was wir ja eigentlich schon immer wussten, was uns durch unsere Technikgläubigkeit jedoch abhandengekommen ist: Die einzige Sphäre, die in der Lage ist, funktionierende künstliche Welten zu erschaffen und nach Belieben auch wieder zu zerstören, ist – bisher – die Kunst.

SEBASTIAN MÖRING ist wissenschaftlicher Mitarbeiter im Kooperationsstudiengang Europäische Medienwissenschaft der Universität Potsdam. Er arbeitet zur Philosophie und Ästhetik von Computerspielen und zum Einsatz von Computerspielen in Bildungskontexten. Zu seinen wichtigsten Publikationen zählen *Klima – Spiel – Welten* (2018, mit Birgit Schneider), *Camera Ludica: Reflections on Photography in Video Games* (2019, zusammen mit Marco de Mutiis) sowie *Games and Metaphor* (2013).

LYDIA KRAY ist ehemalige Mitarbeiterin im DIGAREC und Autorin literarischer Texte. Sie lehrt Medienwissenschaft an der Universität Potsdam. Ihr Schwerpunkt liegt auf ästhetischen und politischen Formen von Kollaboration. Sie publizierte unter anderem *Die Riesin / The Raisin / El Retiro – Situierte Lyrik* (2019/2020).

Das Wetter kontrollieren – Klima und Agenzialität im Computerspiel

LYDIA KRAY
SEBASTIAN MÖRING

Bezogen auf Computerspiele, so unsere These, kann von *Climate Engineering* in mindestens drei Hinsichten gesprochen werden: Die erste Hinsicht betrifft *Engineering* im Sinne des Designs. Für diese Hinsicht ist die Frage zentral, wie Klima und Klimafaktoren bisher, aktuell und zukünftig in Spielen gestaltet werden und ob sie etwa nur auf der Zeichenebene von Computerspielen dargestellt oder auf der Ebene der Spielmechaniken auch simuliert werden.[1]

Die zweite Hinsicht betrifft nicht die Simulation von Klima, sondern die Simulation von *Climate Engineering* in bestimmten Computerspielen. Das bedeutet, wenn immer mehr Spiele aus dem Bereich der Unterhaltungsspiele sowie der *Serious Games* Klima und Klimafaktoren in ihre Spielwelten integrieren und dort thematisieren, werden sie auch Möglichkeiten des *Climate Engineerings* simulieren. So ist es denkbar, dass z. B. Strategiespiele wie die der berühmten *Civilization*-Reihe[2] Auswirkungen von (industriellen, kapitalistischen etc.) Zivilisationsprozessen auf das Klima sowie Möglichkeiten des *Climate Engineerings* simulieren, so wie diese aktuell vor allem als Konzepte und Ideen vorliegen.

Obgleich jede der beiden beschriebenen Hinsichten eine Untersuchung wert ist, interessiert uns in diesem Artikel vor allem eine dritte Perspektive. Diese Perspektive beleuchtet eine Form des *Climate Engineerings*, die Computerspielen zu eigen ist und die sich aus der Agenzialität der ludischen Subjekte[3] in solchen Computerspielen ergibt, in welchen Umweltlichkeiten, Klima und klimatische Faktoren simuliert werden. Wir widmen uns primär der Frage, wie das Verhältnis zwischen Spieler*innen und Klima im Raum des Spiels als Kräfteverhältnis dargestellt und von den Spielenden ausgestaltet werden kann. Dabei ist es unser Anliegen, zu illustrieren, wie die mediale Konfiguration des Computerspiels die Relation von komplexen Netzwerken aus Umwelt, Klima, Technologie und menschlicher Agenzialität darstellen kann. Das Medium des Computerspiels bietet unseres Erachtens neuartige Darstellungs- und Erfahrungsweisen von Natur, Klima und Wetter. Durch seine immense Popularität arbeitet es zudem fast unbemerkt daran mit, was als Natur, Klima oder Wetter verstanden wird, und setzt die Spieler*innen meist unmerklich in Beziehung zu ebendiesen Faktoren im Spiel. Wir verorten diesen Artikel im Bereich der Green Game Studies und möchten aufzeigen, welche Perspektiven darüber hinaus möglich wären, um die Relationen zwischen Klimatologie und Computerspiel so zu justieren, dass sie einen Beitrag zu den drängenden Fragen nach dem menschlichen Akteurstatus innerhalb des Diskurses der Klimakommunikation bieten können.

Dabei begründen wir, warum Computerspiele vergleichsweise starke mediale Repräsentationen und Umgangsstrategien mit Klima als Phänomen bieten und besprechen an den Beispielen von *Pokémon Smaragd* sowie *Ori and the Blind Forest* und *Never Alone* die Ästhetiken und Mechanismen, von denen Computerspiele Gebrauch machen, um den Komplex von Klima, Klimafaktoren und die menschliche Einflussnahme darauf abzubilden.[4]

Green Game Studies

Die Green Game Studies sind ein Teilbereich der Computerspielforschung und widmen sich vor allem der Betrachtung von Computerspielen nach ökologischen und ökokritischen Kriterien. Dabei ist es wenig verwunderlich, dass viele Autor*innen zunächst auf Begriffe (z. B. environmental text[5] oder ecomimesis[6]) aus dem literaturwissenschaftlichen Ecocriticism[7] zurückgreifen, kommen doch viele Autor*innen der frühen Game Studies selbst aus der Literaturwissenschaft. Ein Kriterium, welches die meisten Autor*innen der Green Game Studies umtreibt, betrifft die Weise der Repräsentation von Natur, Umwelt, Wetter oder Klima in Computerspielen entweder als Kulisse oder als Ressource/Antagonist/Aktant.[8] Bezogen auf die übliche Darstellung von Wetter in Computerspielen bemängelt Matt Barton etwa: »Die bei weitem gebräuchlichste ›Wetter‹-Strategie in Videospielen ist es, Wetterbedingungen darzustellen, die aber nicht beeinflussen, wie das Spiel gespielt wird (das Gameplay).«[9] Einen wesentlichen Grund, weshalb Klimafaktoren wie das Wetter nur kulissenhaft dargestellt wurden, sieht Barton in den zwar stetig steigenden, aber dennoch begrenzten Rechenressourcen, die Computerspielen zum Zeitpunkt der Veröffentlichung seines Artikels zur Verfügung standen. Hier hat sich seit 2008 eine Verschiebung ergeben, so dass man seitens der Computerspieltheorie eine Hinwendung zur Simulation zum Beispiel meteorologischer Faktoren im Computerspiel beobachten kann.[10] So wird etwa in aktuellen, populären Spielen wie *The Legend of Zelda: Breath of the Wild* oder *No Man's Sky* viel Aufmerksamkeit darauf verwendet, Wetterphänomene nicht länger nur darzustellen, sondern auch auf solche Weise zu simulieren, dass sie die Handlungsmöglichkeiten der Spielenden-Avatare in ermächtigender oder limitierender Weise beeinflussen.[11]

Doch selbst dort, wo die Kritiker*innen gehört werden und Umweltfaktoren simuliert und deshalb spielbeeinflussend sind, ergeben sich Fragen, die die Art und Weise der Simulation dieser Faktoren betreffen. Alenda Y. Chang kritisiert:

> Die handlungswirksamen Teile dieser Umgebungen sind meistens Objekte, die die Spielenden sofort benutzen können (ein Power-Up, wie ein Gesundheits- oder Geschwindigkeitsschub), die sie für den späteren Gebrauch erwerben (ein Gegenstand wie ein Schlüssel für eine verschlossene Tür weiter hinten in der Geschichte) oder zerstören (Glasscheiben zwischen dir und deinem Ziel, eine Kreatur, die dir nicht gefiel).[12]

Chang ist der Meinung, dass eine anspruchsvollere Simulation der Beziehungen zwischen Avataren und Umwelt notwendig ist. Denn sonst erfüllen solche Spiele nichts anderes als das »häufig zelebrierte […] spielendenzentrierte Paradigma dessen, was Bonnie Nardi *performative mastery* nennt«.[13] Der Ausdruck *performative mastery* (Spielbeherrschung) bezeichnet ein in vielen Computerspielen strukturell manifestiertes Paradigma, wonach das Spielziel oft kongruent

1 Hierzu haben etwa Möring und Schneider eine stichprobenartige Studie vorgelegt: Sebastian Möring, Birgit Schneider: *Klima – Spiel – Welten. Eine medienästhetische Untersuchung der Darstellung und Funktion von Klima im Computerspiel.* In: *Paidia. Zeitschrift für Computerspielforschung*, Sonderausgabe: Repräsentationen und Funktionen von Umwelt im Computerspiel (2018), www.paidia.de/klima-spiel-welten-eine-medienaesthetische-untersuchung-der-darstellung-und-funktion-von-klima-im-computerspiel (18. 2. 2019).

2 Z. B. Microprose: *Sid Meier's Civilization*, [PC], Alameda 1991; Firaxis Games, *Sid Meier's Civilization VI*, [PC], 2K Games 2016.

3 Das ludische Subjekt ist eine Denkfigur, bestehend aus spielenden Menschen, Avataren sowie den Handlungsmöglichkeiten und -einschränkungen, die sich für die Spielenden und die Avatare aus der simulierten Spielumwelt ergeben. Dabei übernimmt ein spielender Mensch als ludisches Subjekt die Seinsbedingungen des jeweiligen Avatars. D. h. obgleich die Spielenden beim Computerspielen in der Regel nicht lebensgefährdet sind, fürchten sie als ludische Subjekte dennoch das mögliche Zuschadenkommen ihres Avatars. Vgl. Daniel Vella: *The Ludic Subject and the Ludic Self: Analyzing the »I-in-the-Gameworld«*. Dissertation, Kopenhagen 2015, en.itu.dk/~/media/en/research/phd-programme/phd-defences/2015/daniel-vella---the-ludic-subject-and-the-ludic-self-final-print-pdf.pdf (18. 2. 2019).

mit dem kinästhetischen und kognitiven Beherrschen eines Spiels durch die Spielenden ist. Das heißt, die ludischen Subjekte passen im Lauf des Spiels ihre körperlichen und geistigen Fähigkeiten sowie die Fähigkeiten ihres Avatars derart an die steigenden Herausforderungen der Spielumwelt so an, dass sie diese beherrschen können und sie demzufolge nicht mehr als Herausforderungen wahrgenommen werden. Die ludischen Subjekte behalten so immer die Oberhand über das Spiel. Die Simulation der Beziehung zwischen Menschen und ihren Umwelten nach dem Paradigma der Spielbeherrschung ist problematisch, denn sie vermittelt den irreführenden Eindruck, dass die Umwelt letztendlich immer vom Menschen kontrollierbar ist.

Parallel zur Rahmung des Spielverlaufs durch gespielte Umwelten, die simuliertes Wetter mit einschließen, wollen wir im Folgenden vorschlagen, der Debatte um die Agenzialität von Spielenden und Umweltfaktoren eine weitere Ebene hinzuzufügen. Denn schon bevor Wetter und Umweltlichkeit auf einem hohen technischen Niveau darstellbar waren, sodass Spielende in die Lage versetzt wurden, etwa mit Wetterphänomenen wie Regen zu interagieren oder auf sie zu reagieren, hatten diese zumindest limitierenden Einfluss auf die Spielweise und mögliche Spielhandlungen. Über die Frage nach der Passivität oder Aktivität des Wetters und den dazugehörigen Ökologien hinaus, oder, präziser, darunterliegend, bleibt die Frage nach ihrer sicht- und spürbaren Anwesenheit, die die Bedingung der Möglichkeit ist, dieses Verhältnis anders zu gestalten oder darzustellen als in Form eines Antagonismus.

Klima und Klimatologie des Computerspiels

Das Medium des Computerspiels eignet sich aus mehreren Gründen, um den anhaltenden Wandel in der Darstellung des Mensch-Natur-Verhältnisses sichtbar zu machen und zu verhandeln. Da Computerspiele ein genuin ergodisches Medium[14] sind, können sie die Agenzialität des ludischen Subjekts und dessen Handlungsmacht in der gespielten Umwelt als Verhältnis greifbar machen. Die Spielenden können Einfluss auf die Umwelt nehmen, in der sie sich bewegen. Es gibt Veränderung durch Interaktion oder Frustration durch limitierte oder verhinderte Zugänge im Spiel, die durch Wetterphänomene und/oder Klimabedingungen ausgelöst werden.

Wie Bruno Latour sowohl in seinem Buch *Das terrestrische Manifest*[15] als auch, präziser, in einem Radiointerview mit dem Titel *Which Art for which Ecology* im Bayerischen Rundfunk aus dem Jahr 2013 erläutert, ist es eine relevante Frage, wie Probleme der Klimatologie sicht- und spürbar gemacht werden können:

> Als all die ökologischen Fragen [...] immer drängender wurden, als sie zur Klimatologie wurden, da hatte ich das Gefühl, dass wir uns nun in einer anderen Zeit, in einem anderen Raum befinden. Und wie repräsentiert man eine Situation in Zeit und Raum? Aus meiner Sicht sind Theater oder auch Tanz hier das adäquate Medium.[16]

Wie sich ein Planet anfühlt, der »vom Rahmen unseres Handelns zur aktiven Entität geworden ist«, ist Latours Ansicht nach am ehesten in einem Medium verhandelbar, das mehrere der folgenden Kriterien zu erfüllen in der Lage ist:

Ein Medium, das 1.) keine moralische Unterweisung, sondern Sensibilität produzieren kann, welches 2.) Leichtigkeit generiert, das 3.) Paradoxien realisiert, welches 4.) den Rahmen schafft, um etwas zu testen, das 5.) eine Situation zu simulieren imstande ist und welches 6.) mit dem Umstand umgehen kann, dass es bereits bestehendes Wissen über den Fakt der menschengemachten Erderwärmung gibt, aber keine gangbaren oder schon ausgehandelten Handlungsorientierungen.[17]

Latour geht es in seinen Ausführungen offenkundig um mehr als eine Thematisierung – Inszenierung, Experiment und Simulation sind die Methoden, die er alternativ zu einer Besprechung der Klimakrise vorschlägt. In diesem Falle ist das Theater für ihn ein Übungsplatz für den Umgang mit widersprüchlichen Gefühlen gegenüber der Ökologie und der Entwicklung von subjektivem Wahrnehmungs- und Empfindungsvermögen. Latour verspricht sich von der Performanz, die in den Medien des Tanzes und des Theaters liegt, mehr als Aufklärung:

4 Game Freak: *Pokémon Smaragd-Edition*, [Game Boy Advance], Kyoto 2005 und Moon Studios: *Ori and the Blind Forest*, [Windows PC], Redmond 2016.

5 Lawrence Buell: *The Environmental Imagination. Thoreau, Nature Writing, and the Formation of American Culture*. Cambridge 1995.

6 Timothy Morton: *Ecology without Nature. Rethinking Environmental Aesthetics*. Cambridge 2007.

7 Alenda Y. Chang: *Games as Environmental Texts*. In: *Qui Parle: Critical Humanities and Social Sciences* 2 (2011), S. 57–84; Kyle Matthew Bohunicky: *Ecocomposition. Writing Ecologies in Digital Games*. In: *Green Letters* 3 (2014), S. 221-235, doi.org/10.1080/14688417.2014.964283 (18.02.2019); Kyle Matthew Bohunicky: *Ecomods. An Ecocritical Approach to Game Modification*. In: *Ecozon@: European Journal of Literature, Cultur and Environment* 2 (2017), S. 72–87, ecozona.eu/article/view/1352/2061 (18.2.2019); Hans-Joachim Backe: *Within the Mainstream. An Ecocritical Framework for Digital Game History*. In: *Ecozon@: European Journal of Literature, Culture and Environment* 2 (2017), S. 39–55, ecozona.eu/article/view/1362 (18.2.2019); Alenda Y. Chang, John Parham: *Green Computer and Video Games. An Introduction*. In: *Ecozon@: European Journal of Literature, Culture and Environment* 2 (2017), S. 1–17, ecozona.eu/article/view/1829 (18.2.2019).

> Im Hinblick auf die ökologische Krise, die ich auf die Bühne zu bringen versucht habe, ist es sehr schwierig, jemanden zu unterweisen, denn wir verfügen über diese Kenntnisse, wir sind bereits gut unterrichtet. Aber wir haben kein Wahrnehmungs- und Empfindungsvermögen, um diese Kenntnisse zu absorbieren. Ich glaube nicht, dass es noch jemanden gibt, der nicht weiß, dass das Klima durch menschliches Handeln beeinflusst wird. Es ist also kein Fall, in dem man Unterweisung braucht, man braucht Sensibilität. Und Sensibilität ist das, was aufgebaut werden muss.[18]

Klimatologische Episteme,[19] die dem Zwecke dienen, Wissen zu akkumulieren und quantifizierbar zu machen, sind in dieser Vorstellung eines dynamischen Umgangs mit der Erderwärmung und ihren Konsequenzen keine hinlängliche Antwort. Vieles spricht nun dafür, dass auch ein Computerspiel ein solcher Raum sein kann, in dem das Subjekt vermittels eines Avatars zum ludischen Subjekt und so in die Lage versetzt wird, Handlungsspielräume mit der Leichtigkeit des Spielerischen erproben zu können. Auch der Raum, den das Computerspiel eröffnen kann, ist dem Theater insofern ähnlich und doch grundlegend different, ein Raum der Simulation und des Experimentierens. Der Prozess des Entwerfens einer spielbaren Umwelt wird, ebenso wie in der Fantasy- und Science-Fiction-Literatur, *Worldbuilding* genannt und meint sowohl den lesbaren Text der Umwelt, in der sich die Spielenden letztlich wiederfinden, als auch die simulierten Elemente dieser Umwelt. Dank Letzteren kann der Avatar selbst diese Umwelt bis zu einem gewissen Grad gestalten. Ja, dies kann sogar ein zentraler Spielinhalt sein, wie etwa im Open-World-Spiel *Minecraft*.[20] Die geschaffene Welt ist immer *auch* eine *zu schaffende* Welt, wobei *Minecraft* an einem Ende des Spektrums mit einem großen Gestaltungsspielraum steht und andere Spiele weit weniger Möglichkeit bieten, jene Welt zu verändern, in der das Spiel stattfindet.[21]

So kann ein Avatar in der bereitgestellten Umwelt Handlungen vollführen, Macht- und Ohnmachtssituationen ausgesetzt sein, die gespielte Welt beeinflussen und von ihr beeinflusst werden. Dabei steht weder die physische Integrität des spielenden Subjekts auf dem Spiel – wie dies etwa im partizipativen Theater der Fall sein kann – noch diejenige der äußeren Ökosysteme. Während die Spielenden sich in Sicherheit vor dem Bildschirm befinden, kann das ludische Subjekt mögliche Aktionen und Reaktionen in der gespielten Welt erproben und mit ihr, natürlich immer innerhalb der gesetzten Grenzen des Spiels, in Kontakt treten. Ohne der Vulnerabilität des eigenen Körpers in Anbetracht von Extremwetterlagen, Desertifikation, Überschwemmung, Kontamination, Hitze oder Kälte ausgesetzt zu sein, können all diese beispielhaften Faktoren dargestellte oder simulierte Teile der Welt sein, in der sich die Spielenden bewegen. Dafür gibt es unterschiedliche Beispiele: Sie können als Hindernisse, Gegebenheiten, Kontingenzen oder atmosphärische Hintergründe in Erscheinung treten, veränderbar durch die Agenzialität der Spielenden oder als unveränderliche Entitäten. Sie können aber auch, als dritte und seltenere Option, selbst ins Spiel eingreifende ökologische Entitäten sein. Im Folgenden werden wir auf einige von Latours Kriterien im Zusammenhang mit Computerspielen eingehen und drei Beispiele anführen, die illustrieren, in welcher Form Spiele einen (experimentellen und ästhetischen) Raum bieten können, der der Wechselwirkung zwischen Klima und Subjekt eine Bühne zu geben vermag.[22]

Klima, Technologie und ludisches Subjekt in Pokémon Smaragd

Das populäre Spiel *Pokémon Smaragd* (Pokémon: Pocket Monsters, deutsch: Taschenmonster) für den GameBoy ist für den Zusammenhang zwischen Umweltlichkeit und Klima im Computerspiel deshalb besonders interessant, weil es einerseits sehr bekannt und international viel gespielt wird. Andererseits sind Klima und Wetter gleich auf mehreren Ebenen relevant in diesem Spiel. Das zentrale Spielprinzip blieb über alle Editionen hinweg gleich: Der Avatar ist ein*e Pokémontrainer*in, der_die in die Welt auszieht, um Pokémon (tierähnliche Wesen mit besonderen, den Elementen zugeordneten Fähigkeiten) in der Wildnis zu fangen, sie dann zu trainieren und Kämpfe mit anderen Trainer*innen vermittels der jeweiligen Pokémon auszutragen. Für Trainerinnen oder Trainer spielen Umwelten durchaus eine Rolle:

8 Matt Barton: *How's the Weather: Simulating Weather in Virtual Environments*. In: *Game Studies. The international journal of computer game research* 1 (2008), gamestudies.org/0801/articles/barton (18.2.2019); Benjamin Abraham, Darshana Jayemanne: *Where Are All the Climate Change Games? Locating Digital Games' Response to Climate Change*. In: *Transformations* 30 (2017), S. 74–94.

9 Barton: *How's the Weather*. Übers. der Autor*innen.

10 Möring/Schneider: *Klima – Spiel – Welten*.

11 Nintendo Entertainment: *The Legend of Zelda: Breath of the Wild*, [Nintendo Switch], Kyoto 2017; Hello Games, *No Man's Sky*, [PlayStation 4; Xbox One; Microsoft Windows], San Mateo 2016.

12 Chang, *Games as environmental texts*, S. 60. Übers. der Autor*innen.

13 Ebenda. Hervorhebungen von den Autor*innen.

14 Espen Aarseth: *Cybertext. Perspectives on Ergodic Literature*. Baltimore 1997

15 Bruno Latour: *Das terrestrische Manifest*. Berlin 2018.

16 Bayerischer Rundfunk Hörspiel und Medienkunst, Bruno Latour: *Which Art for which Ecology?* In: *Bayern 2* (2013), www.br.de/radio/bayern2/sendungen/hoerspiel-und-medienkunst/artmix-galerie-182.html (18.2.2019).

17 Bruno Latour: *Which Art for which Ecology*.

18 Ebenda.

19 Michel Foucault: *Dispositive der Macht: über Sexualität, Wissen und Wahrheit*. Berlin 1978, S. 124.

Abb. 1 Der Avatar in Pokémon Smaragd vor dem Gebäude des Klima-Instituts, Bildschirmfotografie aus *Pokémon Smaragd* (Visual Boy Advance, Gameboy Emulator für PC) © Game Freak.

Abb. 2 Ein Wissenschaftler im Klima-Institut übergibt dem Spieler das Pokémon Formeo, Bildschirmfotografie aus *Pokémon Smaragd* (Visual Boy Advance, Gameboy Emulator für PC) © Game Freak.

Verschiedene wilde Pokémon trifft man in unterschiedlichen Umgebungen an, da sie meist Elementen oder Stofflichkeiten zugeordnet sind (Wasser, Flug/Luft, Erde, Pflanze, Eis, Elektro usw.) und sich daher ihrem Element entsprechend in natürlichen Habitaten bewegen. Die Smaragd-Edition aus der dritten Spielgeneration von 2005 thematisiert über die Umwelt hinaus erstmals Klima, genauer: das Wetter. Dies geschieht nicht nur auf einer narrativen Ebene, auf der das Wetter etwa als Kulisse dient, sondern das Wetter im Spiel nimmt aktiv Einfluss auf das Spielgeschehen.

Ein besonders prominentes Beispiel für die narrative Ebene ist die Existenz des Klima-Instituts,[23] wo mithilfe seltener Pokémon und weiterer Technologien das Wetter beeinflusst und verändert werden kann (Abb. 1). »Es gibt im Institut mehrere Räume mit Messgeräten und Computern, die Wetterdaten speichern und analysieren. Außerdem gibt es Räume, die mit Büchern und Karten gefüllt sind. Außerhalb des Hauses steht ein Satellit, mit dem das Wetter kontrolliert werden kann.«[24]

Der zentrale Plot in der Smaragd-Edition ist es, die Übernahme des Klima-Instituts und der dort entwickelten Methoden durch die Widersacher im Spiel aufzuhalten. Das Klima-Institut ist nur einer der Schauplätze im Spiel, die dezidiert mit Klima und dessen Manipulation oder Erhalt in Verbindung stehen. Bedeutender sind die Pokémon selbst und deren Fähigkeiten zur Einflussnahme auf das Wetter und das Klima. Gerade im Zusammenhang mit den Beziehungen, die sie - meist ungewollt - mit den menschlichen Figuren im Spiel eingehen, sind einige wenige Pokémon gezielt einsetzbar, um das Klima zu beeinflussen. Da wir uns hier maßgeblich mit dem Netzwerk von spielendem Subjekt, umweltlichen Entitäten und Technologie beschäftigen wollen, ist es sinnvoll, den Blick darauf zu lenken, wie diese Konstellation in *Pokémon Smaragd* aussieht.

In den der Smaragd-Edition vorangegangenen Spielgenerationen von Pokémon[25] kommt dem Wetter eine untergeordnete Rolle zu. Es ist lediglich als hintergründige Spielumgebung von Bedeutung, sprich: Meistens ist das Wetter »normal«; die Sonne bzw. der Mond scheint, der Avatar bewegt sich von Wetterverhältnissen unbehelligt durch das Spiel und die Spielenden müssen keine Gedanken darauf verwenden, ob sie sich vor dem Wetter schützen oder etwaige Technologien nutzen müssen, um die Umweltbedingungen für den Avatar aushalt- oder kontrollierbar zu machen. Auch sind Wetter und Teile der Umwelt (z. B. bestimmte Inseln, alles unterhalb der Wasseroberfläche) zwar Teil der dargestellten Umwelt im Spiel, aber sie weisen keine Handlungsangebote für den Avatar oder das ludische Subjekt auf. Die Selbstverständlichkeit und Unabänderlichkeit, mit denen sich die Spieler*innen durch die Umwelten in Pokémon bewegen, ändern sich mit der dritten Spielgeneration einschneidend. Im Mittelpunkt der Geschichte stehen die Figuren von drei (legendären, also nur einmal in der Spielwelt existierenden) Pokémon, die als Wetter-Pokémon bezeichnet werden. Hinzu kommt die Narration des Klima-Instituts und damit zusammenhängend des Pokémons *Formeo*, das seine Gestalt mit den herrschenden

Abb. 3 Nutzung des Items »Wüstenglas«, um die Wüste zu betreten, die sonst durch Sandstürme nicht zugänglich ist, Bildschirmfotografie aus *Pokémon Smaragd* (Visual Boy Advance, Gameboy Emulator für PC) © Game Freak

Wetterverhältnissen verändert und selbst eines der Forschungsobjekte im Klima-Institut ist (Abb. 2).

Die Wetter-Pokémon selbst besitzen Fähigkeiten, die, wie die Aktivitäten im Klima-Institut bereits andeuten, weit über menschliches Vermögen (etwa qua Technik) hinausgehen. Ihre jeweils einzigartigen Befähigungen sind namentlich Dürre (gleißendes Sonnenlicht erzeugen, *Groudon*), Niesel (Regen herbeirufen, *Kyogre*) und Klimaschutz (eliminiert die Wirkung des Wetters, *Rayquaza*). Sie sind nicht nur für diejenigen interessant, die in der Lage sind, diese Pokémon zu fangen, damit zu kontrollieren und sich so deren Fähigkeiten anzueignen. Sie erzeugen auch außerhalb des Handlungsfeldes des Avatars Effekte in der gespielten Umwelt.

So wird ihre Anwesenheit durch blendendes, gleißendes Sonnenlicht, undurchdringlichen Regen oder starke Klimaschwankungen angezeigt, die die Areale, in denen sie sich befinden, zunächst unzugänglich für den Avatar machen. Die Pokémon sind Handlungsträger aktiver Klimagestaltung im Spiel, die den Spielenden ihren Bewegungsraum oktroyieren. Dies ist bemerkenswert, weil hier auch ohne große Rechenleistungen oder aufwendige Wettersimulation sowohl narrativ wie auch spielmechanisch die Bedeutung des Wetters für die Agenzialität des ludischen Subjekts für den Plot zentral verhandelt wird. *Pokémon Smaragd* thematisiert dieses Verhältnis mehrfach, und nicht immer wird die Limitierung des Avatars im Spielfortschritt aufgelöst. Wird sie jedoch aufgelöst, dann immer durch a) technologische Mittel, die als Items beschafft werden können, oder durch b) erlangte Kontrolle über andere Lebewesen und deren Fähigkeiten, in diesem Fall (legendäre) Pokémon, und nicht etwa durch Fähigkeiten, die das ludische Subjekt selbst erlernen kann. Items und Pokémon werden so zu Extensionen des Avatars, die als Medien und Technologien die Beherrschbarkeit des Wetters und der Umwelt garantieren. Ein Beispiel für technologische Mittel ist das Wüstenglas, das Spielende nach erfolgreicher Erledigung von Spielaufgaben (Quests) erhalten, welches es in der Folge ermöglicht, das aufgrund intensiver Sandstürme zuvor unbetretbare Areal der Wüste zu erkunden (Abb. 3).

Das Wüstenglas wird unter den Items gelistet als »Schicke Brille, die die Augen vor Sandstürmen schützt«.[26] Mehr als um Spielbeherrschung, die sich im Erlernen spezifischer Fähigkeiten seitens der Spielenden äußern würde, geht es hier darum, sich die Mittel zu beschaffen, die die gespielte Umwelt kontrollierbar machen.

Ein komplizierterer Fall sind die Pokémon selbst: Pokémon sind zunächst »wild« – sie bewegen sich frei in ihren Habitaten und unterstehen dort nicht der Kontrolle von Menschen. Bis sie also gefangen und trainiert werden, können sie der natürlichen Umwelt im Spiel zugerechnet werden. Das Fangen der Pokémon selbst kann nur über den Einsatz von Technologie bewerkstelligt werden, nämlich mittels sogenannter *Pokébälle*. Kämpft der eigene Avatar mittels der bereits gefangenen Pokémon mit anderen, denen er in der Wildnis begegnet, müssen sie durch Attacken geschwächt und dann gefangen werden. Dies geschieht, indem man einen Pokéball auf sie wirft, der sie dann mit einer gewissen Wahrscheinlichkeit einfängt und in den eigenen Besitz überführt. Deshalb heißen sie auch *Pokémon*: Man kann sie nach dem erfolgreichen Fang einfach in der eigenen Tasche mit sich tragen und sie freilassen, sobald man mit ihnen kämpfen möchte. Es ist selbstverständlicher Teil dieser Spielwelt, dass die teils jahrhundertealten Pokémon mit ihren nahezu unbegrenzten Fähigkeiten und Möglichkeiten zum Beispiel das Klima zu gestalten, Naturkatastrophen herbeizuführen, Halluzinationen hervorzurufen oder den menschlichen Verstand zu manipulieren derart gefangen und unterworfen werden können. Dabei sind Pokémon selbst hybride Wesen, die sich zwischen natürlicher Kreatur und Maschine verorten lassen. Fähigkeiten, welche den spielenden Subjekten (als ihren Trainer*innen) meist als Attacken zur Verfügung stehen und die den Pokémon beigebracht werden können, sind im Spiel auch in Form von Items zu finden oder zu erwerben: als Technische Maschine (TM) und als

Abb. 4 Darstellung einer Technischen Maschine (TM) im Manga *Pokémon*, Auszug aus dem Pokémon-Manga von Shogakukan Inc., 2015 © Nintendo · Creatures · GAME FREAK · Shogakukan Inc

Versteckte Maschine (VMs). TMs und VMs sind Mittel, mit denen Pokémon bestimmte Attacken (in *Pokémon Smaragd* können Pokémon bis zu vier Attacken beherrschen) erlernen können, die sie von sich aus entweder nicht oder erst zu einem späteren Zeitpunkt in ihrer Entwicklung lernen würden. VMs sind dabei Fähigkeiten, die nicht wieder verlernt werden können und die im Spiel meist die Funktion haben, auch außerhalb von Kämpfen einsetzbar zu sein, wie zum Beispiel *Fliegen*. In Abbildung 4 sehen wir, wie die Anwendung einer TM aussieht: Hier wird einem Evoli (Pokémon) die TM *Durchbruch* mittels des dargestellten Kubus beigebracht, in dem sich die Technische Maschine befindet. Wie genau dieser Vorgang abläuft und was sich in dem Kubus genau befindet, bleibt ein Rätsel.

Ob nun Wüstenglas, Pokéball oder Maschine, sie alle dienen letztlich vermittelt oder direkt dem Zweck der Naturbeherrschung im Spiel. Dieser Umstand zeigt sich schon ganz zu Beginn des Spiels, denn ohne ein Pokémon und dessen Fähigkeiten zu besitzen, ist der Avatar nicht in der Lage, sich über die Grenzen seines beschaulichen Heimatorts hinaus zu bewegen. *Pokémon Smaragd* zeigt so auf vielfältige Weise die Abhängigkeit des Avatars von technologischen und hybriden, technisch-natürlichen Hilfsmitteln. Es zeigt Technologie und andere Lebewesen als Bedingung, die subjektive Ohnmacht zu überwinden, und begrenzt in seiner Spielmechanik den Handlungsspielraum auf ein Minimum dessen, was es ohne Technologie und Angewiesenheit auf andere Lebewesen in der Spielwelt gäbe.

Für unsere Ausgangsfrage, wie Computerspiele die Beziehung zwischen Subjekten, Klima, Umweltlichkeit und Technologie darstellen, zeichnet sich die Antwort ab: Der Avatar in *Pokémon Smaragd* ist ganz und gar auf externe Mittel angewiesen, um sich in der simulierten Umwelt zu bewegen. Gleichwohl verleihen ihm diese Mittel die Möglichkeit als Klima-Ingenieur*in im Spiel zu wirken, denn in *Pokémon Smaragd* ist die Beeinflussung des Wetters ein zentraler Teil der Spielhandlungen – vorausgesetzt, die Spielenden entscheiden sich, das Spiel im Sinne der Spieldesigner*innen als Erreichen einer Spielbeherrschung zu spielen. Spielbeherrschung in *Pokémon Smaragd* entspricht dann letztlich der Fähigkeit zur geschickten und strategischen Beherrschung natürlicher Ressourcen, anderer Lebewesen und der mit ihnen strikt verbundenen Technologien und damit der Fähigkeit des *Geo- und Climate Engineerings*. Dem voran gehen allerdings immer wiederkehrende Zustände des Ausgeliefertseins, der Begrenzung und Bedrohung, die den Spielenden nicht nur als Herausforderungen, sondern als Rahmenbedingungen des Daseins ihres Avatars begegnen und dessen Handlungen grundlegend determinieren.

Wir möchten nun abschließend auf zwei Spiele eingehen, die unseren bisherigen Thesen einen neuen Blickwinkel hinzufügen und die diskutierten Konzepte der *performative mastery* und Agenzialität wieder aufgreifen. Das erste Beispiel ist das von der Kritik viel gelobte Indie Jump'n'Run-Adventure *Ori and the Blind Forest*.[27] Das Spiel ist grafisch und technisch ausgefeilter als *Pokémon Smaragd* und daher in der

20 Mojang: Minecraft, [PC], Mojang, Microsoft 2011.

21 Vgl. Espen Aarseth: *A narrative theory of games*. In: Foundations of Digital Games (Hg.): *Proceedings of the International Conference on the Foundations of Digital Games*, Raleigh 2012, S. 129–133. doi.org/10.1145/2282338.2282365 (20. 2. 2019).

22 Das Interview bezieht sich u. a. auf Bruno Latours Hörtheaterstück. Bruno Latour: *Kosmokoloss. Eine Tragikomödie über das Klima und den Erdball.* In: Bayerischer Rundfunk, Zentrum für Kunst und Medien (2013).

23 »Klima-Institut«. In: *PokéWiki*, https://www.pokewiki.de/Klima-Institut (18. 2. 2019).

24 »Klima-Institut«. In: *PokéWiki* https://www.pokewiki.de/Klima-Institut (18. 2. 2019).

25 Game Freak: *Pokémon Rote Edition*, [Game Boy], Kyoto 1996; Game Freak: *Pokémon Saphir-Edition*, [Game Boy Advance], Kyoto 2003; Game Freak: *Pokémon Rubin-Edition*, [Game Boy Advance], Kyoto 2003.

26 Game Freak: *Pokémon Smaragd-Edition.*

27 Moon Studios: *Ori and the Blind Forest.*

28 Donna J. Haraway: *Unruhig bleiben. Die Verwandtschaft der Arten im Chthuluzän.* Frankfurt am Main, New York 2018, S. 40.

29 Upper One Games and E-Line Media: *Never Alone*, [Windows PC], New York 2014.

Lage, den Avatar im Zusammenspiel mit der gespielten Welt und Umwelt in umfassenderer Komplexität abzubilden.

Nichtsdestotrotz ist gerade der Aspekt, den wir für besonders erwähnenswert halten, technisch eher simpel und ließe sich auch in solche Spiele einbauen, die weniger aufwendig produziert werden. *Ori and the Blind Forest* ist ein ökologisches und klimatologisches Spiel. Im Zentrum sowohl seiner Erzählung wie auch seiner Ästhetik steht die Darstellung und gespielte Wiederherstellung der Umwelt, in der sich die Avatare der Spielenden bewegen (Abb. 5).

Vernetztes Klima als Spiellogik

Wir finden eine lebensfeindliche Welt für den Avatar vor, in der extreme Temperaturen, Kontamination und die Abwesenheit von natürlichen Ressourcen wie Wasser, Licht und (nicht-feindlicher) Vegetation bestimmend sind.

Die Aufgabe der Spielenden ist es, die klimatischen und ökologischen Bedingungen wiederherzustellen, die die Rahmenbedingungen für das dortige Leben sind. Hierfür muss der*die Spieler*in mithilfe seines/ihres Avatars, dem nichtmenschlichen Wesen Ori, diese feindliche Welt durchqueren, um die Ressourcen (das Element der Wärme, des Wassers, des Windes und des Lichts) zu reaktivieren. Im Unterschied zu *Pokémon* ist der gespielte Avatar kein Mensch und muss seine eigenen Fähigkeiten einsetzen, um die Umwelt ins Gleichgewicht zu bringen. Dabei können zu Beginn des Spiels mehrere Schwierigkeitsstufen eingestellt werden (Abb. 6). Die mittlere Schwierigkeitsstufe zeichnet sich dadurch aus, dass Ori »empfindlich auf den Schmutz des Waldes [reagiert]«.

Diese simulierte Sensibilität und Empfindungsfähigkeit des Avatars erinnert an Latours Forderung nach der über wissensförmige Erkenntnisse hinausgehenden Förderung der Wahrnehmungs- und Empfindungsfähigkeit der Zuschauer*innen, die in diesem Falle die Spielenden sind und so vermittels des Avatars in dessen Empfindlichkeiten einbezogen werden. So erleben die Spielenden durch Oris Körper hindurch die Vulnerabilität eines Subjekts in Anbetracht einer lebensfeindlichen Umwelt und Extremwetterlagen (extreme Hitze oder Kälte, extremer Wind, Schneestürme oder die Abwesenheit von natürlichem Licht), deren schiere Existenz schon

Abb. 5 Ori befreit das Element des Windes, um die Luftzirkulation in der Spielwelt »Nibel« wiederherzustellen, Bildschirmfotografie aus dem Computerspiel *Ori and the Blind Forest* (PC Version) © Moon Studios.

Abb. 6 Startscreen in *Ori and the Blind Forest*. Auswahl der Schwierigkeitslevels zu Beginn des Spiels, Bildschirmfotografie aus dem Computerspiel *Ori and the Blind Forest* (PC Version) © Moon Studios.

Schaden zufügen kann und damit deren Veränderung beziehungsweise Wiederherstellung nötig macht. Zugleich aber verweist die Relation, in die die Spielenden zu Umweltbedingungen gesetzt werden, auf mehr als auf die Vulnerabilität der zu spielenden Figur. Sie hebt auch den Stellenwert anderer Akteur*innen und zeigt deren Einflussnahme auf das Spielgeschehen. Die klimatischen Bedingungen selbst sind es, die das Spiel zu dem machen, was es ist. Extreme Hitze- oder Kältezustände bedingen die Fortbewegungsweisen des Avatars, weil bestimmte Areale nicht begangen oder ohne Schaden berührt werden können. Im Unterschied allerdings zu *Pokémon Smaragd* finden Spiele wie *Ori and the Blind Forest* oder auch das von Donna Haraway besprochene[28] *Never Alone*[29] – das von einem jungen Iñupiat-Mädchen handelt, das auszieht, um die Gründe für den bedrohlichen Wandel des Klimas zu erforschen – andere Wege, Klima und Agenzialität spielbar zu machen.

Extremwetterlagen oder für den Avatar nachhaltig gefährliche Klimabedingungen (im Fall von *Never Alone* ein anhaltender Schneesturm) werden nicht allein durch Spielbeherrschung (*performative mastery*) im Spielverlauf bewältigt oder aufgelöst, wie es für die meisten Spiele üblich ist. Die Fähigkeiten des Avatars würden in einem solchen Fall im Verlaufe des Spiels durch die Spielenden derart weiterentwickelt werden, dass die Bedingungen durch Anpassung weniger bedrohlich erscheinen, weil sie als Herausforderung eingebaut sind – und dementsprechend durch zu erschließende Fähigkeiten gemeistert werden können. Doch weder *Ori and the Blind Forest* noch *Never Alone* verlassen sich allein auf die Fähigkeitsentwicklung ihrer Protagonist*innen. Beide Spiele lassen die Spieler*innen mit einem verletzbaren Avatar unter lebensfeindlichen Bedingungen operieren, deren Effekt auf den Avatar fortwährend anhält. Den entscheidenden Unterschied machen in beiden Fällen nicht die Fähigkeiten des Avatars als solche, sondern die Tatsache, dass die Avatare in einem Netzwerk agieren. Spielbeherrschung und damit die Beherrschung der Klimabedingungen im Spiel wird als führendes Paradigma abgelöst durch eine Verteilung von Ressourcen und Agenzialität. Bezeichnend für diese Spielstruktur ist, dass in beiden Fällen die Avatare Begleitung und Unterstützung durch ein weiteres, nichtmenschliches Wesen haben (in *Never Alone* ein Polarfuchs, in *Ori and the Blind Forest* das Licht von Nibel). Die Avatare werden durch diese kollaborative Spielweise in eine neu vermittelte Verbindung zu der Umwelt gesetzt, da die jeweiligen Wesen oder Entitäten sich durch ein über das Wissen und die Fähigkeiten des Avatars hinausgehendes Verständnis und Hintergrundwissen für die sie umgebenden Umwelten und deren Mechanismen auszeichnen. Dies ist eine spielmechanische und zugleich inhaltliche Differenz zum allein agierenden »Single-Player-Prinzip« und der Spielbeherrschung durch einen Avatar, der sich und seine Beziehung zur Spielumwelt souverän zu meistern hat. Sowohl in *Ori and the Blind Forest* wie auch in *Never Alone* wird nicht von einem einzelnen, souveränen Subjekt ausgegangen, das sich die gesamte Umwelt allein erschließen und sie erobern, umgestalten und beherrschen kann. In ihrem Angewiesensein nicht auf andere Spieler*innen, sondern der Welt selbst entsprungene Wesen unterscheidet sich diese symbiotische Spielweise sowohl von Single-Player-Games wie auch von Multi-Player-Games. Beide Spiele verweisen ihre Spielenden darauf, dass sie sich in komplexen Netzwerken bewegen, in denen das jeweils vorherrschende Klima nicht allein durch technologische Einflussnahme oder eine*n Held*in verändert werden kann. Das Klima, so die paradigmatische Aussage beider Spiele, gilt es zunächst zu verstehen und nicht zu modellieren, so dass es einigen zum Vorteil und anderen zum Nachteil gereicht. Das Medium des Computerspiels kann diesen Zweck erfüllen, wenn es seine eigenen Mechanismen und Paradigmen anpasst und die Spielenden dieser Herausforderung aussetzt, anstatt ihnen die Mittel zur Beherrschung der klimatischen Bedingungen im Spiel an die Hand zu geben. Denn trotz der Besonderheiten des Mediums Computerspiel, die deutlich in seinen mechanischen Elementen und der daraus resultierenden Ergodik begründet sind, ist der Beitrag des Computerspiels zu Fragen des *Climate Engineering* nicht allein in einer Simulation von Handlungsfähigkeit zu finden. Vielmehr muss auch der Anteil von Computerspielen am *Climate Engineering* als Wissensobjekt betrachtet werden, also im Sinne einer Erzeugung einer oder mehrerer epistemischer Formen von Möglichkeiten anthropozentrischer Bezugnahmen auf das Klima. Es geht nicht allein um Antworten auf die Frage nach menschlicher Handlungsfähigkeit bezogen auf Umwelt und Klimaprobleme, sondern zuvor um die Erzeugung einer Wahrnehmungsfähigkeit der eigenen Beziehung zur Umwelt und zum Klima. Da Computerspiele in ihrer spezifischen Funktionsweise zu diesem Diskurs beitragen, indem sie Handlungsspielräume simulieren und bereitstellen, können sie als Raum des Experimentierens verstanden werden, in dem komplexe Akteurnetzwerke ins Verhältnis zu technologischen Mitteln und der Gestaltung klimatischer Bedingungen gesetzt werden. Diese Experimente mögen unterschiedliche Resultate zeitigen, und doch sind sie eine außerordentliche (weil dynamische und interaktive) Möglichkeit, Menschen für das Wechselspiel von Klima und Agenzialität zu sensibilisieren.

ROLAND INNERHOFER ist Professor für Neuere deutsche Literatur an der Universität Wien. Seine Forschungsschwerpunkte sind die Literatur des 19.–21. Jahrhunderts, Fantastik, Utopie und Science-Fiction, Theorie und Praxis der Avantgarden sowie das Wechselverhältnis von Literatur, Technik, Architektur, Film und neuen Medien. Zuletzt erschien die Monographie *Architektur aus Sprache. Korrespondenzen zwischen Literatur und Baukunst 1890–1930* (2019).

ROLAND INNERHOFER

Kältetherapien. Klimamanipulation als kulturelle Radikalkur in der frühen Science-Fiction (1889–1924)

Die Genese der Gattung Science-Fiction war von Anfang an eng mit Katastrophenfantasien verbunden. Die epochalen Umbrüche, die eine beschleunigte Industrialisierung seit der Mitte des 19. Jahrhunderts hervorrief, schlugen sich literarisch in Sehnsuchts- wie Angstvisionen nieder. Unter den technischen Utopien und Dystopien der frühen Science-Fiction spielen Szenarien der Klimamanipulation keine zentrale Rolle, es finden sich nur wenige und verstreute Beispiele, die sich nicht zu einem thematischen Cluster zusammenschließen lassen. Gleichwohl können sie als Gradmesser des emotionalen Klimas ihrer jeweiligen Entstehungszeit betrachtet werden.

Da fiktionale Texte zum Thema *Geoengineering* vor dem Ersten Weltkrieg noch Seltenheitswert haben, wurden im Folgenden auch solche Romane zum Vergleich herangezogen, in denen die thematisierten Klimaveränderungen nicht menschen-, sondern naturbedingt sind. Ob natürlich oder technisch hervorgerufen, in beiden Fällen erscheint die Veränderbarkeit des Klimas in SF-Texten dieser Zeit weniger als Triumph über die Natur denn als Signum einer fundamentalen Verunsicherung: Die Möglichkeiten planetarischer Umgestaltung, die sich im Zuge der Industrialisierung abzeichneten, riefen Ängste hervor, die sich in Katastrophenfantasien niederschlugen.[1] Diese Katastrophen werden nicht immer als direkte Folge der menschlichen Eingriffe in die natürliche Ordnung dargestellt. Dennoch erscheinen sie als Rache einer Natur, die dem Menschen ihre Übermacht und seine kosmische Bedeutungslosigkeit vor Augen führt. Wenn um 1900 Autoren populärwissenschaftlicher Schriften von globalen technischen Umgestaltungen nach menschlichen Bedürfnissen träumten,[2] so erscheint die SF in ihren Anfängen als Korrektiv solcher Allmachtvorstellungen. Anders als etwa in dem äußerst beliebten Subgenre der Zukunftskriegsromane ist die Macht der Technik in den Romanen, die klimatische Umbrüche thematisieren, ebenso beschränkt, wie ihre Folgen ambivalent sind.

Jedenfalls manifestiert sich in diesen Texten in aller Deutlichkeit das Verhältnis von Klima und Zivilisation. Das Klima erscheint nicht nur als Grundlage und Erklärungsmodell für kulturelle Unterschiede, sondern auch als Objekt technischen Gestaltungsbegehrens. Erstmals zeichnet sich die in unserer Gegenwart manifest gewordene Korrelation von Klima und Kultur ab: Beide können »als Schicksal und Projekt zugleich betrachtet werden. Klimawandel ist Kulturwandel und umgekehrt«.[3] So tritt in der technischen Moderne der Mensch erstmals »nicht nur als Opfer, sondern auch als Herr des Klimas«[4] auf. Eine solche Herrschaft ist aber, wie die frühe Science-Fiction zeigt, von Anfang an labil und fragwürdig. In diesen Romanen scheitert der technisch induzierte Klimawandel, oder er zeitigt Folgen, die seinen Absichten zuwiderlaufen.

So wird die Reihe von Beispielen mit einem Roman – Jules Vernes *Sans dessus dessous* (1889) – eröffnet, in dem der Versuch einer technischen Klimaveränderung in einem großen Fiasko endet. Es folgen zwei Romane von Autoren, die sich bewusst in die Nachfolge Vernes stellen und die beiden bei Verne ausschlaggebenden Komponenten separat thematisieren: die Ohnmacht des Menschen gegenüber den klimatischen Gegebenheiten und die Aussichtslosigkeit technischer Eingriffe. Robert Kraft verzichtet in *Die neue Erde* (1910) auf jede Form von *Climate Engineering* und lässt einen Kometeneinschlag die klimarevolutionierende Wirkung hervorbringen. Wenn in der Folge das Klima die kulturelle Entwicklung prägt, so erscheint die Zivilisation als eine von den natürlichen Bedingungen abhängige Variable. Oskar Hoffmanns Populärroman *Bezwinger der Natur* (1908) malt zwar eine Reihe von großtechnisch bewerkstelligten Klimaveränderungen auf regionaler Ebene aus, doch bleiben die technischen Erklärungen ominös. Die beschriebenen Vorgänge erhalten einen magischen Charakter, und die Natur kehrt auf ebenso magische Weise bald von selbst wieder in ihren ursprünglichen Zustand zurück. Wie bei Verne ist also auch bei Hoffmann das Resultat eines großen Aufwandes gleich null. Klima-Experimente dienen letztlich dazu, eine abenteuerliche Handlung voranzutreiben, an deren Ende aber zur Beruhigung der Leser*innen alles beim Alten bleibt.

Einen anderen, ebenfalls bei Verne angesprochenen Aspekt beleuchtet der Roman *Eleagabal Kuperus* (1910) von Karl Hans Strobl: die Klimamanipulation als Instrument der Machtentfaltung. Und ähnlich wie bei Verne erweisen sich die enormen technischen Projekte als nichts anderes denn große Bluffs. Während bei Verne der machtbesessene Techniker am Ende bloß seinen guten wissenschaftlichen Ruf und sein Junggesellentum verliert, muss Strobls Protagonist – ebenso wie Hoffmanns *Mad Scientist* – seine Hybris mit dem Leben bezahlen.

Bei Strobl ist die Klimamanipulation Signum einer pathologischen, materialistisch und rationalistisch ausgerichteten Machtbesessenheit. Als Ausdruck eines individuellen Größenwahns verläuft das Projekt im Nichts. In Roseggers *Golfstrom* (1913) geschieht das genaue Gegenteil: Klimamanipulation wird zum politischen Werkzeug. In einer Umkehrung der Wirkungsintention wird das *Geoengineering* den Amerikanern zum Verhängnis, während es den Europäern, besonders den Deutschen, entgegen dem anfänglichen Anschein zum Heil gereicht. Kurz vor Ausbruch des Weltkriegs sind die Fantasien der Klimaveränderung damit bei ihrer nationalistischen und rassistischen Instrumentalisierung angelangt.

Solche politische Funktionalisierung der Fiktionen vom *Climate Engineering* setzen sich etwa in den Golfstromromanen der Zwischenkriegszeit fort. Als Ausblick auf diese Zeit soll hier aber ein Roman betrachtet werden, der der politischen Dimension der Klimaveränderung eine neue Wendung gibt. In Döblins *Berge, Meere und Giganten* (1924) verfolgt das *Geoengineering* nicht das Ziel, das Klima in besiedelten Gebieten zu verändern, sondern neue Siedlungsgebiete zu erschließen und damit den Bevölkerungsdruck in Europa zu vermindern. Der Roman bietet damit ein Gegennarrativ zum zeitgenössischen nationalistischen Diskurs, der dem »Volk« den fehlenden »Raum« durch Kriege und Kolonien verschaffen wollte. An die Stelle solcher Eroberungskriege tritt die Eroberung der Natur. Das technische Großprojekt der Enteisung Grönlands führt aber zu einer Entfesselung von Naturkräften, deren Macht die technische bei weitem übersteigt. Das technische Projekt scheitert nicht an der Übermacht der Natur, doch diese behauptet sich gerade in den verheerenden Folgen, die dieser Eingriff in die klimatischen Verhältnisse auslöst. Im Verhältnis von Technik und Natur bestätigt sich so auch bei Döblin eine Asymmetrie, welche die menschliche Handlungsmacht als geringfügig erscheinen lässt.

Die Abschaffung der Jahreszeiten

Einer der ersten Romane, die eine künstliche Korrektur der globalen Klimaverhältnisse thematisieren, ist Jules Vernes *Sans dessus dessous*; auf Deutsch erschien der Roman unter dem Titel *Kein Durcheinander* oder *Der Schuss am Kilimandscharo*. Der Plan, die Erdachse geradezurücken und damit überall auf der Erde die Jahreszeiten abzuschaffen, hat bei Verne ein ökonomisches Motiv. Ein US-amerikanisches Konsortium, das bei der Versteigerung der Nordpolregionen die höchste Summe geboten hat, möchte die hier vorhandenen riesigen Kohlereserven abbauen; die Erdachsenverschiebung würde durch das Abschmelzen des Polareises die Förderung erleichtern. Ein weiteres Motiv ist sozialpsychologischer Art. Dem Kanonenclub in Baltimore, der hinter dem Konsortium steht, fehlen seit dem amerikanischen Bürgerkrieg Ziele. Schon in Vernes *Von der Erde zum Mond*[5] reifte aus dieser Langeweile das Projekt, mit einer Kanone drei Menschen auf den Mond zu schießen. Nun entwickelt der Schriftführer des Clubs, der mehrfache Prothesenträger J. T. Maston, den Plan, durch den Rückstoß, der beim Abfeuern einer riesigen Kanone entsteht, die Erdachse um 23 Grad und 28 Minuten zu verlagern und damit geradezurücken. Zuerst herrscht weltweit Begeisterung darüber, dass sich jeder künftig eine stabile Klimazone auswählen könnte. Als jedoch bekannt wird, dass sich durch die Erdachsenverschiebung der Luftdruck verändern und in einigen Gebieten durch die Erhöhung des Meeresspiegels weite Landstriche überschwemmt, anderswo Meere austrocken würden, schlägt die Stimmung um. Indessen haben, verborgen vor der Weltöffentlichkeit, die Arbeiten am Kilimandscharo schon begonnen. Ein Stollen von 600 Meter Länge und 27 Meter Durchmesser wird ausgehoben, ein Geschoss mit einem Gewicht von 180 000 Tonnen gebaut. Der Abschuss erfolgt mit einer Anfangsgeschwindigkeit von 2800 Meter pro Sekunde, als Treibladung werden zwei Millionen Tonnen Meli-Melonit verwendet. Doch überraschenderweise bleibt der Schuss ohne Wirkung, der Pol der Erde hat sich nur um drei Mikrometer verschoben. Nachträglich stellt sich heraus, dass Maston bei der Berechnung der notwendigen Energie zur Erdachsenverschiebung ein Flüchtigkeitsfehler unterlaufen ist. Der Erdumfang wurde statt mit 40 000 Kilometer mit 40 000 Meter veranschlagt. Für die geplante Berichtigung der Erdachse wäre eine Trillion solcher Kanonen notwendig gewesen. Fazit: »es kommt dem Menschen eben nicht zu, an der Ordnung der Dinge, die der Schöpfer für das Weltall festgestellt hat, etwas zu verändern.«[6] Schuld an Mastons Rechenfehler war die Millionärswitwe und Sponsorin des Unternehmens Evangelina Scorbitt, die durch Telefonanrufe Maston bei seinen Berechnungen störte. Am Ende des Romans gibt der eingefleischte Junggeselle seine Weltveränderungspläne auf und heiratet widerwillig die Witwe. Das technische Unternehmen scheitert auch deshalb, weil seine Betreiber, anders als im Fall der Mondreise, nicht ein kollektives Fortschrittsideal, sondern einzig egoistische Interessen verfolgen.[7] Darin unterscheiden sie sich etwa von Dr. Sarasin, dessen Musterstadt im zehn Jahre zuvor erschienenen Roman *Die 500 Millionen der Begum*[8] nach hygienischen Prinzipien konstruiert ist. Er stellt das optimale Klima nicht künstlich her, sondern sucht es sich aus: Die Gartenstadt wird an der Küste Oregons mit ihrem gemäßigten Klima und ihrer hervorragenden Luft- und Wasserqualität errichtet.

In *Sans dessus dessous* geht aus dem großen Klimaprojekt nichts als eine halbherzige Hochzeit hervor. Es ist bezeichnend, dass dieser Roman in die technikskeptische Spätphase von Vernes Werk fällt. Zugleich fehlen in seinen frühen Werken, in denen noch stärkere Technikeuphorie zu spüren ist, Fantasien eines *Climate Engineering* vollkommen. Wie andere Werke von Verne, die am Ende des 19. und zu Beginn des 20. Jahrhunderts erschienen, demonstriert auch *Sans dessus dessous* die Dominanz der Natur und die Vergeblichkeit aller Versuche, sie zu brechen oder zu unterlaufen.

Erdachsenverschiebung als Evolutionskorrektur

Robert Kraft, der von der Verlagswerbung als deutscher Jules Verne angepriesen wurde, erzählt in seinem »phantastisch-weltgeschichtlichen Roman« *Die neue Erde* von einer Erdachsenverschiebung, welche die Lebensbedingungen fundamental verändert.[9] Anders als bei Verne wird hier die Erdachsendrehung um neunzig Grad bei Kraft nicht technisch,

1 Vgl. Roland Innerhofer: *Deutsche Science-Fiction 1870–1914. Rekonstruktion und Analyse der Anfänge einer Gattung*. Wien u. a. 1996, S. 361–393.

2 Ein repräsentatives Beispiel: Arthur Brehmer (Hg.): *Die Welt in hundert Jahren*. Berlin 2010.

3 Thomas Macho: *Klima der Zukunft*. Publikation des Goethe-instituts 2009, www.goethe.de/ges/umw/prj/kuk/the/kul/de5378260.htm (9. 12. 2018).

4 Eva Horn: *Zukunft als Katastrophe*. Frankfurt am Main 2014, S. 121.

5 Die französische Originalausgabe erschien 1865 bei Hetzel unter dem Titel *De la terre à la lune*.

6 Jules Verne: *Kein Durcheinander. Bekannte und unbekannte Welten. Abenteuerliche Reisen*. Bd. LVI, Wien u. a. 1893, S. 192.

7 Vgl. Karin Harrasser: *Prothesen. Figuren einer lädierten Moderne*. Berlin 2016, S. 83.

8 Die französische Originalausgabe erschien 1879 unter dem Titel *Les cinq cents millions de la Bégum* bei Hetzel.

9 Robert Kraft: *Die neue Erde. Phantastisch-weltgeschichtlicher Roman*. 1. Bd., Leipzig 1910. Vgl. dazu Franz Rottensteiner: *Robert Kraft. Die neue Erde*. In: Franz Rottensteiner, Michael Koseler (Hg.): *Werkführer durch die utopisch-phantastische Literatur*. 11. Erg.-Lfg. Februar 1993, S. 1–5.

10 Vgl. Innerhofer: *Deutsche Science-Fiction*, S. 79.

11 Auf dieses Manko verweist Franz Rottensteiner: *Oskar Hoffmann. Bezwinger der Natur*. In: Franz Rottensteiner, Michael Koseler (Hg.):

sondern durch den Zusammenstoß mit einem Kometen hervorgerufen. Gemeinsam ist beiden Romanen aber die zugrundeliegende Problemlage: die Frage nach den kulturellen Konsequenzen der Klimaveränderung.

Durch den Kometeneinschlag wird eine Gruppe von Schiffsreisenden von der Straße von Malakka in ein Indien mit polarem Klima geschleudert. Der Nordpol liegt nun in Singapur. Die Reisegruppe passt sich an die neuen Verhältnisse an. Der Schiffsreisende Claudius wird zum Herrscher über einen streng hierarchischen Kastenstaat, in dem die Inder die unterste Schicht der rechtlosen Arbeiter bilden, während die Deutschen die gesetzgebenden Priester und die exekutive Kaste der Ritter anführen. Die Religion dient in diesem positiv gezeichneten Kolonialstaat dazu, die Sklaven unwissend zu halten und gefügig zu machen.

Der zweite Teil des Romans spielt in Leipzig, das durch die Erdachsenverschiebung in der Nähe des Äquators zu liegen gekommen ist. Anders als im polaren Indien sind die beiden überlebenden Familien hier durch die paradiesische Mühelosigkeit, mit der sich Nahrung beschaffen und unter freiem Himmel wohnen lässt, von Dekadenz bedroht. Technische Gegenstände und industrielle Produktionsstätten zerfallen schnell, die Menschen leben als Nomaden von der Jagd auf die in Fülle vorhandenen Tiere. Am Ende des ersten Bandes wird als Cliffhanger das drohende Ende dieses Paradieses durch den Einfall elefantenreitender Hunnen angedeutet. Die weiteren, bloß angekündigten Bände sollten laut Verlagswerbung das Schicksal ausgewählter Menschengruppen in verschiedenen Erdteilen darstellen. In Krafts Deutung des Sozialdarwinismus führen harte Lebensbedingungen und ein unwirtliches Klima zu einem verstärkten Überlebenskampf und kultureller Höherentwicklung, während ein warmes, lebensfreundliches Klima zwar der Flora und Fauna förderlich ist, aber die Menschen zu Trägheit und Dekadenz verleitet.

Wie bei Verne ist auch bei Kraft das Klima Kronzeuge für die Ohnmacht der Menschen gegenüber der Natur. Konträr ist aber die Art, wie dieses Verhältnis gezeigt wird. Bei Verne erscheint der Versuch, in die natürliche klimatische Ordnung einzugreifen, nicht nur als moralisch verwerflich, sondern auch als vermessen und lächerlich. Während hier das Klima entgegen der Absicht des überheblichen Technikers gleich bleibt, tritt bei Kraft eine unbeabsichtigte, natürlich bedingte Klimaveränderung ein. Sie ruft zwingend Veränderungen der Kultur und des Verhaltens der Menschen hervor, für die sie nicht verantwortlich sind.

Der Kältetechniker als Mad Scientist

Oskar Hoffmann, ein weiterer deutscher Populärschriftsteller, dessen Werke als »Verniaden« bezeichnet wurden,[10] veröffentlichte 1908 den »Fantasieroman« *Bezwinger der Natur*. Dieser Bezwinger ist ein englischer Sanskrit-Forscher namens George Robinson. Er hat im indischen Nationalepos Mahabharata okkultes naturkundliches Wissen entdeckt. Wegen des Diebstahls von Dokumenten aus Indien geflüchtet, lässt er sich in Holland, in der Nähe Amsterdams, nieder, wo er seine Experimente auf Grundlage der in den indischen Schriftrollen aufgezeichneten Geheimnisse durchführt. Er vernichtet Wasser, indem er es mithilfe der Erdelektrizität in Wasserstoff und Sauerstoff zerlegt. Dieser Vorgang gerät aber außer Kontrolle und lässt sich nicht mehr aufhalten. Das angesogene Wasser bewirkt zuerst eine Flutwelle, die Amsterdam unter Wasser setzt. Danach werden die Zuiderzee und der Ärmelkanal völlig ausgetrocknet, der Meeresboden ist von Tierkadavern übersät. Der Vorgang der Wasserzersetzung kommt aber aus unerklärlichen Gründen von selbst wieder zum Stillstand. Als Nächstes verflüssigt der Forscher mit einem mysteriösen Verfahren Luft. Diese großangelegten Versuche strahlen auf die Umgebung aus. Es entsteht hier arktische Kälte, in der alle Bakterien abgetötet werden. Die Frage, wie ohne Bakterien der Abbau organischer Stoffe und damit etwa die Verdauung vonstattengehen soll, stellt sich im Roman nicht.[11] Amsterdam profitiert von dem nahen Luftverflüssigungszentrum, indem es zum Kältekurort wird. Doch sobald sich Robinson als Urheber der rätselhaften Phänomene zu erkennen gibt, wird er ins Irrenhaus gesperrt. Zuletzt erhält er Gelegenheit, gleichzeitig die Wasserzersetzung und die Luftverflüssigung vor einer wissenschaftlichen Kommission vorzuführen. Es kommt zu einer Explosion, bei der er getötet wird. Die Natur rächt sich; mit dem Tod Robinsons geht auch sein Wissen verloren. »Die, welche die Natur bezwangen, wurden dabei von ihr verschlungen.«[12] Wie bei Verne lässt sich die Natur nicht ins Handwerk pfuschen.

Werkführer durch die utopisch-phantastische Literatur. 7. Erg.-Lfg. Juni 1991, S. 1–2, hier S. 2.

12 Oskar Hoffmann: *Bezwinger der Natur. Fantasieroman*. Berlin, Leipzig 1908, S. 198.

13 Karl Hans Strobl: *Eleagabal Kuperus. Roman*, 1. Bd., München 1910, S. 4.

14 Jana Toppe: *Massenpsychologie und Weltuntergang. Die Kollektivität in der trivialen Phantastik der Jahrhundertwende*. Diss., Berlin 2012, S. 145.

15 Weitere Golfstromromane erschienen in der Zwischenkriegszeit, z. B.: Otto Erich Kiesel: *Der Golfstrom. Roman*. Braunschweig 1923; Artur Földes: *Um den Golfstrom. Amerika gegen Europa. Roman*. Berlin 1926; Georges G. Toudouze: *Der Mann, der den Golfstrom stahl. Roman* [Deutsche Übers. von *L'homme qui volait le gulf-stream*]. Berlin 1928.

16 Hans Ludwig Rosegger: *Der Golfstrom. Roman*. Berlin, Leipzig 1913, S. 149 und 160.

17 Ebenda, S. 151.

18 Ebenda, S. 168.

19 Ebenda, S. 169. In Hans Dominiks nach dem Ersten Weltkrieg erschienenem Roman *Atlantis* (1925) macht hingegen ein deutscher Ingenieur und Übermensch die von einem amerikanischen Kapitalisten verursachte Umlenkung des Golfstroms wieder rückgängig und erspart Europa damit eine neue Eiszeit.

20 Vgl. Henning Franke: *Der politisch-militärische Zukunftsroman in Deutschland, 1904–14. Ein populäres Genre in seinem literarischen Umfeld*. Frankfurt am Main u. a. 1985.

Klimakontrolle als Hirngespinst

Die Manipulation der Atmosphäre als Machtmittel wird in Karl Hans Strobls zweibändigem Roman *Eleagabal Kuperus* zur Omnipotenzfantasie gesteigert. Der Grundkonflikt zwischen dem Titelhelden, dem konservativen Vertreter einer mittelalterlichen, magischen Welt, und Thomas Bezug, dem Vertreter einer kapitalistischen, industriellen Moderne, treibt die Romanhandlung voran. Ein Ingenieur verspricht Bezug, »Maschinen zur Entfernung des Sauerstoffes aus der atmosphärischen Luft« zu bauen. Außerdem behauptet er, »die Atmung der Pflanzen« künstlich zum Stillstand bringen und bei Bedarf wieder aktivieren zu können.[13] Mithilfe dieser Erfindungen will Bezug ein Monopol auf den atmosphärischen Sauerstoff erlangen und so zum unumschränkten Herrscher über die gesamte Menschheit werden. Doch der Plan scheitert, denn der Ingenieur bringt sich um, als er seinen Preis, die Tochter Bezugs, nicht bekommt. Nachträglich erweist sich seine Erfindung ohnehin als haltloser Bluff.

Statt der Beherrschung der Erdatmosphäre verwendet Bezug nun ein neues Mittel, um die Massen zu manipulieren: die Weltuntergangsangst. Es wird die Falschnachricht verbreitet, dass die Kollision der Erde mit einem anderen Planeten bevorstehe. Massenpanik und soziales Chaos brechen aus. Das Muster einer fatalen Beziehung zwischen Anführer und Masse wird sichtbar: »Ein Individuum bringt den Stein ins Rollen, doch obliegt es den unkontrollierbaren Massen, die Ordnung komplett zu zerstören.«[14] Bezug genießt ebendieses Schauspiel der Zerstörung als Bestätigung seiner Macht, bis er am Ende selbst zur Strecke gebracht wird. Die Lehre ist unmissverständlich: Weder Technik noch Natur, sondern archaische Triebe und persönliche Intrigen, individueller und kollektiver Wahn bestimmen den Verlauf der Geschichte und lösen die Katastrophe aus. Klimamanipulation ist hier Teil eines blinden und verblendeten Fortschrittsglaubens, der in seiner Verbindung mit Machtgier und Profitinteresse als verderblicher Irrweg erscheint.

Der heilsame Kälteschock

Strobls Roman liegt die Vorstellung zugrunde, dass eine tiefgreifende Krise nötig ist, um die vitalen Kräfte des Volkes zu wecken und zu erneuern.

Diese Prämisse teilt *Der Golfstrom* von Hans Ludwig Rosegger, dem Sohn Peter Roseggers.[15] Auch in diesem Roman erschließt sich die Botschaft unschwer aus der Handlung: Die Nordamerikaner wollen in ihrer Fortschrittsgläubigkeit ein großes nationales Projekt verwirklichen, um ihre Macht zu festigen. 1930 wird ein deutschstämmiger Ingenieur beauftragt, den Golfstrom so umzulenken, dass er nicht mehr nach Europa, sondern entlang der amerikanischen Ostküste fließt. Zunächst erscheint das Vorhaben, das die Abtragung der Halbinsel Florida umfasst und gegen den Widerstand Europas durchgeführt wird, als großer Erfolg. Während das wärmere Klima in den USA zu wirtschaftlicher Prosperität führt, herrscht in Europa arktische Kälte, der sechzig Millionen Menschen zum Opfer fallen. Aber bald verkehren sich die Effekte. Während »alles Schlechte und Mindere den Strapazen erlag«, überleben in einem biologischen Ausleseprozess die »Widerstandsfähigen und Kraftvollen«: »innerlich gefestigt, gereinigt und veredelt gingen die guten Rassen aus der Krise hervor.«[16] Der verderblichen Vermischung mit Afrikanern und Chinesen wird ebenso ein natürliches Ende gesetzt wie der Arbeiter- und Frauenemanzipationsbewegung. 1990, vierzig Jahre nach der Umleitung des Golfstroms, haben die »tatkräftigen und nüchternen« vereinigten Staaten Europas Deutschland, England, Frankreich und Teile Österreich-Ungarns unter der Führung des deutschen Kaisers Techniken zur künstlichen Erwärmung von Ländereien entwickelt, auf denen Korn, Obst und sogar Wein gedeihen und Rinder gezüchtet werden. Während die von der Kälte weniger betroffenen Südeuropäer »hinsiechten und verrotteten«, leben in Nordeuropa die Menschen glücklich, gesund und genügsam.[17] Die sozialen Gegensätze sind ebenso aufgehoben, wie die Überbevölkerung eingedämmt ist.

Auf der anderen Seite des Ozeans verläuft die Entwicklung umgekehrt. Nach dem Aufstieg zur Weltherrschaft zeitigen der materielle Überfluss und das demokratische Gleichheitsprinzip fatale Folgen. Durch Rassenvermischung und Wohlstand verweichlichen und degenerieren die Amerikaner. Rücksichtslose Gier vertieft die Kluft zwischen Armen und Reichen. Kommunistische und anarchistische Mexikaner, Chinesen und Afrikaner übernehmen die Macht. Das Land versinkt im Chaos des Bürgerkrieges. Die Amerikaner wollen schließlich die Umlenkung des Golfstroms rückgängig machen, werden aber von den auch militärisch erstarkten Europäern unter der Führung Deutschlands gewaltsam daran gehindert. Die europäische Flotte von Unterseebooten, die fernelektrisch mit Energie versorgt werden, siegt gegen die zahlenmäßig überlegene amerikanische, die unter dem Oberbefehl eines jüdischen Admirals »ohne echte innere Werte und ohne Selbstaufopferungsfähigkeit des Einzelnen zugunsten der Gesamtheit« kämpft.[18] »Herrliche, göttliche, wunderwirkende Eiszeit – sei gesegnet ...«, so lautet das abschließende Loblied auf die Härte und Kälte.[19]

Der Roman vereinigt in komprimierter Form alle Kennzeichen der völkischen Literatur: die Verehrung des einfachen Lebens auf der Scholle wie die Verachtung von Industrie und Kapital. Gleichwohl ist die neu erstarkte und rassisch gereinigte Volksgemeinschaft auf eine hochentwickelte Technologie angewiesen.

Roseggers am Vorabend des Ersten Weltkrieges entstandener Roman ist im Kontext der Zukunftskriegsromane zu sehen, die zu Beginn des 20. Jahrhunderts den deutschsprachigen Buchmarkt überschwemmten.[20] Diese Romane beruhen entweder auf Wunschvorstellungen der militärischen Übermacht Deutschlands, oder sie warnen vor den verheerenden Folgen unzureichender Aufrüstungsbemühungen. Roseggers *Golfstrom* teilt die propagandistische Absicht der Zukunftskriegsromane: die Aufrüttelung und militärische Ertüchtigung der Deutschen. Dieser dringlichen Intention entsprechend ist der Zeithorizont der fundamentalen klimatischen und damit politischen Veränderung mit vierzig Jahren, also knapp zwei Generationen, eng gefasst. Die ironische Pointe des Romans besteht darin, dass die Absicht der Amerikaner, durch die großangelegte Klimamanipulation die eigene Macht zu vergrößern und Europa zu schwächen, das genaue Gegenteil bewirkt. Denn die Konsequenzen des technisch hergestellten Kälteeinbruchs in Europa ebenso wie der Erwärmung Nordamerikas durchkreuzen deren Intentionen. In die klimatische Falle, die die Amerikaner den Europäern stellen, gehen sie selbst. Der Grund dafür ist eine irrige Kultur-Klima-Relation. Nicht das warme oder gemäßigte Klima, wie das eine auf die griechische Antike, namentlich auf Aristoteles zurückgehende Theorie behauptet,[21] befördere die Kultur, sondern die Kälte, die den Fleiß und die Lebensenergie durch Kampf gegen die widrige Natur steigere. Was anfangs als Katastrophe erscheint, erweist sich angesichts von Überbevölkerung und zivilisatorischen Degenerationserscheinungen als heilsame Schocktherapie. In Nordamerika führt dagegen die Erwärmung zu einer physischen, psychischen und kulturellen Regression. Die Einbettung des Menschen in sein Klima hat hier ebenso tiefgreifende Folgen wie im erkalteten Europa. Die Hitze entfesselt alle primitiven Instinkte: »Hass,

Neid und Rache, Mordlust und Beutegier, Zügellosigkeit, Brutalität und Grausamkeit«.[22]

In Roseggers *Golfstrom* wird somit die Wertigkeit von Klimaverbesserung und Klimaverschlechterung invertiert. Klimaverschlechterung zeitigt in biologischer und kultureller Hinsicht positive, Klimaverbesserung negative Folgen. Damit steht dieser Text im diametralen Gegensatz zu Gabriel Tardes bereits 1884 entstandenem, 1896 erschienenem Roman *Fragment d'histoire future*, in dem sich die Menschen im 25. Jahrhundert angesichts einer durch die Abkühlung der Sonne verursachten Eiszeit in eine unterirdische Klimakapsel zurückziehen.[23] Nicht natürliche Abhärtung, sondern künstlichen Komfort und Schutz vor den Fährnissen von Wetter und Klima verspricht Tardes ideale Zukunftswelt.

Roseggers Roman hebt sich auch von jenen Klimafantasien um 1900 ab, in denen Kälte zur Devolution führt. Das allmähliche Nachlassen der Strahlkraft der Sonne bewirkt in diesen Zukunftsszenarien einen Kältetod des Planeten. Mit der Abkühlung der Erde regredieren die Menschen, sie werden wieder zu Tieren und kehren damit zu ihrem biologischen Ursprung zurück. Diese Rückentwicklung mündet letztlich im Verschwinden allen Lebens auf der Erde. So führt die letzte Zeitreise in H. G. Wells' Roman *The Time Machine* (1895) in eine Millionen Jahre entfernte Zukunft, in der die Rotation der Erde zum Stillstand gekommen ist und der Planet kurz vor seinem Ende steht. Abkühlung ist hier identisch mit der Stilllegung der Lebensprozesse.

Entfesselung der Naturkräfte

Klimatechnik ist Politik: Diese Einsicht liegt auch Alfred Döblins monumentalem Roman *Berge Meere und Giganten* zugrunde. *Die Enteisung Grönlands*, das siebte der neun Bücher des Romans, schildert den Höhepunkt einer tellurischen Umgestaltung. Im 27. Jahrhundert wollen die verbündeten Europäer und Nordamerikaner nach einem erfolglosen Krieg gegen die asiatische Union mit diesem Projekt »eine klimatische Änderung der ganzen nördlichen Halbkugel herbeiführen.«[24] Das Vorhaben verfolgt in erster Linie bevölkerungspolitische Zwecke. Die Aussiedlung in einen neugeschaffenen bewohnbaren Kontinent soll den Bevölkerungsdruck vermindern und zugleich Unruheherde regulieren, indem sie Sehnsüchte nach einem naturverbundenen Leben befriedigt. Dem Überdruss an der technischen Zivilisation wird paradoxerweise mit einem hochtechnologischen Großprojekt begegnet. Es bildet eine Alternative zur pessimistischen Prognose des Malthusianismus, nach dem Verelendung, Kindersterblichkeit, Hungersnöte und Epidemien das durch die Überbevölkerung gestörte Gleichgewicht zwischen Mensch und Natur wiederherstellen.[25] Der Roman antizipiert aber auch kritisch Hans Grimms Konzept vom *Volk ohne Raum* (1926) und die daraus abgeleitete Forderung nach der Eroberung neuen Lebensraums.[26]

Für die Enteisung werden Naturkräfte genutzt. In Island wird nach gewaltsamer Evakuierung der Bevölkerung aus zwei gesprengten Vulkanen Energie bezogen und auf Turmalingeweben nach Grönland transportiert. Für die Schiffsbesatzungen hat der Turmalin eine berauschende und erotisierende Wirkung. In Grönland wird er in Wärmeenergie umgewandelt und bringt den Eispanzer zum Schmelzen. In diesem Geonarrativ, so Alexander Honold, »lässt die Menschheit, respektive ihre Ingenieure, nun die Elementarkräfte Feuer und Eis aufeinander los; dass die Menschheit selbst eine Epoche der geoplastischen Umschöpfung ihres unverfügbaren Besiedlungs-Grundes anordnet und tatsächlich ins Werk setzt, ist in Döblins Narration der bis dato unerhörte Gipfelpunkt an Hybris.«[27] Als Folge entfaltet sich wild wucherndes Leben in Form von Algen und Mikroorganismen, aber auch ausgestorbene prähistorische Lebensformen kehren zurück. Dinosaurier, Flugechsen, riesige Reptile werden in den Sümpfen des enteisten Grönlands wieder zum Leben erweckt. Um sich in Europa vor ihnen zu schützen, verlegen die Menschen ihre Städte in künstlich beleuchtete und belüftete unterirdische Betonhöhlen. Diese Klimakapseln »waren abgetrennt von dem Himmel. In diesen meilenweiten warmen Bezirken in der Erdrinde gab es nicht Tag und Nacht. Keine Vögel sangen; Gräser Pflanzen Bäume wuchsen nicht. Man hatte keinen Schnee, keinen Hagel Regen Wind. Die Jahreszeiten wechselten nicht.«[28]

Aus organischem und anorganischem Material bauen die Europäer gigantische turm- und baumartige Wächterfiguren. Auch dieser Versuch, humane und nichthumane Lebensformen zu verbinden und damit die natürlichen Vorgänge und Energien zu steuern, scheitert. Die Turmwesen zerfallen, werden allmählich wieder zu Erde und Landschaft; die unterirdischen Städte werden verschüttet. Am Ende überleben nur stark dezimierte Siedlerscharen, deren Weg zurück zu einem naturverbundenen Leben nicht ohne Ironie erzählt wird.

Das Ansinnen, die globalen klimatischen Bedingungen zu verändern, enthüllt bei Döblin die Unterlegenheit der Menschen gegenüber den Naturkräften. Das *Geo-Engineering* führt zu Hybridisierungen von Natur und Technik, menschlichen und nichtmenschlichen Akteuren. Die Enteisung Grönlands erscheint als ein Großexperiment, dessen Folgen nicht vorhersehbar sind. Sie löst Prozesse aus, denen gegenüber die Menschen als machtlos erscheinen. Gabriele Dürbeck, Caroline Schaumann und Heather Sullivan ziehen daraus den Schluss: »Döblins SF-Roman plädiert in einem nüchternen und distanzierten Stil für eine ethische Haltung des Respekts, der Anerkennung und der Demut gegenüber den Naturkräften statt ihrer Unterwerfung und Ausbeutung. Deshalb erhält er eine neue Brisanz im Zusammenhang mit der gegenwärtigen Debatte über das Anthropozän.«[29] Die Fähigkeit der Natur, immerzu unerwartete Verbindungen einzugehen und sich beständig zu erneuern, übertrifft in *Berge Meere und Giganten* bei weitem das Veränderungspotenzial des technisch-instrumentellen Handelns. In der unauflösbaren Verflechtung von Natur und Kultur müssen die Menschen die Übermacht der fluiden, sich ständig ändernden natürlichen Prozesse anerkennen, um ihren angemessenen Platz in einer Biosphäre zu finden und ihre bescheidene Handlungsmacht mit nichthumanen Akteuren zu teilen.

Fazit

Anders als beim aktuell diskutierten anthropogenen Klimawandel sind die künstlich erzeugten Klimaveränderungen in den hier besprochenen Fiktionen beabsichtigt – seien die Motive Machtgier oder das Streben nach einer besseren Welt. Die oft gigantomanischen Projekte scheitern entweder von vornherein, oder sie zeitigen nicht die erhofften Folgen. Vernes Ingenieurheld erweist sich am Ende als eine lächerliche Figur, sein Projekt als riesiges Fiasko, einem simplen Rechenfehler geschuldet. Ebenso illusionär ist in Strobls

21 Vgl. Horn: *Zukunft als Katastrophe*, S. 122.

22 Rosegger: *Der Golfstrom*, S. 160.

23 Gabriel Tarde: *Fragment d'histoire future*. Paris 1896. Vgl.: Horn: *Zukunft als Katastrophe*, S. 129.

24 Alfred Döblin: *Berge Meere und Giganten*. München 1980, S. 293.

25 Zur Prognose des Malthusianismus vgl. Horn: *Zukunft als Katastrophe*, S. 62f.

26 Vgl. Volker Klotz: *Nachwort*. In: Döblin: *Berge Meere und Giganten*, S. 513–539, hier S. 527.

27 Alexander Honold: *Exotisch entgrenzte Kriegslandschaften. Alfred Döblins Weg zum »Geonarrativ« Berge Meere und Giganten*. In: Nicola Gess (Hg.): *Literarischer Primitivismus*. Berlin 2012, S. 211–234, hier S. 233.

28 Döblin: *Berge Meere und Giganten*, S. 425.

29 Gabriele Dürbeck, Caroline Schaumann u. a.: *Human and Non-Human Agencies in the Anthropocene*. In: *Ecozon@: European Journal of Literature, Culture and Environment* 6.1 (2015), S. 118-136, hier S. 131. Übers. RI.

30 Vgl. Werner Michler: *Darwinismus und Literatur. Naturwissenschaftliche und literarische Intelligenz in Österreich, 1859-1914*. Wien u. a. 1999, S. 19.

31 Robert Leucht: *Die Figur des Ingenieurs im Kontext. Utopien und Utopiedebatten im ersten Drittel des 20. Jahrhunderts*. In: *Internationales Archiv für Sozialgeschichte der deutschen Literatur* 36.2 (2011), S. 283–312, hier S. 294.

Roman die Vorstellung einer technischen Kontrolle und Verfügung über die Atmosphäre – ein fadenscheiniger Schwindel, um eine Heirat zu erzwingen. Was Jules Verne, Oskar Hoffmann und Karl Hans Strobl dem Leser ersparen, breiten Robert Kraft und Hans Ludwig Rosegger aus: die kulturellen Konsequenzen des Klimawandels. Dabei verschmilzt das Narrativ des Sozialdarwinismus mit der Erzählstruktur des Romans. Aus Natur wird Geschichte. »Evolution« entspricht der narrativen Entwicklung, »Kampf ums Dasein« der literarischen Szene.[30] Das teleologische Narrativ des Darwinismus ist aber nicht einheitlich, es spaltet sich in eine helle und eine dunkle Variante auf. In der unheilvollen erlahmt durch Klimaerwärmung ebenso wie durch eine industrielle Kultur der Kampf ums Dasein, die Menschen degenerieren; die Kälte dagegen verschärft in der heilsamen Variante den Kampf ums Dasein, befördert den Fortschritt und veredelt die Rassen. Diese miteinander verschränkten Narrative beruhen nicht auf Rationalität oder wissenschaftlicher Logik, sondern auf der Suggestion archaischer Bilder und unbegrifflicher Muster. Ihre narrative Dynamik resultiert aus dem Widerspruch zwischen den Fantasien technischer Machbarkeit und dem Glauben an die Übermacht der Natur. Der Erste Weltkrieg verstärkt die Brüchigkeit einer Verbindung von ökologischer Machbarkeit und Fortschrittsglaube und damit die Ambivalenz des *Climate Engineerings*.

Der Anfang von *Berge Meere und Giganten* markiert den Ersten Weltkrieg als Ausgangspunkt für alle künftigen Ereignisse. Seine Toten sind in der vorgestellten Zukunft unter mehrfachen historischen Schichten und Sedimenten verschüttet. In diesem Bild werden die menschlichen Eingriffe in die Erdgeschichte im Verhältnis zu den natürlichen Veränderungsprozessen redimensioniert. Verglichen mit ihrer Gewalt, ihrem zeitlichen und räumlichen Ausmaß sind die Änderungen von Menschenhand belanglos. Der Autor erscheint dabei als Sprachrohr und Vertreter einer übermächtigen Natur. Die Macht der Ingenieure, selbst der Klimaingenieure, verblasst gegenüber der Ein- und Weitsicht des Dichters. Er überblickt die Äonen der Erdgeschichte und inszeniert Berge und Meere als ihre wahrhaft gigantischen Protagonisten.

In den paradigmatisch betrachteten Romanen, die natürliche und menschengemachte Klimaveränderungen thematisieren, offenbart sich eine markante Abweichung von der Hauptströmung der zeitgenössischen Science-Fiction. Denn besonders der deutschsprachige technische Zukunftsroman zeigt zu Beginn des 20. Jahrhunderts, wie Robert Leucht am

Beispiel der Ingenieursfigur nachweist, »die utopische Welt sowohl als eine hergestellte als auch als eine herstellbare [...] und [rückt] sie somit aus dem Lichte des Illusionären«.[31] Ebendem widersprechen die hier betrachteten Romane. Jeder Versuch, eine Klimaveränderung großtechnisch hervorzurufen, scheitert oder zeitigt Folgen, die den Intentionen zuwiderlaufen. Die Arten des Scheiterns sind breit gefächert: das Spektrum reicht von der Fehlkalkulation (Verne) über die Wirkungslosigkeit (Hoffmann) bis zum puren Schwindel (Strobl). Das Auseinanderfallen von Absichten und Wirkungen gelingender Eingriffe in das Klima führen Rosegger und Döblin in zwei Varianten vor. Rosegger zeigt eine Gegenläufigkeit, bei der sich die beabsichtigte Klimaverbesserung als fatal, die in feindlicher Absicht herbeigeführte Klimaverschlechterung als heilsam erweist. Vielschichtiger sind dagegen bei Döblin die Folgen des Versuchs, durch Klimaveränderung neuen Lebensraum zu gewinnen. Anstatt den Menschen Siedlungsgebiete zu erschließen, bringt die durch den Zusammenstoß von Feuer und Eis entfesselte Natur archaische, bedrohliche Lebensformen hervor: Der Traum der Vernunft gebiert wortwörtlich Ungeheuer. Nur bei Kraft wird der Klimaumsturz, der rein natürliche Ursachen hat, wertungsfrei dargestellt. Die Erdachsenverschiebung ist Anstoß für eine Reihe von Abenteuern, bei denen die Protagonisten nicht das Klima zu verändern suchen, sondern sich unter veränderten klimatischen Bedingungen bewähren müssen.

Ob die Menschen gegen unwirtliches Klima kämpfen oder in einem allzu warmen Klima degenerieren, sie bleiben ihrer Umwelt ausgeliefert. So vollkommen quer zu diesen Heteronomien liegt Gabriel Tardes Vision eines von allen Fährnissen des natürlichen Klimas unabhängigen, wohltemperierten Höhlendaseins, dass Zweifel an ihrer Ernsthaftigkeit aufkommen. Was die Mehrzahl der einschlägigen SF-Texte betrifft, so lässt sich die Bilanz in eine doppelte These fassen: Zum einen wird die menschliche Handlungsmacht als Wunschvorstellung und als Motor der abenteuerlichen Handlung inszeniert, nur um vorzuführen, wie sie sich angesichts der Übermacht der Natur blamiert und in nichts auflöst. Zum anderen ist dieses Umschlagen der Täter- in die Opferrolle unter der Bedingung reversibel, dass die Menschen die Lehren der Klimaveränderungsexperimente begreifen: entweder im sozialdarwinistischen Sinn biologischer Ertüchtigung im Kampf gegen eine widrige Natur; oder in einem Bündnis mit der Natur, in dem die Menschen die Beschränkung ihrer Handlungsmacht anerkennen und sie als mit den Naturkräften geteilte wiedergewinnen.

URS BÜTTNER ist wissenschaftlicher Mitarbeiter am Institut für Germanistik der Heinrich-Heine Universität Düsseldorf und arbeitet an einer Habilitation zum Thema »Schnee. Eine Globalgeschichte literarischer Meteorologie«. Seine Forschungsschwerpunkte liegen im Bereich Literatur und Wissen(schaft)sgeschichte sowie Wetterdarstellungen in der Literatur. Wichtige Publikationen sind unter anderem: *Verfahren literarischer Wetterdarstellung. Meteopoetik – Literarische Meteorologie – Meteopoetologie* (2021, mit M. Gamper) und *Globalgeschichten der deutschen Literatur. Methoden – Ansätze – Probleme* (2021, mit D. D. Kim).

Im Plan der Natur mitspielen. Ernst Jüngers Ethik des *Climate Engineerings* im Nachkriegsessay *An der Zeitmauer*

URS BÜTTNER

1958 meldet die Zeitschrift *Universitas*, dass »die Sowjetunion und die Vereinigten Staaten sich in einem Wettlauf um die Möglichkeiten der systematischen Wetterbeeinflussung befinden«.[1] Schon sei es in den USA und der UdSSR möglich, Wolken durch das Impfen mit Kristallisationskernen vorzeitig zum Abregnen zu bringen, wodurch Überschwemmungen oder Trockenheit auf dem gegnerischen Gebiet herbeigeführt werden könnten. Der kürzlich vorgestellte Bericht einer amerikanischen Regierungskommission hege jedoch die Sorge, dass die Sowjets schon längst auch Eingriffe in das Klima von planetarischem Ausmaß planen:

> Es sei bekannt, daß die Sowjetunion schon seit längerer Zeit die Möglichkeiten für eine Erwärmung Sibiriens studiere. Diese könnte durch die Verlagerung des warmen Japanstromes im nördlichen Pazifik erfolgen, würde aber grundlegende Temperaturänderungen im Nordpolgebiet zur Folge haben. Eine Nation, die die Temperaturen am Nordpol nur um einige Grad steigen oder senken könnte, würde es in ihrer Macht haben, große Teile Kanadas zu vereisen und permanentes Eis weit in die Vereinigten Staaten vorzutreiben. Sie könnte ferner durch Erwärmung genügend Massen des nördlichen Eismeeres schmelzen, um weite Gebiete aller Atlantikstaaten zu überfluten.[2]

Der Bericht fordere die Regierung daher auf, unverzüglich Geldmittel für weitere Forschung im Bereich *Climate Engineering* bereitzustellen. Auch dürfe in Anbetracht der Fortschritte des Gegners »die Möglichkeit der Wetterbeeinflussung durch Atombombenexplosionen nicht mehr allgemein abgelehnt«[3] werden.

Im selben Jahr erscheint in der *Universitas* auch ein Artikel des Generaldirektors des Britischen Meteorologischen Amtes Sir Oliver Graham Sutton. Dieser bezweifelt, dass die amerikanischen Steuergelder für die Manipulation des Klimas gut angelegt wären. Er macht auf die gravierenden Nebenfolgen von planetarischen Eingriffen ins Wettersystem aufmerksam, die sich jenseits der Zielregion ergäben. Vom Einsatz von Atombomben rät er dringend ab, da große Mengen Radioaktivität in die Atmosphäre gelangten. Aber selbst wenn man diese Risiken eingehen wollte, sehe er gegenwärtig noch nicht die Berechnungsgrundlagen gegeben, planmäßige Eingriffe zu wagen. Die atmosphärischen Zusammenhänge seien nicht hinreichend verstanden, um längerfristige Voraussagen treffen zu können. Die amerikanische Regierung solle sich nicht bange machen lassen, es sei »sehr unwahrscheinlich, daß der Mensch in nächster Zukunft die Herrschaft über das Wetter erringen wird«.[4]

Gegenseitige Drohgebärden mit der Wetterwaffe gehörten zur üblichen Rhetorik des Kalten Krieges. Ähnliche Berichte finden sich auch im *Spiegel.*[5] Hintergrundinformationen und Einschätzungen von Experten zu solchen neuen und vorerst nur im Ausland verfügbaren Technologien sind jedoch ein Spezifikum der *Universitas*. Die Zeitschrift war 1948 als populärwissenschaftliche Kulturzeitschrift in der BRD gegründet worden. Nachrichten bildeten nur einen kleineren Teil der Beiträge. Vor allem veröffentlichte sie Vorträge und kürzere Abhandlungen, in denen sie Einblicke in die neuesten Entwicklungen in Technik und Wissenschaften gewährte. In gleichem Maße aber berichtete sie auch aus allen Bereichen der Künste. Die Physiker Einstein und Heisenberg, der Philosoph Jaspers, aber auch der Dirigent Furtwängler zählten zu den Autoren. Daneben publizierten in der *Universitas* zahlreiche über ihr Fach hinaus weniger bekannte Spezialisten wie eben der Leiter des Britischen Meteorologischen Amtes. Neben den wissenschaftlichen Beiträgen erschienen in den monatlichen Heften immer auch Ausstellungs- und Tagungsberichte sowie Buchbesprechungen wissenschaftlicher und literarischer Werke.

Es ist nicht unwahrscheinlich, dass der Schriftsteller Ernst Jünger die beiden meteorologischen Artikel in der *Universitas* gelesen hat, während er an seinem Essay *An der Zeitmauer* schrieb. Seit Jünger 1951 in die schwäbische Provinz ins Forsthaus in Wilflingen gezogen war, bot Lektüre für ihn die wichtigste Möglichkeit am Zeitgeschehen teilzuhaben: »Ich lese Zeitungen, aber ganz und gar quer, und von Zeit zu Zeit überfliege ich Illustrierte, denn es interessiert mich zu erfahren, was die anderen interessiert. Sagen wir also, daß ich mich einigermaßen auf dem laufenden halte«,[6] äußert er sich in einem Interview. Die *Universitas* hatte Jünger bereits mit ihrem ersten Erscheinen abonniert und sollte sie durchgängig bis zu seinem Tod beziehen. Gegenüber Carl Schmitt erwähnt er einmal im Briefwechsel, dass er sie »regelmäßig lese«.[7] Für Fragen der Meteorologie, auf die er in *An der Zeitmauer* erstmals zu sprechen kommt, muss sie als seine zentrale Informationsquelle angesehen werden. In dem Essay greift er in großer Zahl Informationen und Überlegungen verschiedener Berichte auf. Im Einzelnen ist aber aufgrund seiner diagonalen Leseweise kaum nachzuvollziehen, welche Artikel Jünger gelesen hat. Denn geschickt verschleiert er seinen im Grunde recht rudimentären Kenntnisstand, kombiniert Gelesenes und führt Gedanken höchst eigenständig weiter.[8]

1932 hatte Jünger mit *Der Arbeiter. Herrschaft und Gestalt* bereits eine umfassende Modernediagnose vorgelegt. Nach Ende des Krieges wollte er sein Erfolgsbuch, das breit rezipiert worden war, neu herausbringen. Prinzipiell war er zwar noch von der Richtigkeit seiner damaligen Diagnosen überzeugt, doch wollte er den Veränderungen der letzten fünfundzwanzig Jahre Rechnung tragen. Er schwankte hinsichtlich der Aktualisierung, ob er das Werk überarbeiten oder ein ganz neues Buch schreiben solle. Letztlich ließ er den *Arbeiter* unverändert, und in zwei Arbeitsphasen zu Jahresbeginn 1958 und in der ersten Jahreshälfte 1959 brachte er relativ schnell einen neuen Langessay *An der Zeitmauer* zu Papier, im Sommer folgte eine Überarbeitung des Manuskripts, und schon im Herbst kam das Buch in den Handel.[9]

Der deutlichste Unterschied zwischen dem *Arbeiter* und der *Zeitmauer* besteht darin, dass er in dem Nachkriegswerk die Geschichtsphilosophie »tieferlegt« und dadurch die Handlungsmacht des Menschen zurückstuft.[10] Galt der Arbeiter als Leitfigur des weltgeschichtlichen Modernisierungsprozesses, den er aktiv vorantreiben sollte, perspektiviert Jünger die Moderne später im Horizont der Erdgeschichte.[11] Der Aktivismus des Arbeiters ist reduziert und erscheint nun weitgehend ins Passiv gesetzt, gesteuert von tiefenzeitlichen Naturprozessen. Die Forschung hat die »Tieferlegung« vorwiegend als Ausdruck der Enttäuschung Jüngers gewertet, dass die Nationalsozialisten sich in ihrer Gestaltung der Moderne nicht an die Vorgaben des *Arbeiters* gehalten haben. Teilweise wurde darin auch schon demütige Altersweisheit gesehen, die die Hybris des frühen Programms erkannt habe.[12] Einen nicht weniger wichtigen Bezugshorizont stellen aber auch die durchgreifenden Veränderungen im Naturbild der Wissenschaften und die neuen Technologien der Nachkriegszeit dar.[13] Technologien wie das *Climate Engineering* führen die immense Steigerung menschlicher Handlungsmacht vor Augen: »Es ist nichts Neues«, erklärt Jünger, »daß der Bios an einer Erdschicht arbeitet. [...] Neuartig ist dagegen, daß ein selbstbewußtes Wesen an der Schichtbildung arbeitet.«[14] Vordergründig paradox wird durch den Zuwachs an Macht nachgerade deutlich, wie gering die menschlichen Gestaltungsräume im gesamtökologischen Zusammenhang tatsächlich ausfallen. Die neuen Technologien erfordern daher ein verändertes Selbstverständnis des Menschen »als schichtbildendes, schichtbestimmendes Wesen«,[15] als »Leitfossil«[16] des jüngsten Erdzeitalters. Denn erst ein solches Selbstverständnis kann eine verantwortungsvolle Ethik im Umgang mit Technologien wie dem *Climate Engineering* anleiten.

Im Folgenden soll es darum gehen, die Argumentation von Jüngers Essay im Einzelnen nachzuzeichnen. In einem ersten Schritt gilt es, Jüngers Zeitdiagnose zu verstehen. Diese dient ihm nämlich als Ausgangspunkt, die ontologischen Grundlagen dieses neuen Selbstverständnisses zu entwickeln, welche in einem nächsten Schritt dargelegt werden sollen. In einem dritten Schritt wird gezeigt, wie Jünger dieses Selbstverständnis auf eine Ethik menschlicher Eingriffe in nichtmenschlichen Maßstäben hin entwickelt und wie er das *Climate Engineering* einschätzt. Abschluss der Studie bildet eine Einordnung von *An der Zeitmauer* in die zeitgenössische Diskurslandschaft nebst einigen ausblickenden Bemerkungen, wie sich Jüngers siebzig Jahre alte Überlegungen heute lesen lassen.

Ontologischer Monismus

In dem Essay von 1959 führt Jünger aus, dass Medientechnologien bereits seit einiger Zeit Beobachtungen in nahezu Echtzeit in immer größeren Raumdimensionen möglich gemacht haben. Nun zeichnet sich immer deutlicher ab, dass die neuen Technologien diese nichtmenschlichen Dimensionen auch zunehmend als Handlungssphäre eröffnen. Die Aktionsfelder, auf denen sich diese Ausgriffe schon am längsten ankündigen, sind die Kosmologie, die Geologie und die Meteorologie. Mit Blick auf die Meteorologie datiert Jüngers Essay den Baubeginn ihrer medialen Infrastruktur auf das Jahr 1752. Was sich heute zu einem riesigen Netzwerk aus Messstationen, Funkverbindungen, Kabeln und Rechenzentren ausgewachsen hat, die das Wetter auf dem gesamten Planeten erfassen, begann mit Benjamin Franklins Erfindung des Blitzableiters. Die Datierung gewinnt Plausibilität, wenn Jünger die Erfindung in die Menschheitsgeschichte einordnet: Viele tausend Jahre lang war der Mensch dem Blitz schutzlos ausgeliefert und die Elektrizität eine ungebändigte Naturkraft. Mithilfe des Blitzableiters gelang es dem Menschen, diese Naturmacht nun zu zähmen. Die Macht über den Blitz nahm in der Folge weiter zu, als der Mensch das dem Blitzableiter zugrunde liegende Prinzip umkehrte und selbst mit Antennen Elektrizität in den Äther aussandte. In dieser Entwicklungslinie gesehen, wird der Blitzableiter tatsächlich als das erste Bauteil der meteorologischen Infrastruktur von heute erkennbar.[17] Mit der Zeit wuchsen die Messnetze, so dass »[d]ie Erde« sich »mit einem immer dichteren Netz von Drähten und Kabeln« umspann und überall »ein Wald von Sendern und Empfängern« emporgewachsen ist, mit »Antennen, die in winzigen Spitzen aufsprießen oder als Türme die Städte überhöhen«.[18] Es geht Jünger dabei nicht um die bloße Anzahl der Fühler, Leitungen und Sendemasten, die im Dienste der meteorologischen Messnetze stehen. Die Telekommunikationsnetze sind erheblich größer. Entscheidend für ihn ist vielmehr, dass die meteorologische Infrastruktur räumlich am weitesten ausgreift. Selbst in unbewohnten und lebensfeindlichsten Regionen, auf dem Meer, auf den Berggipfeln, ja, selbst an den Polen und hoch über dem Erdboden in der Luft finden automatisiert Messungen statt, und in dieser Logik gehört der Wetterbeobachtung aus dem All die Zukunft. Während Jünger an seinem Essay arbeitete, hatte die *Universitas* bereits über solche Pläne der Wetterdienste berichtet.[19] »Die Wetterkunde gehört« aus diesem Grund, so folgert Jünger, »zu jenen Wissenschaften, die der Erde als solcher zugeordnet sind. Sie läßt sich daher auch nicht begrenzen; die Nationen können ihren Beitrag dazu leisten, nicht aber sie beschlagnahmen. Das Wetter ist zwar überall

1 [o. A.]: *Wetterbeeinflussung und politische Macht*. In: *Universitas* 13 (1958), S. 317–318, hier S. 317.

2 Ebenda.

3 Ebenda, S. 318.

4 Oliver Graham Sutton: *Künstliche Wetterbeeinflussung?* In: *Universitas* 13 (1958), S. 747–750, hier S. 750.

5 Vgl. [o. A.]: *Sonnenschein an Feiertagen*. In: *Der Spiegel*, 30. 6. 1954, S. 25; [o. A.]: Das Bombenwetter. In: *Der Spiegel*, 11. 12. 1957, S. 52 f.; [o. A.]: *Den Regen abmelken*. In: *Der Spiegel*, 22. 1. 1958, S. 29.

6 Ernst Jünger: *Gespräche mit Julien Hervier* [1985]. In: Ernst Jünger: *Gespräche im Weltstaat. Interviews und Dialoge 1929–1997*. Hg. v. Rainer Barbey und Thomas Petraschka. Stuttgart 2019, S. 236–337, hier S. 281.

7 Ernst Jünger, Carl Schmitt: *Briefwechsel 1930–1983*. Hg. v. Helmuth Kiesel. Stuttgart 1999, S. 289–291, hier S. 291 (Brief Ernst Jüngers an Carl Schmitt vom 8. 1. 1956).

8 Anders als in vielen Büchern finden sich daher in den *Universitas*-Heften in Jüngers Nachlassbibliothek kaum Lesespuren (nach Auskunft von Julia Maas, DLA Marbach). Weitere Veröffentlichungen, die für den meteorologischen Themenkomplex in der Zeitmauer einschlägig wären, gibt es darüber hinaus im Bibliotheksbestand nicht.

9 Vgl. dazu Daniel Morat: *Von der Tat zur Gelassenheit. Konservatives Denken bei Martin Heidegger, Ernst Jünger und Friedrich Georg Jünger 1920–1960*. Göttingen 2008, S. 509–511. Der Schreibprozess lässt sich an den Datierungen in Jüngers Manuskript der *Zeitmauer* genau nachvollziehen (DLA Marbach HS.1994.0009.00008).

verschieden und muß von vielen Punkten aus beobachtet werden, jedoch setzt diese Beobachtung, soll sie fruchtbar werden, ein planetarisches System voraus.«[20]

Mit diesem planetarischen System beobachtet der Mensch aber längst nicht nur das Wetter, sondern wirkt bereits darauf ein. Denn die mediale Infrastruktur hat die Atmosphäre inzwischen in ein Strahlenmeer verwandelt. Wenn der Mensch mit seinen Augen nicht nur Lichtwellen sehen könnte, sondern auch elektromagnetische Wellen, wäre sofort offensichtlich, »daß die Erdhülle nach kurzer Dämmerung leuchtend geworden ist. Wir würden unter dieser Aura ein glühendes Netz sehen und überall webende rotierende Bewegungen. Ihr Schimmer würde durchbrochen werden durch die Emanationen einer Unzahl von Vulkanen, die besonders, von den gemäßigten Gürteln des Planeten, einen immer stärkeren Glanz, eine blendende Kraftflut aussendeten.«[21] In der letzten Formulierung deutet sich bereits an, dass elektrisch codierte Informationen immer auch Energie übertragen.[22] Und daher treten die Ladungen auf Ebene der Materie stets mit Energieflüssen der Erde und des Kosmos in Wechselwirkung. Jünger belässt es bei diesen Andeutungen. Ohne näher die physikalischen Einzelheiten zu erklären, geht er im Folgenden davon aus, dass dieser unbeabsichtigte Nebeneffekt der Informationsübermittlung neuerdings wohl schon gezielt für energetische Eingriffe in die Atmosphäre genutzt wird. Denn abrupt kommt er auf den Punkt, auf den der ganze historische Abriss der Meteorologie zuläuft:

> Experimente, die in den geologischen, ja in den kosmischen Haushalt eingreifen, sind etwas Neues; nie nahmen Menschen sich Derartiges heraus. Wohl hatte man von Akten dieser Größenordnung eine Vorstellung, doch rechnete man sie bei allen Völkern den über- und außermenschlichen Sphären zu, insbesondere der titanischen und dämonischen Welt. Das Wettermachen galt als satanische Kunst der Hexen und Zauberer. Zur Abwendung der Un- und Mißwetter gab es den Opferdienst. In der Errichtung des ersten Blitzableiters darf man ein bedeutendes Datum sehen.[23]

Die Bedeutung der Erfindung des Blitzableiters liegt mithin nicht darin, »daß ein paar Dächer vom Feuer verschont bleiben«, sondern dass sich in ihr erste »Verweisungen eines neuen Geistes und seines Stils«[24] materialisieren. Die Vorzeichen würden heute erst erkennbar. Dieser neue Geist bringe die jüngsten geschichtlichen Prozesse auf den Begriff und lasse sie dadurch erst fassbar werden. Sein Stil sei gekennzeichnet von einem ontologischen Monismus – und Jüngers Essay versucht das Kommen dieser Denkweise vorzubereiten.

Denn Jünger geht davon aus, dass die gegenwärtig vorherrschende Denkungsart noch immer von den ontologischen Dualismen der Neuzeit geprägt ist. Um das Denken in zwei Substanzen, Geist und Körper, zu überwinden, beschreibt Jünger die neuen Phänomene aus Sicht beider Substanzen, um letztlich deren Identität zu erweisen und sich dadurch einem Monismus anzunähern, der eben nicht mehr verschiedene Substanzen unterscheidet: Anthropologisch lässt sich die planetarische Infrastruktur der Meteorologie als Ausweitung der menschlichen Nervenbahnen und Steigerung der menschlichen Sinnesvermögen begreifen. Die Verlängerung der Reizleitung und die Verbreiterung der sensorischen Fähigkeiten schieben die Körpergrenzen in nichtmenschliche Dimensionen hinaus.[25] Dadurch ergeben sich für den Menschen völlig neue Erfahrungswirklichkeiten: Erst in diesen nichtmenschlichen Maßstäben erscheint der Meteorologie das Wetter als Zirkulationssystem, das den gesamten Planeten umspannt. In dieser Sichtweise lassen sich die Entwicklungen der letzten Zeit als »Naturalisierung« des Menschen beschreiben. Umgekehrt, gewissermaßen von den Leitungsbahnen her gesehen, stellt sich, was aus menschlicher Sicht als Ausweitung der Körpergrenzen in die Natur scheint, als eine Art »Vermenschlichung« der nichtmenschlichen Natur dar. Es ist daher keine Metaphorisierung, Information und Ladung in Begriffen von Geist und Körper zu fassen, sondern ihnen viel wesensmäßiger. Mehr noch: Die Unterscheidung zwischen Information und den elektrischen Impulsen, die sie übermitteln, bildet im Grunde nur zwei unterschiedliche Sprechweisen, die aber dieselbe Sache bezeichnen. Ontologisch gesehen ist daher unbedingt der Substanzdualismus von Geist und Körper aufzugeben und damit auch die Trennung von Kultur und Natur. Jünger hält es daher im Sinne des Monismus für entscheidend, »die Identität beider Prozesse«[26]

10 Zu Kontinuitäten und Entwicklungen in Jüngers Schaffen vom *Arbeiter* zu *An der Zeitmauer* vgl. Henri Plard: *Ernst Jüngers Wende. »An der Zeitmauer« und »Der Weltstaat«*. In: Heinz Ludwig Arnold (Hg.): *Wandlung und Wiederkehr. Festschrift zum 70. Geburtstag Ernst Jüngers*. Aachen 1975, S. 117–131; Martin Meyer: Ernst Jünger. München 1990, S. 496–503; Elliot Y. Neaman: *A dubious Past. Ernst Jünger and the Politics of Literature after Nazism*. Berkeley, Los Angeles, London 1993, S. 200–203; Steffen Martus: *Ernst Jünger*. Stuttgart, Weimar 2001, S. 185–191; Thomas Pekar: *Vom nationalen zum planetarischen Denken. Brüche, Wandlungen und Kontinuitäten bei Ernst Jünger*. In: Matthias Schöning, Ingo Stöckmann (Hg.): *Ernst Jünger und die Bundesrepublik. Ästhetik, Politik, Zeitgeschichte*. Berlin, Boston 2012, S. 185–204, hier S. 189–191.

11 Eine ähnliche Denkbewegung findet sich zur gleichen Zeit bei einer Reihe konservativer Denker. Vgl. dazu diskursgeschichtlich Gregor Streim: *Das Ende des Anthropozentrismus. Anthropologie und Geschichtskritik in der deutschen Literatur zwischen 1930 und 1950*. Berlin, New York 2008, S. 1–116.

12 So etwa Christian Graf von Krokow: *Die Entscheidung. Eine Untersuchung über Ernst Jünger, Carl Schmitt, Martin Heidegger*. Stuttgart 1958 und Morat: *Von der Tat zur Gelassenheit*.

13 In diesem Sinne lesen Streim: *Das Ende des Anthropozentrismus*, S. 117–160 Jüngers Werke bis Anfang der 1950er Jahre und Heimo Schwilk: *Ernst Jünger – Ein Jahrhundertleben. Die Biographie*. Stuttgart 2014, S. 502 f. und 508 die *Zeitmauer*.

zu sehen. Wenn sich mit dem neuen Stil das Verhältnis von Mensch und Natur durchgreifend neu bestimmt, muss die Tragweite der Entwicklung, die mit dem Blitzableiter begann, »nicht nur [in] weltgeschichtlicher, sondern auch erdgeschichtlicher« [27] Perspektive erfasst werden.

Klimaethik in erdgeschichtlichen Maßstäben

Wenn die Weltgeschichte in die umfassenderen Maßstäbe der Erdgeschichte einrückt, schrumpft sie zu einer Episode zusammen und fügt sich ein in die Naturprozesse. »Der menschliche Plan«, erklärt Jünger, »wird umgrenzt, umfriedet von einem größeren: dem Schöpfungsplan. Die Originalität, die Autorität und Dauer des Menschenplanes sind abhängig von dem Maße, in dem er dem Schöpfungsplan entspricht. Dort sind die Grenzen von »Vernunft und Wissenschaft« «. Insofern bildet der Menschenplan allein ein »Mit- und Gegenspiel« im Plan der Natur. »Während der menschliche Plan begrenzt ist, ist der Weltplan grenzenlos; er ist immer und überall. Das bedeutet, daß er auch *innerhalb* der Menschenpläne und ihrer Wissenschaft wirkt. Das ist ein verborgener Anteil der Pläne, der sich der Planung entzieht. Der Mensch treibt und erfindet Dinge, deren Bedeutung sich ihm versteckt.«[28] Entscheidend ist für Jünger dabei, zwischen den menschlichen Absichten und der tatsächlichen Zielrichtung der Naturprozesse zu unterscheiden. »[D]as Ziel kann in ganz anderer Richtung und auch Entfernung liegen, als der planende Geist beabsichtigte.«[29]

Zwar ist die Zielrichtung der erdgeschichtlichen Entwicklungen für den Menschen nicht absehbar, dennoch ist es auch unter den Bedingungen einer unvollständigen Informationslage möglich, eine situative Ethik zu entwickeln. Jünger geht davon aus, dass das Sein trotz aller Veränderungen im Einzelnen im Ganzen doch seine Konstanz bewahrt. Daraus schließt er, dass die Veränderungen wechselseitig aufeinander bezogen sein müssen, somit eine zweckmäßige Ordnung angenommen werden kann. »Das Universum hat stets die gleiche Kapazität. Jede Entwicklung ist nicht mehr als eine Verlegung von Schwerpunkten.«[30] Somit muss man sich jede einzelne Veränderung in der Natur als Umlagerung vorstellen, die an anderer Stelle eine Gegenbewegung hat. Folglich, so lässt sich erschließen, strebt jede Bewegungsdynamik der Naturläufe nach Ausgleich. »Jeder Untergang, jede Disharmonie hat ein begrenztes Spielfeld, das von unermeßlicher, unerschöpflicher Harmonie umschlossen wird, von unzerstörbarem Sein.«[31]

Ausgehend von dieser Prämisse vermutet Jünger, dass die Fähigkeit, ins Klima einzugreifen, darauf weist, dass von dieser Gebrauch gemacht werden wird und das Weltklima sich daher verändern wird. Das eine hängt mit dem anderen nicht kausal zusammen, doch ist im Sinne der Zweckmäßigkeit von einem »spiegelbildliche[n] Nebeneinander«[32] auszugehen. In der Vergangenheit hat sich die Lage und Kraft des Golfstroms bereits mehrfach verändert. Und auch Vulkanausbrüche wie der des Vesuvs oder des Mont Pelé hatten Klimaveränderungen in bestimmten Teilen der Erde zur Folge. Jünger vermutet dabei eine Periodizität, deren Turnus aber die historische Erfahrung übersteigt.[33] Neue Klimafaktoren werden stärker als je zuvor mit den planetarisch genutzten Erdmächten in Wechselwirkung treten:

> Die Sonnenoberfläche wird durch besondere Observatorien überwacht. Ihre Veränderungen greifen in den elektrischen Haushalt sowohl der Erde als auch des Menschen ein. Sie rufen magnetische Stürme, Nordlichter und andere Erscheinungen hervor, beeinflussen die Sendung und den Empfang. Bezeichnend für den Übergang von linearen zu zyklischen Zeitvorstellungen sind Theorien, die damit rechnen, daß sich die Sonnenenergie verstärkt, während noch bis vor kurzem ihre allmähliche Verminderung als selbstverständlich galt.
>
> Neuartig und wachsend ist die durch die menschliche Tätigkeit geschaffene atmosphärische Unruhe und die ihr entsprechende Beunruhigung. Die Industriereviere, Großstädte, Verkehrsmittel, Kraftwerke, Schießplätze wirken wie Ventile, die immer stärkere Emanationen freigeben. Die Tatsache, daß von der Erde seit langem gebundene und gehortete Vorräte, etwa von Kohlenstoff, in großem Umfang wieder frei werden, ist nicht nur eine Energiefrage. Sie muß auch das Leben, insbesondere die Vegetation, beeinflussen.[34]

14 Jünger: *An der Zeitmauer.* In: Ernst Jünger: *Sämtliche Werke.* Stuttgart 2015, Bd. 10 (Essays II), S. 395–645, hier S. 590.

15 Ebenda, S. 559.

16 Ebenda, S. 561.

17 Diese Überlegungen Jüngers könnten beeinflusst sein durch die Lektüre von Hans Piloty: *Die Entwicklung des modernen Nachrichtensystems.* In: *Universitas* 5 (1950), S. 689–698 und Franz Wolf: *Blitze und Gewitter.* In: *Universitas* 9 (1954), S. 163–169, hier S. 163.

18 Jünger: *An der Zeitmauer*, S. 572.

19 Vgl. Johannes Georgi, Karl Reger: *Das Internationale Geophysikalische Jahr und seine Ergebnisse.* In: *Universitas* 14 (1959), S. 291–301, hier S. 291; Hermann Flohn: *Neue Probleme und Erkenntnisse der Physik der Erde.* In: *Universitas* 14 (1959), S. 603–613, hier S. 603.

20 Jünger: *An der Zeitmauer*, S. 567.

21 Ebenda, S. 576.

22 Vgl. dazu diskursgeschichtlich Ghislain Thibault: *Wireless Past and Wired Futures.* In: Andrew Herman, Jan Hadlaw u. a. (Hg.): *Theories of the Mobile Internet. Materialities and Imaginaries.* New York, London 2014, S. 87–104.

23 Jünger: *An der Zeitmauer*, S. 566.

24 Ebenda, S. 633.

25 Vgl. ebenda, S. 500–502 und 572 f.

26 Ebenda, S. 569.

27 Ebenda, S. 567.

28 Ebenda, S. 552 (Herv. im Orig.).

29 Ebenda.

Diese Veränderungen sind aus weltgeschichtlicher und aus erdgeschichtlicher Perspektive verschieden zu beschreiben und zu bewerten. In der *Universitas* war die Frage der Klimaveränderungen oft diskutiert worden, und die Mehrzahl der Wissenschaftler rechnete eher mit einem Schmelzen des Eises als mit einer neuen Eiszeit.[35] Obwohl Jünger sich nicht sicher ist, ob es wärmer oder kälter werden wird, tendiert er dazu, der Meinung der Meteorologen zu folgen. Von dieser Voraussage einer Klimaerwärmung ausgehend, schreibt er:

> Wenn etwa die Durchschnittstemperatur um einige wenige Grade stiege, so daß in Norwegen und in Feuerland die Palmen und an den Polen die Mandelbäume blühten, so würde das nicht nur botanische, sondern auch zoologische und ethnische Invasionen zeitigen. Nicht nur die Summe von Veränderungen, sondern eine neue Harmonie, ein neuer Weltstil würde die Folge sein. Die weißen und die schwarzen Historiker würden den Vorgang verschieden beurteilen.[36]

Gegenwärtig bestehe die dominante Strategie im Umgang mit den neuen Fähigkeiten des Menschen noch darin, diese im Rahmen des weltgeschichtlichen Denkens konzipieren zu wollen. Ein Fehler, wie Jünger meint. Darum legt er dar, dass dieser Versuch unweigerlich in Aporien führen muss. Vor allem zwei Probleme überfordern den Ansatz: War es lange Zeit möglich, im Rahmen der Weltgeschichte aus der Sicht von Siegern und Besiegten, von Gewinnern und Verlierern dieselben Ereignisse unterschiedlich zu erzählen, fällt diese Möglichkeit aus, wenn die Menschheit nun zur Einheit zusammenrückt. Die Menschheit gewinnt damit die unbequeme Doppelrolle von Siegern und Besiegten zugleich. Das andere Problem liegt darin, dass die Menschen lange Zeit Nutzengewinn aus der Natur allein für sich verbuchten, hingegen Schädigungen Göttern oder den Zufälligkeiten der Naturmächte zuschreiben konnten.[37] Mit der gewachsenen Handlungsmacht sieht der Mensch sich aber in der Situation, nun auch für nicht einmal intentionales Nichthandeln und mögliche Schäden die Verantwortung übernehmen zu müssen. Dies hat dazu geführt, dass Endzeitvisionen gegenwärtig wieder eine große Konjunktur erleben. Im Unterschied allerdings zu den religiösen Apokalyptiken der Vergangenheit gibt es keine Hoffnung auf eine neue Erde. Das Weltende findet dieses Mal ohne Transzendenz statt, und der Mensch ist ganz auf sich allein gestellt.[38] In seiner Doppelrolle sieht der Mensch sich dabei in einer paradoxen Situation: Auf der einen Seite sieht er, dass ein Weiter-So direkt ins Verderben führt und die Auslöschung der gesamten Spezies zur Folge hat. Auf der anderen Seite liegt es im Epochenstil, dass der Mensch sich unfähig sieht, einfach aufzuhören und nicht zu handeln. Vielmehr versucht er mit denselben Mitteln, die die Gefährdung erst hervorgebracht haben, ihr auch wieder Abhilfe zu verschaffen.[39]

Jünger kontert nun die Endzeitvisionen des weltgeschichtlichen Denkens mit einer naturgeschichtlichen Perspektive. Er reinterpretiert sie dabei im Sinne der Zweckmäßigkeit: Die Gefahr der Selbstauslöschung erkannt zu haben, schließt das Eintreten der Bedrohung höchstwahrscheinlich aus.[40] Die »Konfrontation mit dem Weltuntergang und seinem Schrecken« hat, Jünger zufolge, vor allem einen »pädagogische[n] Wert«.[41] Denn wir Menschen können paradoxer Weise erst »praktisch bemüht sein, [...] die Katastrophe auszuschließen«, wenn »wir theoretisch mit ihrer Wahrscheinlichkeit rechnen, sogar mit ihrer Unabwendbarkeit«.[42] Denn im Sinne einer sich selbstvereitelnden Prophezeiung ist das Gefahrenbewusstsein in der Lage, die Offenheit für ein neues Selbstverständnis des Menschen im Rahmen des naturgeschichtlichen Denkens zu schaffen.

Verantwortung für die eigene Evolution übernehmen

Weltgeschichtlich dachten die Menschen das Überleben bisher immer in Bezug auf Individuen hin.[43] Erdgeschichtlich hingegen darf ethisch der einzelne Mensch keine Rolle mehr spielen, sondern nur die Erhaltung der Art. Diese Sichtweise der und dem Einzelnen zu vermitteln, die am Leben hängen, ist natürlich schwierig. Dennoch versucht Jünger für die erdgeschichtliche Sichtweise zu werben: Das Ende, erklärt er, bildet stets auch einen neuen Anfang. Und dass Arten aussterben und neue Arten entstehen, die den neuen Gegebenheiten besser angepasst sind, gehört zum Lauf der Natur. In dieser Doppelperspektive »wird der Untergang zwar

30 Ebenda, S. 464.

31 Ebenda, S. 552.

32 Ebenda, S. 635.

33 Vgl. ebenda, S. 547 und 586 f.

34 Ebenda, S. 587. – K. O. Kiepenheuer: *Beinflussen Sonnenflecke unser Leben?* In: *Universitas* 13 (1958), S. 29–39, hier S. 33–37, weist darauf hin, dass elektromagnetische Strahlung der Sonne den Funkverkehr stören kann. Hermann Flohn: *Neue Probleme und Erkenntnisse der Physik der Erde.* In: *Universitas* 14 (1959), S. 603–613, hier S. 606–608 weist auf die Erderwärmung durch Kohlendioxidemissionen hin.

35 Vgl. Charles Croot: *Nimmt die durchschnittliche Welttemperatur zu?* In: *Universitas* 5 (1950), S. 879 f.; Ludwig Koegel: *Wird das Klima wärmer?* In: *Universitas* 8 (1953), S. 949–953; Kurt von Bülow: *Die Gegenwart als erdgeschichtliche Zeitenwende.* In: *Universitas* 11 (1956), S. 295–300, hier S. 300; Heinrich Faust: *Die Beurteilung der Witterungs- und Klimaschwankungen.* In: *Universitas* 11 (1956), S. 509–515, hier S. 511 f.

36 Jünger: *An der Zeitmauer,* S. 548.

37 Vgl. dazu ausführlich Urs Büttner: *Nature makes History. Narrating Nature in Gerhard Richter an Alexander Kluge's »December«.* In: *Yearbook of Research in English and American Literature* 33 (2017), S. 217–234, hier S. 223–226.

38 Vgl. Jünger: *An der Zeitmauer,* S. 523–530.

39 Vgl. ebenda, S. 565 f.

40 Vgl. ebenda, S. 580.

41 Ebenda, S. 545.

42 Ebenda, S. 529 f.

nicht seiner Schrecken, wohl aber seiner Aussichtslosigkeit beraubt«.[44] Im Zeichen des Kommenden und der Verantwortung für die gesamte Art, ja letztlich der Fortdauer allen Lebens auf Erden, gibt es die Möglichkeit, in ihm einen Sinn zu sehen, und »[w]o Sinn geschaut wird, können Opfer gebracht werden«.[45] Das Überleben zumindest der Spezies Mensch zu sichern, verlangt, dass sich der Mensch den veränderten Klimabedingungen der Zukunft anpasst. Dies kann entweder dadurch geschehen, dass die Menschheit die kommenden Klimaveränderungen mittels *Climate Engineering* moderiert. Oder aber sie kann sich selbst durch biopolitische Maßnahmen dem veränderten Klima anpassen. Die neu gewonnenen Freiheiten erlauben es nämlich, dass »der Mensch nun die Verantwortung für seine Evolution übernimmt«.[46]

Bemerkenswerterweise schließt Jünger mit seinen Überlegungen nicht an den die Nachkriegszeit dominierenden Diskurs zum *Climate Engineering* an, der eingangs referiert wurde. Ja, es sieht fast so aus, als verweigerte er regelrecht eine Stellungnahme dazu. Jünger mag Suttons Skepsis geteilt haben, und auch ihm mögen die angeführten Pläne als Selbstüberschätzung menschlicher Macht erschienen sein. Darauf deutet der Vergleich der von Jünger angeführten, eher mikrophysikalischen Eingriffe in das Wettersystem mit den deutlich invasiveren hin, die die Meteorologen diskutieren. Entscheidender wird aber der militärische Kontext gewesen sein, in dem das *Climate Engineering* diskutiert wird. Jünger will nichts zu schaffen haben mit Technologien im Dienste von partikularen Machtinteressen von Ost und West, mit denen sich die Menschheit nur selbst ausrottet. Er will loskommen von dem weltgeschichtlichen Denken, das Machtinteressen verpflichtet ist, und mit seinem Essay Perspektiven für die gesamte Menschheit entwickeln, deren Überleben sein Interesse gilt.

Daher sucht Jünger mit seinen Überlegungen Anschluss an anderer Stelle im Diskurs. 1954 hatte der Meteorologe Dr. Heinrich Faust von der Forschungsabteilung des Deutschen Wetterdienstes in der *Universitas* einen Artikel über den Einfluss des Klimas auf die Evolution des Menschen veröffentlicht. Darin hatte Faust erklärt, dass der heutige Mensch das Produkt der Anpassung an die widrigen Klimabedingungen der letzten großen Eiszeit darstelle. Die Steigerung der Intelligenz des Urmenschen und die Ausbildung von Kulturen, die sich auf unterschiedliche Lebensräume einstellten, hätten der Gattung das Überleben gesichert: »Der Mensch als Einzelindividuum sowie in seiner Gesamtheit als biologische Art entstand in einer Umwelt, mit der er – als Teil dieser Umwelt – in *Harmonie* stehen muß, um als Lebewesen existieren zu können. Den wesentlichen Teil dieser natürlichen Umwelt machen die atmosphärischen Verhältnisse aus.«[47] Dies gilt nicht nur für die täglichen Entscheidungen, sich dem Wetter anzupassen oder sich vor ihm zu schützen, sondern gilt umso mehr für das Klima. »Während sich unser Organismus den kurzzeitigen, unregelmäßigen Schwankungen des Wetters nur bedingt anpassen kann, hat im Laufe der Menschheitsentwicklung eine ›großzeitliche Akklimatisation‹, stattgefunden, wie wir es bei der geographischen Verbreitung der verschiedenen Tier- und Pflanzenarten noch deutlicher sehen. Gerade die Änderungen des Klimas waren es dann, die den entschiedenen Einfluß auf die Entwicklung der Menschheit ausübten.«[48] Jünger nimmt Fausts Überlegungen zum Ausgangspunkt und führt die dort gelegte Denklinie weiter. Wenn das Klima und die biologische Anpassung in einem Wechselverhältnis stehen, und wenn sich das Klima ändert, dann bleiben zwei Möglichkeiten für den Menschen. Entweder der Mensch passt sich dem neuen Klima an, oder der Mensch passt das Klima sich an. Im Falle der ersten Option werden erheblich mehr Menschen überleben, wenn diese Anpassung aktiv gesteuert wird. Jünger denkt dabei im Sinne der Eugenik und bald möglicher Gentechnik daran, die organische Anpassung des Menschen durch Lenkung der Vererbung biopolitisch zu kontrollieren. Im Falle der anderen Option müsste das Klima in Zukunft stärker und vor allem zielgerichteter modifiziert werden als heute. Dabei ginge es nicht zwangsläufig darum, die natürlichen Klimaveränderungen rückgängig zu machen und ihnen Einhalt zu gebieten. Vielmehr böte sich die Chance, ein ideales Reizklima zu schaffen, das eine Höherentwicklung des Menschen im gewünschten Sinn fördert.

Gaben die oben angeführten Gründe die Erklärung, warum Jünger die Diskussionen über Wetterwaffen sehr bewusst ignorierte, so scheint der Grund auf, warum er hier den Anschluss für seine eigenen Überlegungen suchte. Denn Faust merkt an, dass das Wechselspiel von Klima und der

43 Vgl. dazu Falko Schmieder: *Überleben*. In: Benjamin Bühler, Stefan Willer (Hg.): *Futurologien. Ordnungen des Zukunftswissens*. Paderborn 2016, S. 327–337.

44 Jünger: *An der Zeitmauer*, S. 538.

45 Ebenda.

46 Ebenda, S. 603. – Vgl. dazu auch ebd., S. 604–607.

47 Heinrich Faust: *Wetter und Klima als gestaltende Faktoren in der Geschichte der Menschheit*. In: *Universitas* 9 (1954), S. 997–1006, hier S. 1005 f. (Herv. im Orig.).

48 Ebenda, S. 1006.

49 Ebenda.

50 Friedrich Wagner: *Die Wissenschaft und die gefährdete Welt. Eine Wissenschaftssoziologie der Atomphysik*. München 1964.

51 Friedrich Wagner: *Eine neue Epochensicht Ernst Jüngers*. In: *Universitas* 15 (1960), S. 641–648, hier S. 642.

52 Ebenda, S. 645.

53 Ebenda, S. 646.

54 Eine unvollständige Auflistung der Rezensionen findet sich in Nicolai Riedel (Hg.): *Ernst-Jünger Bibliographie. Wissenschaftliche und essayistische Beiträge zu seinem Werk (1928–2002)*. Stuttgart, Weimar 2002, S. 313 f.

55 Vgl. dazu Joachim Radkau: *Geschichte der Zukunft. Prognosen, Visionen, Irrungen in Deutschland von 1945 bis heute*. München 2017, S. 131–147; Frank Biess: *Die Republik der Angst. Eine andere Geschichte der Bundesrepublik*. Reinbek 2019, S. 117–153.

Evolution bislang wissenschaftlich noch wenig untersucht ist. Er könne daher in seinem Artikel nur erste Hinweise geben, es handle sich aber um ein »fruchtbares Forschungsfeld«.[49] Bei Jüngers Wissenschaftslektüren fällt durchgängig auf, dass er dort anknüpft, wo die Forscher unsicheres oder fehlendes Wissen ausweisen. Das liefert auch die Erklärung, warum Jünger sich nicht zu Einzelheiten des *Climate Engineerings* äußert, wo selbst die Meteorologie noch sucht.

Zwischen Science-Fiction, Verschwörungstheorie und Zeitdiagnose

Die *Universitas* hat in schöner Regelmäßigkeit nahezu jedes neue Werk Jüngers vorgestellt. Auch der *Zeitmauer*-Essay bildet keine Ausnahme. Die ausführliche Rezension, die 1960 erscheint, fällt wohlwollend, aber keineswegs unkritisch aus. Als zeitgenössischer Leseeindruck ist sie erhellend, da sie Aufschluss darüber gibt, wie sich Jüngers Überlegungen in den damaligen Diskussionsrahmen einfügen. Der Rezensent ist Friedrich Wagner, der seinerzeit als Soziologieprofessor in Bonn lehrte und vier Jahre später selbst eine ähnliche Zeitdiagnose mit dem Titel *Die Wissenschaft und die gefährdete Welt. Eine Wissenschaftssoziologie der Atomphysik* veröffentlichen wird.[50] In seiner Besprechung zeigt sich Wagner zwar irritiert von der »Unverbindlichkeit oder gar Unbegründbarkeit der Assoziation« von Jüngers Argumentation. Gleichzeitig ist er sichtlich fasziniert von dessen »Hellsicht und Präzision der Beobachtung«.[51] Ihn beeindruckt vor allem die Nüchternheit, mit der Jünger in seiner Zeitdiagnose die Gefahren, aber auch die Möglichkeiten der Gegenwart zeichnet. Tatsächlich stellt die Nüchternheit von Jüngers transhumanem Denken, man könnte auch sagen das Fehlen jeglichen Mitleids, eine ziemlich einzigartige Position im zeitgenössischen Diskurs dar. Vollkommen einverstanden damit scheint der Rezensent bei aller Bewunderung jedoch nicht zu sein, denn er kreidet Jünger an, die »progressistischen Seiten« der ausgemachten Entwicklungsprozesse überzubetonen und zu wenig deren »regressive Züge der Selbstaufhebung und Lähmung«[52] zu sehen. Zwar ist es deshalb nur konsequent, wenn »die zeitbestimmende Macht, die solche Züge am stärksten erkennen lässt – die Kernenergie – in diesem Werk nicht zur Sprache«[53] kommt, doch genau dies hält ihm Wagner vor. Das verbindet ihn mit der Mehrzahl der Rezensionen der *Zeitmauer*. Und genauso wie diese diskutiert auch Wagner nicht Jüngers Überlegungen zum *Climate Engineering*.[54]

Daran zeigt sich zum einen, wie polarisiert die Diskussion über die neuen Technologien in der Bundesrepublik geführt wurde. Die Einschätzungen gehen in die Extreme: Wagners große Ängste und Jüngers große Hoffnungen stehen unvermittelt nebeneinander. Ausgeglichenere Positionen fehlen dagegen fast vollständig.[55] In ähnlicher Weise hatten dies ja auch die beiden eingangs zitierten *Universitas*-Artikel bereits gezeigt. Die Polarisierung des deutschen Diskurses zeigt sich besonders deutlich, sieht man, mit welcher Nüchternheit und Ausgewogenheit Hannah Arendt zur selben Zeit die neuen Technologien in *The Human Condition* erörtert.[56] Dieser Vergleich liefert auch die Gründe dafür. Arendt konnte an den führenden amerikanischen Forschungsstätten viele der neuen Technologien selbst in Augenschein nehmen und am Rande ihrer Vorträge und Gastprofessuren mit führenden, an deren Entwicklung beteiligten Wissenschaftlern das unmittelbare Gespräch suchen. Solche exklusiven Informationsquellen standen selbst den meisten Wissenschaftlern im kriegsverheerten Europa nicht zur Verfügung. Die Informationslage war weitgehend bestimmt von der Kunde, die die Presse aus dem Ausland brachte. Die Forschung an neuen Technologien wie der Atombombe oder dem *Climate Engineering* fanden jedoch weitgehend unter strengster Geheimhaltung statt. An die Öffentlichkeit drangen vor allem propagandistische Inszenierungen, die an den politischen Gegner im Kalten Krieg adressiert waren. In Europa blieb deshalb selbst für Experten oft schwer einzuschätzen, was tatsächlich möglich war und wo die Propaganda maßlos übertrieb. Chancen und Risiken wurden daher nicht nur höchst unterschiedlich beurteilt, sondern den Urteilen selbst fehlte es an einem Maßstab.

Zum anderen wird die paradigmatische Rolle der Atomkraft unter den neuen Technologien der Nachkriegsära deutlich. Wagners Kritik zeigt somit nicht allein sein spezifisches Interesse, sondern auch Blumenberg, Jaspers, später auch Anders und viele andere entwickeln an ihr die Signaturen

56 Hannah Arendt: *The Human Condition*. Chicago u. a. 1958.

57 Karl Jaspers: *Die Atombombe und die Zukunft des Menschen*. München, Zürich 1957; Hans Blumenberg: Schriften zur Technik, Berlin 2015; Günther Anders: *Endzeit und Zeitenende. Gedanken über die atomare Situation*. München 1972. – Vgl. dazu Eva Horn: *Zukunft als Katastrophe*. Frankfurt am Main, S. 77–109.

58 In einem Brief vom 2. 2. 1959 schreibt Ernst Jünger an Armin Mohler über die Arbeit an der *Zeitmauer*: »In meiner Prognose wird das Wort Atombombe nicht vorkommen, wahrscheinlich nicht einmal das Wort Atom.« (DLA Marbach HS.1994.0009).

59 Luis Meana, Ernst Jünger: *Das Gedächtnis eines Jahrhunderts* [1995]. In: Ernst Jünger: *Gespräche im Weltstaat. Interviews und Dialoge 1929–1997*. Hg. v. Rainer Barbey und Thomas Petraschka. Stuttgart 2019, S. 413–423, hier S. 420.

60 Ebenda.

des neuen Zeitalters, die in der Nachkriegsära nun deutlich hervorgetreten waren. Der noch unmittelbare Eindruck der Schreckensbilder der Bombenabwürfe in Japan und immer neue Aufnahmen von Atompilzen, mit denen Amerikaner und Russen einander vor einem Erstschlag warnten, aber auch das Versprechen auf unbegrenzte Energie durch eine friedliche Nutzung der Kernspaltung bildeten dabei den Denkhorizont der meisten Zeitdiagnosen.[57] Jünger hat sich sehr bewusst dagegen entschieden, in der *Zeitmauer* auch über die Kernkraft zu schreiben.[58] Indem er sich stattdessen dem *Climate Engineering* zuwandte, das er zudem auch noch deutlich abweichend von den in den Nachrichten diskutierten Technologien denkt, wird er mit dem Essay der selbst beanspruchten Rolle als Solitär gerecht. Kaum eine andere deutsche Zeitdiagnose der Nachkriegszeit spricht ebenfalls vom *Climate Engineering*. Es ist daher wenig verwunderlich, dass die *Zeitmauer* verglichen mit dem *Arbeiter* deutlich geringeren Anklang in der öffentlichen Diskussion fand. Für den Großteil der Leserschaft müssen sich Jüngers Ausführungen zum *Climate Engineering* reichlich fantastisch ausgenommen haben. Wenn schon die Vorstellung der Manipulierbarkeit des Klimas an sich in der jungen BRD schwer vorstellbar schien, mussten Jüngers Überlegungen für die Zeitgenossen irgendwo in den Bereich zwischen Verschwörungstheorie und Science-Fiction gehören.

Mit größerem zeitlichen Abstand zeigt sich heute die Hellsichtigkeit Jüngers, die darin liegt, bereits Ende der 1950er Jahre gegenüber der ereignishaften Zerstörung von Nuklearexplosionen auf die schleichende Katastrophe hingewiesen zu haben, die in der Veränderung des Klimas liegt. Angesprochen auf die Naturzerstörung orakelte der greise Jünger 1995 in einem Interview im Vorfeld seines hundertsten Geburtstages noch immer etwas über die titanischen Mächte der Erde, die hinter ihrem Rücken das menschliche Handeln steuern:

> Das Verhältnis zur Natur ist heute nicht nur für mich, sondern auch für viele andere Menschen eine Leidensbeziehung. Die Urwälder des Amazonas werden zerstört, die Meere werden überfischt, die Atmosphäre, nun man sieht ja in welchem Zustand sie ist; mit einem Wort, wir gehen direkt gegen die Elemente an. Vielleicht kennen die Titanen ein Mittel, um das zu ändern, auch wenn für die Titanen die Zerstörung nichts Außergewöhnliches ist.[59]

Doch ganz auf die Titanen wollte sich Jünger dann doch nicht mehr verlassen. Zwei Sätze später wechselte er unvermittelt das Handlungssubjekt und sieht gegenüber der *Zeitmauer* nochmal deutlich größere Handlungsspielräume des Menschen, seine Auslösung abzuwenden: »Manchmal hat man den Eindruck, wir steuern auf eine ökologische Katastrophe zu. Vielleicht müssten wir viel mehr tun, um die Natur, die Umwelt und alles andere zu schützen.«[60]

TOBIAS NANZ ist wissenschaftlicher Mitarbeiter an der Europa-Universität Flensburg. Er lehrt als Post-Doc im Bereich der europäischen Medienwissenschaft und forscht zu Krisenkommunikationsmedien. Zuletzt erschien *The Great Disruptor. Über Trump, die Medien und die Politik der Herabsetzung* (2019, mit L. Koch, Ch. Rogers).

JOHANNES PAUSE ist Film- und Literaturwissenschaftler und arbeitet derzeit als Research Scientist an der Universität Luxemburg. Zu seinen Forschungsinteressen gehören das politische Kino, die Medienkulturen des Kalten Kriegs, Kulturtechniken der Isolation sowie Methoden computergestützter Filmanalyse. Zuletzt erschienen u. a. das Sonderheft *Digitale Praktiken* der Zeitschrift *montage AV* (2020) sowie der Band *Medialisierungen der Macht. Filmische Inszenierungen politischer Praxis* (2018).

TOBIAS NANZ
JOHANNES PAUSE

Der Kalte Krieg und sein Wetter

Im Bunker gibt es kein Wetter – zumindest keines, das positiv erlebt werden könnte, sondern nur eines, das aufgrund meteorologischer Beobachtungen mit technischen Medien verarbeitet und auf Karten oder Displays angezeigt wird. Der Kommandoraum tief unter der Erde ist eine Verkehrung des Feldherrenhügels, in der es Oberbefehlshaber*innen nicht mit Wind und Wetter, sondern mit aufbereiteten Datenstürmen zu tun haben. Gerade dieser wetterlose Ort jedoch scheint sich zur Kontrolle von Schlachten besonders zu eignen, wie es jene Imaginationen des Kalten Kriegs vorführen, in denen aus einer Technikbeherrschung eine Wetterbeherrschung folgt, in denen Sturmfronten umgeleitet werden können und so Gegner*innen in ihre Schranken gewiesen werden.

Dass die Wetterlage kriegsentscheidend sein kann,[1] konstatierte auch Carl von Clausewitz in seinem Klassiker *Vom Kriege*, der noch über einhundert Jahre später im Kalten Krieg eine Referenz von Spieltheoretiker*innen und Politiker*innen wie Thomas Schelling und Henry Kissinger war. Das, so Clausewitz, »was den wirklichen Krieg von dem auf dem Papier unterscheidet«,[2] sind Zufälle und Missverständnisse, mit denen in den Planungsstäben nicht gerechnet werden kann. Dazu gehöre auch das Wetter, da Nebel etwa die Feindaufklärung verhindern oder starker Regen ein Bataillon zum Stoppen bringen könne. Das Wetter wird so zu einer Partei im Krieg – und Ziel mag es seit jeher sein, Niederschlag und Nebel als Alliierte zu gewinnen und gegen den Feind einzusetzen.

Wettererscheinungen können jedoch auch in metaphorischer Hinsicht Partei ergreifen: In den Welten der Literatur und des Films können sie etwa Figuren charakterisieren und so die Rezeption der Lesenden oder

Zuschauenden steuern. In Anlehnung an die Frage Friedrich Christian Delius', welchen Anteil »Wetterdetails an der suggestiven Leistung der epischen Fiktion«[3] haben, befasst sich dieser Aufsatz mit der Überlegung, inwiefern im Kalten Krieg die Systemgegner mit Wettererscheinungen in Verbindung gebracht wurden. Selbst eine nur kursorische Sichtung von Film und Literatur zeigt dabei, dass das Wetter hier nicht nur als poetische, sondern auch als politische Kategorie Einsatz findet.[4] Dabei büßt es jedoch seine Rolle als bloßer Störfaktor militärischer Planspiele zunehmend ein. Im selben Maße, in dem Bunker und Kommandozentralen zu den wichtigsten Handlungsräumen werden, tritt es als eigenständiger Akteur auf den Plan, mit dem Forschende und Militärs zu interagieren gezwungen sind. Seine metaphorische Dimension bleibt gleichwohl bestehen, wird nun jedoch explizit: Ein Hurrikan etwa ist kein bloßer Sturm, sondern ein Phänomen, an dem sich die Frage entzündet, ob eine Gefahr – ein Feind – vom Meer aus ins Landesinnere vordringen kann. Die militärische Abwehr, die eigene Rüstung, der Zivilschutz sowie der Zusammenhalt der Bevölkerung geraten dabei gleichermaßen in den Blick.

Das Wetter »reizt und bestätigt«[5] mithin weiterhin die Fantasie. Im Gegensatz zu der eher atmosphärischen Bedeutung, die ihm nach Delius in der Literaturgeschichte zumeist zukam, wird es nun jedoch zu einem konkreten Wissensobjekt, das Ergebnis eines spezifischen Äußerungszusammenhangs des Kalten Kriegs ist und so die Gegnerschaft der beiden Blöcke entlang ihrer eigenen Regeln und Verfahren repräsentiert.[6] Die hier vertretene These lautet daher, dass der Kalte Krieg, der von verschiedenen Phasen der Eskalation und Deeskalation geprägt war, in seinen (westlichen) Imaginationen ein spezifisches Verhältnis zum Wetter hatte. Von Anfang an war dieses auf zwei unterschiedlichen Ebenen von hoher Relevanz. Zum einen wurde der potenzielle Feind aus dem Ostblock gerade in der Frühphase des Kalten Kriegs oftmals nicht direkt, sondern verschleiert verkörpert. Eine beliebte Figur waren Außerirdische, die in Menschengestalt die Vereinigten Staaten zu unterwandern und zu kontrollieren suchen.[7] So entstand eine Reihe von »Invasion Narratives«[8], die vom Siegeszug der freiheitsliebenden Bürger*innen der USA gegen die konformistische Gesellschaftsordnung der Aliens berichten. Als Ausdruck eines globalen Zusammenhangs und einer potenziellen Bedrohung konnte, wie zu zeigen sein wird, auch das Wetter diese Rolle des invasiven Gefährders einnehmen.

Zum anderen stellen die ersten Jahrzehnte nach dem Zweiten Weltkrieg einen Höhepunkt der militärischen wie wissenschaftlichen Erforschung des Wetters dar. Durch Versuche des US-Militärs, die weltweite Zirkulation des durch Atombombentests entstandenen Fallouts in der Stratosphäre nachzuvollziehen, werden institutionell wie methodisch die Grundlagen der heutigen Klimaforschung gelegt.[9] Zugleich wurden erstmals systematisch Möglichkeiten erkundet, das Wetter zu manipulieren, wobei militärische Zwecke bereits früh im Fokus standen. Im Zuge dieser Forschungen wurde das Wetter jedoch zunehmend als eigenständiger Akteur erkannt, der sich allen Versuchen der direkten Steuerung widersetzte: In dem über die Grenzen der Blöcke hinweg diskutierten Szenario des nuklearen Winters veränderte sich die Bedeutung der Wissenschaft für die kollektive Imagination nachhaltig.[10] Dieser epistemische Umbruch in der zweiten Hälfte des 20. Jahrhunderts ist der zentrale Gegenstand dieser Untersuchung: Dienten Szenarien der Wetterkontrolle in der Frühzeit des Kalten Kriegs der Bewältigung von Ängsten und zugleich als Stützen staatlicher Macht, wurde die zumeist männliche Figur des Wetterforschers in den 80er Jahren zu einem einsamen Propheten, der apokalyptische Visionen klimatischer Eskalation heraufbeschwor.

Das Wetter fungierte in der Zeit des Kalten Kriegs mithin zugleich als Metapher und als potenzielle Superwaffe, mit ihm verbanden sich technikbegeisterte Fantasien globaler Kontrolle ebenso wie apokalyptische Ängste vor einer Zerstörung, die jede Intentionalität des Menschen übersteigt. Der Einfluss der Menschen auf das Klima wurde anfangs stark in Rhetoriken der Manipulation, dann zunehmend in solchen des Kontrollverlustes gefasst. Das Medium, an dem dieser Wandel im Folgenden nachvollzogen werden soll ist der Film, dessen Bildgewalt in der Zeit des Kalten Kriegs die virtuelle Bedrohung des Atomkriegs in besonderer Weise vor Augen führt.[11] In der Frühphase des Kalten Kriegs, so zeigt das erste Kapitel, wurde in ihm auch das Wetter politisiert, wobei die dokumentarische Darstellung eines Wirbelsturms umstandslos mit der fiktionalen Erzählung

1 Zur epistemologischen Verbindung von Krieg und Wetter bei Clausewitz vgl. Anders Engberg-Pedersen: *Krieg und Militär. Kriegsatmosphären. Stendhals La Chartreuse de Parme im Kontext von Clausewitz, Kriegstheorie und Minards thematischer Kartographie*. In: Urs Büttner, Ines Theilen (Hg.): *Phänomene der Atmosphäre. Ein Kompendium Literarischer Meteorologie*. Stuttgart 2017, S. 54–67.

2 Carl von Clausewitz: *Vom Kriege*. Berlin 1998, S. 86.

3 Friedrich Christian Delius: *Der Held und sein Wetter. Ein Kunstmittel und sein ideologischer Gebrauch im Roman des bürgerlichen Realismus*. Göttingen 2011, S. 11.

4 Barbara Wurm: *Wetter und Film als Un-Formen der Überwältigung*. In: Petra Lutz, Thomas Macho (Hg.): *Zwei Grad: Das Wetter, der Mensch und sein Klima*. Göttingen 2008, S. 96–103, hier S. 97.

5 Delius: *Der Held und sein Wetter*, S. 11.

6 Vgl. Joseph Vogl: *Einleitung*. In: Joseph Vogl (Hg.): *Poetologien des Wissens*. München 1999, S. 7–16, hier S. 13.

7 Vgl. David Seed: *American Science-Fiction and the Cold War. Literature and Film*. Edinburgh 1999, S. 132–133.

8 Vgl. Hilary Dannenberg: Invasion Narratives and the Cold War in the 1950s American Science-Fiction Film. In: Kathleen Starck (Hg.): *Between Fear and Freedom: Cultural Representations of the Cold War*. Cambridge 2010, S. 39–52.

einer militärischen *weather control*-Operation kombiniert werden konnte. Im Angesicht der Gefahr eines nuklearen Winters, die im zweiten Kapitel behandelt wird, erfuhr das Wetter in der Spätphase des Kalten Kriegs dann eine Demetaphorisierung, die am Dokumentarfilm ebenso wie am im dritten Kapitel exemplarisch beleuchteten Spielfilm nachvollziehbar ist. Die Filmproduktionen aus den 1980er-Jahren referieren dabei weiterhin auf die Gedankenexperimente der Nachkriegszeit und mithin auf ein bereits etabliertes »meteorologisches Imaginäres«, versuchen nun jedoch, wissenschaftliche Fakten und politische Fiktion voneinander zu trennen und gegeneinander in Stellung zu bringen.

Die Invasion des Wetters

Mitte der 1950er Jahre begann Walt Disney mit der Produktion einer Serie von »science factuals«, mit denen der Konzern das aufkommende Fernsehen belieferte und zugleich Werbung für die Attraktionen des *Tomorrowland* im Kalifornischen Disney-Vergnügungspark machte. 42 Millionen Zuschauer sollen die erste Sendung dieser Reihe, die die bevorstehende Entwicklung der bemannten Raumfahrt vorführte, gesehen haben.[12] Die Filme entstanden in Kooperation mit Wernher von Braun, der nicht nur gelegentlich im Bild zu sehen war, sondern auch als technischer Berater wirkte, nicht zuletzt um die Weltraumforschung der USA zu bewerben. US-Präsident Eisenhower, so berichtet der Disney-Zeichner Ward Kimball, bat um eine Kopie von *Man in Space*, dem ersten Film der Reihe, um diesen gemeinsam mit seinen Generälen zu sichten. Auch Vertreter der Sowjetunion sollen Interesse signalisiert haben, doch Disney, das Space Race vor Augen, lehnte wohl ab.[13]

Kurz nach dem Sputnikschock im Jahr 1957 nahm Disney die Thematik wieder auf und produzierte in Kooperation mit dem United States Department of Defense den etwa 25-minütigen Film *Eyes in Outer Space* (R.: Ward Kimball). Wenngleich der Westen das Wettrennen um den ersten künstlichen Satelliten im All verloren hatte, sollte er doch in der Imagination und in der Zukunft den Weltraum erreichen. Der Lehrfilm zeigt in eindrücklicher Weise, wie stark die Erforschung des Wetters und das Militär zusammenhängen. Institutionsgeschichtlich ist diese Verbindung nicht überraschend, da das Militär insbesondere seit dem Beginn der

Luftfahrt großes Interesse für Luftdruck oder die Entstehung von Stürmen entwickelte und einen eigenen Wetterdienst aufbaute. Der kurze Film verdeutlicht diese gemeinsamen Entwicklungen, wendet aber auf sprachlicher wie bildlicher Ebene die Hierarchie: Das Wetter ist nicht allein Untersuchungsgegenstand des Militärs, vielmehr wird das Militär zugleich zu einem Klimaphänomen stilisiert, das mit seiner ungeheuren Schlagkraft das Territorium der Vereinigten Staaten bedroht.

So wird zu Beginn des Films hervorgehoben, dass das Wetter als »one of men's oldest and mightiest adversaries« nicht nur für »beauty«, sondern auch für »violence« und »destruction« verantwortlich sei. Bilder von Sturmfluten, die ähnliche Schäden wie Kriegseinwirkungen hinterlassen, untermalen diese Worte. Aufnahmen sich im Sturm biegender Bäume oder zerstörter Wohnhäuser mögen Assoziationen zu den ikonischen Filmaufnahmen der Atombombentests am Bikini-Atoll oder auf der Nevada Test Site aufrufen. Um solche Schäden zu verhindern, sammeln Meteorolog*innen in einsamen Messstationen im Packeis oder in Großstädten und mittels Sonden in Flugzeugen, Schiffen und Satelliten Informationen. Alle Daten laufen in Büros und Rechnern zusammen, die Ähnlichkeiten mit militärischen Situation Rooms haben, in denen vergleichbare Karten, Fernschreiber und Computer stehen. In solchen hochtechnisierten Zentren wird ein Wetter prognostiziert und erstellt, das von den Widrigkeiten des *echten* Wetters im Außenraum befreit ist, in seiner hyperrealen Vereinzelung beherrschbar erscheint und so Gegenstand imaginärer Projektionen werden kann. Das im Computer erzeugte Wetter herrscht in einer Hyperrealität, dem Zukunftsentwurf einer besseren Welt, in der Tornados umgeleitet werden können und in der – wie argumentiert werden soll – aufgrund der eigenen technologischen Stärke auch der Systemgegner abgeschreckt werden kann. Der Verlust der Kopplung an die Realität wird durch einen Gewinn an imaginierter Überlegenheit und ideologischer Stärke aufgewogen.

9 Joseph Masco: *The Theater of Operations. National Security Affect from the Cold War to the War on Terror.* Durham, London 2014, S. 80–91.

10 Barbara Wurm hat gezeigt, wie die internationale Debatte des nuklearen Winters Konstantin Lopušanskijs *Briefe eines Toten* (1986) beeinflusst hat. Vgl. Barbara Wurm: *Zeiten des Endes. Konstantin Lopušanskijs Briefe eines Toten (1986).* In: Tobias Nanz, Johannes Pause (Hg.): *Das Undenkbare filmen. Atomkrieg im Kino.* Bielefeld 2013, S. 103–128, hier S. 105–110.

11 Vgl. hierzu auch Tobias Nanz, Johannes Pause (Hg.): *Das Undenkbare filmen. Atomkrieg im Kino.* Bielefeld 2013.

12 Vgl. Mike Wright: *The Disney-Von Braun Collaboration and Its Influence on Space Exploration.* https://www.nasa.gov/centers/marshall/history/vonbraun/disney_article.html (4. 1. 2019).

13 Vgl. Rolf Giesen: *Der Angriff der Zukunft auf die Gegenwart. Vergangenheit, Gegenwart und Zukunft der Bewegtbilder.* Köln 2018, S. 69.

14 Vgl. Paul Gordon Lauren, Gordon A. Craig u. a.: *Force and Statecraft. Diplomatic Challanges of our Time.* New York, Oxford ⁵2014, S. 95.

15 Vgl. zur stellvertretenden Verarbeitung katastrophischer Szenarien Richard Kearney: *Strangers, Gods and Monsters.* London, New York 2003, S. 120.

16 Alexander Demandt: *Metaphern für Geschichte. Sprachbilder und Gleichnisse im historisch-politischen Denken.* München 1978, S. 136.

Karten scheint im Film bei der Wettermanipulation eine besondere Rolle zuzukommen. Ähnlich wie in militärischen Karten, in denen die Positionen und Vorstöße des Gegners verzeichnet sind, werden hier Isobaren und Hurrikane aufgenommen und stets aktualisiert. Während der erste Teil des Films wie ein Lehrfilm wirkt, der die Medien und die Arbeit von Wetterbeoachtungsstationen erklärt, wird im zweiten Abschnitt ein Szenario entfaltet, in dem ein Hurrikan die Ostküste der USA bedroht, und das dem Kino- und Fernsehpublikum detailliert die Vision der künftigen Wetterlenkung vorführt (Abb. 1). Der Hurrikan entwickelt seine zerstörerischen Kräfte nordöstlich von Kuba, in einem Gebiet, in dem typischerweise Hurrikane entstehen, in dem aber auch zum Jahreswechsel 1958/59 – die Jahre der Produktion und Erstausstrahlung des Films – die Guerilla um Fidel Castro auf der karibischen Insel den Diktator Batista stürzte. Die – ausschließlich männlichen – Mitarbeiter des »Master Control Rooms« planen mit Waffengewalt ein künstliches Hochdruckgebiet zu erzeugen, um den (revolutionären) Sturm vom Festland fernzuhalten. »With a touch of the button«, so heißt es im Film, »the battle begins.« Der Wettersoldat, der vor einem Kontrollpult sitzt, drückt einen roten Knopf, der in den Filmen des Kalten Kriegs stets die Zündung einer Interkontinentalrakete auslöst. Mehrere Raketen werden abgeschossen und schließlich alle verfügbaren Kräfte eingesetzt, um den Hurrikan in den Atlantik zurückzutreiben (Abb. 2). Die Wetterlenkung verläuft erfolgreich: »The hurricane has been defeated [...]. The danger is over«.

Die Disney-Produktion ist Teil eines diskursiven Feldes, das die Bedrohung aus dem Osten mit einem unheilvollen Wetterphänomen kaschiert. Wie die Systemgegner des Kalten Kriegs sich zur Durchsetzung ihrer politischen Ziele generell gegenseitig zu denunzieren suchten,[14] so handelt auch der Disney-Film nur oberflächlich von einer Wettererscheinung, während der fiktive Hurrikan tatsächlich den potenziellen Kriegsgegner repräsentiert. Die Furcht vor den Sowjets, die den US-Bürger*innen von Politik und Massenmedien nahegebracht wurde, bündelt sich in diesem Wetterphänomen und lässt sich zugleich durch die militärische Abwehr vor der Küste Floridas verarbeiten.[15]

Medien wie die meteorologischen Karten, die der Film zeigt, sind wie viele andere Karten jener Zeit aktiv an der Konstruktion der Fronten des Kalten Kriegs beteiligt. Zum einen knüpft die filmische Dramaturgie an eine Tradition an, in der Wettermetaphern herrschaftliche oder göttliche

Abb. 1 Der Hurrikan entwickelt sich nordöstlich von Kuba und bedroht die USA; Screenshot aus *Eyes in Outer Space* (USA 1957, R.: Ward Kimball). © Periscope Film LLC. Quelle: https://archive.org/details/73812EyesInOuterSpace_201808.

Abb. 2 Star Wars avant la lettre: Mit Waffen aus dem All wird der »Angriff« aus der Karibik zurückgeschlagen; Screenshot aus *Eyes in Outer Space*. © Periscope Film LLC.

Gewalt symbolisieren und »meteorologische Sprachbilder zum rhetorischen Kolorit von Umstürzen aller Art«[16] gehören. Die Fronten und Stürme, die Bestandteil des meteorologischen Vokabulars sind, mögen dies ebenso belegen wie deren Symbolisierungen auf Wetterkarten, die militärischen Schlachtplänen ähneln.

Zum anderen bilden Karten nie objektiv die Welt ab: Sie sind weit davon entfernt, präzise militärische, geografische oder meteorologische Daten zu repräsentieren. Vielmehr werden sie entlang aktueller Ideologien entworfen und entfalten, eingespannt in den zeitgenössischen diskursiven Kontext, ein »rhetorical life«,[17] das die militärische Bedrohungslage kommuniziert, die jenseits der sichtbaren kartografischen Zeichen lesbar wird: Auf der Ebene der »paramap«[18] liest sich im Kontext des Films die Bedrohung durch den Hurrikan als eine Invasion der kommunistischen Streitkräfte, wobei die Wetterfronten metaphorisch auf militärische Fronten verweisen. Der Hochdruck-Abwehrriegel, der mit Raketen und Drohnen errichtet wird, schützt in der Disney-Darstellung das Territorium der USA, gleichzeitig aber auch, so wird suggeriert, die Werte der westlichen Welt.

Zugleich wird im Film eine US-amerikanische Furcht deutlich, im Space Race nicht mithalten zu können, so dass der Film auch ein Dokument einer imaginären Kompensation der Furcht vor technischer Unterlegenheit ist. Das »Race into Space« wurde in jener Zeit dabei tatsächlich von einem »Weather Race« begleitet.[19] Bereits im Jahr 1946 testete der Nobelpreisträger Irving Langmuir am New Yorker General Electric Research Laboratory Möglichkeiten des Cloud Seedings, wobei schon die ersten Versuche zu einem künstlich hergestellten Schneesturm zu führen schienen. Die politische Bedeutung solcher Experimente war evident, und so gelang es im Jahr 1947 den nun unter strengster Geheimhaltung mit dem US Army Signal Corps kooperierenden Wissenschaftler*innen – wiederum nur scheinbar –, einen Hurrikan tatsächlich umzulenken, der daraufhin größeren Schaden im Bundesstaat Georgia anrichtete – die Realität konterkariert hier also die Vision des Films.[20] Seit 1953 existierte ein »President's Advisory Committee on Weather Control«; einigen von der CIA veröffentlichten Dokumenten aus den späten 1960er Jahren ist das große Interesse Lyndon B. Johnsons an diesem Thema zu entnehmen.[21] Die Erforschung von Möglichkeiten der Wettermanipulation wird dabei in der Regel – ebenso wie im Disney-Film – mit nichtmilitärischen Gründen gerechtfertigt, während in den Dokumenten zugleich auf entsprechende Forschungstätigkeiten der »Soviets« verwiesen wird.[22]

Die militärischen Einsatzmöglichkeiten der Wetterkontrolle bestanden zum Beispiel in der Vernichtung von Lebensmitteln durch Hagel, der Beseitigung von Nebel für militärische Operationen oder im Hervorrufen von Stürmen, die feindliche Armeen aufhalten sollten. Auch futuristische Szenarien des »geophysical warfare«, etwa das Schmelzen der Polkappen, um kontrollierte Sturmfluten herzustellen, wurden in Zeitschriften der späten 1950er Jahre vorgestellt.[23] Die Vision eines »feindlichen« Sturms, der das Territorium der USA bedroht, mag im Jahr 1958 daher weniger fantastisch gewirkt haben als heute. Die Fiktion des *Climate Engineerings* fungiert hier als Simulation, die – ähnlich wie die Darstellungen des Atomkriegs in den Zivilschutzfilmen – auf den Ernstfall vorbereitet, in dem jedoch imaginär die Kontrolle über das Andere ebenso wie über das Selbst gewahrt wird. Die Beherrschbarkeit des Wetters, filmisch durch die direkte Übersetzung des tosenden Sturms in wissenschaftliche Diagramme zum Ausdruck gebracht, versichert die Beherrschbarkeit des Feindes, während das Blut des realen Kriegs durch die technischen Operationen der Wissenschaftler*innen sublimiert wird. Insgesamt folgt *Eyes in Outer Space* einer ästhetischen Strategie, die – in den Worten des Kalten-Kriegs-Strategen Herman Kahn[24] – darauf zielt, das Undenkbare denk- und kontrollierbar zu machen. *Eyes in Outer Space* schreibt sich auf diese Weise zweifach in das politische Imaginäre des Kalten Kriegs ein: Der Film kommuniziert unterschwellig die Allgegenwart einer Kriegsgefahr, die nicht direkt adressiert wird, und unterstützt auf diese Weise jene Politik der Angst, die den Motor der gesellschaftlichen Formation im Kalten Krieg darstellte. Gleichzeitig entwirft er eine Simulation des Ernstfalls, in der diese Gefahr durch Wissenschaft und Technik gebannt wird. Die Figur des Wissenschaftlers steht dabei im Dienste der staatlichen Ordnung, aus deren Sieg über Natur und Feind eine neue, utopische Welt globalen Friedens erwächst: »Die katastrophischen wie auch utopischen Potenziale einer Atommacht waren ausdrücklich Gegenstand öffentlicher Debatten, wodurch sowohl Panik als auch Verheißung zur Grundlage der Innenpolitik wurden.«[25] Wissenschaftsutopische Szenarien wie jenes des *Climate Engineerings* liefern dabei den Stoff für eine Verschiebung, die es ermöglicht, diese Dialektik von Katastrophe und Utopie in einem scheinbar unpolitischen, zivilen Kontext zu verhandeln.

Der nukleare Winter

Eine solche Verschiebung jedoch ist am Ende des Kalten Kriegs nicht mehr zu erkennen. 1978 nimmt der Civil Defense-Film *Day of the Killer Tornadoes* (USA 1978, R.: Robert Keifer) zwar das grundlegende Narrativ von *Eyes in Outer Space* wieder auf, um vorzuführen, wie ein militärisches Frühwarnsystem am Tag einer aus mehreren Tornados bestehenden Naturkatastrophe – dem sogenannten »Super Outbreak« am 4. April 1974 – Leben rettet. Eine Aussicht darauf, die Tornados zu kontrollieren, besteht hier allerdings nicht mehr. In den 1980er Jahren wurde schließlich ein anderes Klimaszenario diskursbestimmend, das sich der symbolischen Kontrolle endgültig widersetzt: der nukleare Winter. Dieses Szenario führt nicht nur militärische Strategien der

17 Timothy Barney: *Mapping the Cold War. Cartography and the Framing of America's International Power.* Chapel Hill 2015, S. 14.

18 Ebenda, S. 15.

19 Vgl. im Folgenden James Rodger Fleming: *Fixing the Sky. The Checkered History of Weather and Climate Control.* New York 2010, insb. Kapitel 5 und 6.

20 Die Kausalität wurde allerdings von späteren Gutachten in Zweifel gezogen. Vgl. Vaughn C. Ball: *Shaping the Law of Weather Control.* In: *The Yale Law Journal* 58 (January 1949), S. 213–244, S. 225 f.

21 »Dies ist ein Bereich, in dem ich mir einen Durchbruch erwarte, und ich bin davon überzeugt, dass dies für uns möglich ist«, heißt es in einem Brief von 1965. Vgl. die vom CIA veröffentlichten Dokumente unter https://www.--vcia.gov/library/readingroom/docs/CIA-RDP68R00530A000200110020-2.pdf (04.01.2019). Übers. TN, JP.

22 Ebenda. – Zur widersprüchlichen Imaginationsgeschichte des *Climate Engineering* vgl. Nadine Taha: *Die Wolkenphotographie in der Wettermanipulation. Zu Räumen militärisch-industrieller Unsicherheit.* In: Lars Nowak (Hg.): *Medien – Krieg – Raum.* Paderborn 2018, S. 327–356.

23 Vgl. Joshua P. Howe: *Behind the Curve. Science and the Politics of Global Warming.* Seattle, London 2014, S. 25–27.

24 Herman Kahn: *Thinking about the Unthinkable.* New York 1962.

25 Masco: *Theater of Operations*, S. 7. Übers. TN, JP.

26 Vgl. Carl Sagan: *Atomkrieg und Klimakatastrophe.* München 1984, S. 16–37.

Aufrüstung und Abschreckung ad absurdum, es beweist auch, dass meteorologische Phänomene grundsätzlich in weltumspannende Dynamiken eingebunden sind. Damit aber wird jeder metaphorische oder tatsächliche Einsatz von *weather control* im Rahmen taktischer Operationen als fataler Leichtsinn diskreditiert.

Ein nuklearer Schlagabtausch, so erläuterte Carl Sagan, Direktor des Laboratory for Planetary Studies, würde notwendig drei Effekte hervorrufen:[26] Erstens würden Partikel, die von den Detonationen und brennenden Städten und Wäldern in die Tropo- und Stratosphäre gewirbelt werden, die Erde über Jahre hinweg verdunkeln, da sich das Sonnenlicht keinen Weg durch die Staubwolken bahnen könnte. In bodennahen Luftschichten wäre ein Temperatursturz von bis zu 40 Grad die Folge, während sich die höheren Schichten stark erhitzen würden. Zweitens würden die Partikel, die in niedrigere Luftschichten gelangt sind, eine radioaktive Verseuchung globalen Ausmaßes verursachen, da diese wieder auf die Erdoberfläche zurücksänken. Schließlich würden die Feuerbälle der Atomexplosionen große Teile der Ozonschicht zerstören, die, nachdem sich Ruß und Staub wieder gesetzt hätten, verstärkt ultraviolette Strahlung durchlassen und so das Leben auf der Erde nachhaltig schädigen würde. Selbst ein begrenzter Atomkrieg würde infolge dieser Effekte unweigerlich einen nuklearen Winter hervorrufen, der außerordentliche klimatische Veränderungen zur Folge hätte und das Ökosystem grundlegend verändern, gar zerstören würde.

Die Entdeckung des nuklearen Winters beendet nicht nur jede Hoffnung auf die Kontrollierbarkeit des Atomkriegs, sie verändert auch die Vorstellung von Wissenschaft insgesamt: Als hybrides Objekt ist der nukleare Winter zwischen Natur und Kultur verortet, er basiert auf Computerberechnungen, die keine empirische Grundlage besitzen, beschreibt aber zugleich einen natürlichen Vorgang, der sich jeder Einflussnahme durch den Menschen entzieht.[27] Gerade als Simulation, also als jenes mediale Artefakt, das in der Frühphase des Kalten Kriegs Kontrollierbarkeit und Sicherheit evozierte, erhält das Klima nun seine schicksalhafte Dimension zurück. Rechtfertigte der Simulationscharakter meteorologischer Szenarien in *Eyes in Outer Space* noch den Einsatz einer fiktionalen Zukunftsvision, die die Handlungsmacht von Militär und Wissenschaft illustrierte, erzeugt das neue Szenario des nuklearen Winters nun die Vision totaler Ohnmacht, die in den filmischen Werken mit einer Dekonstruktion der früheren Fiktionalisierungsstrategien einhergeht. Zugleich wird die Wissenschaft zu einer prophetischen Angelegenheit, die nicht Partei für ein politisches System ergreift, sondern überparteilich für die Erhaltung der Welt kämpft.

Das wird am Beispiel einer britischen TV-Produktion deutlich, die sich eines vergleichbaren »globalen Imaginären«[28] bedient wie *Eyes in Outer Space*, jedoch eine gegensätzliche Botschaft kommuniziert. Im Jahr 1984 entstanden, in dem bereits eine Reihe populärer Spielfilm-Produktionen für die Folgen eines Atomkriegs sensibilisiert hatten,[29] bedient sich *On the Eighth Day* (R.: Michael Andrews), eine Folge der BBC-Doku-Serie *Natural World*, wiederum der suggestiven Kraft von Karten und Diagrammen, um eine Demetaphorisierung des Wetters vor Augen zu führen. Der Unterschied zur Disney-Produktion wird jedoch bereits an der Wahl der Kartenausschnitte deutlich, die dieses Mal die komplette Mercator-Projektion des Globus und damit die »Erde als Totalität«[30] zeigen. Auf ihr werden im Verlauf des Films zunächst primäre und sekundäre nukleare Angriffsziele beider Supermächte, dann – nach einer ausführlichen Erläuterung der verheerenden Auswirkungen eines Atomkriegs – eine Darstellung der sich verändernden klimatischen Bedingungen eingeblendet. Am achten Tag nach einem im Hochsommer durchgeführten Erstschlag würden bereits in weiten Teilen Nordamerikas und Mitteleuropas Dunkelheit und winterliche Temperaturen herrschen, was verheerende Folgen für die Überlebenden des Kriegs mit sich brächte. Die göttliche Schöpfung, auf die der Titel anspielt, wäre zerstört.

Die klimatische Bedrohung wird in der Logik des Kalten Kriegs dabei zu einer dritten Kraft, gegen die sich die Wissenschaftler*innen beider Supermächte zusammenschließen müssen. Die neue Allianz bildet sich nicht erst in Reaktion auf einen »Angriff«, sondern als präventive Maßnahme: *On the Eighth Day* beginnt mit Aufnahmen einer Konferenz US-amerikanischer und sowjetischer Forscher, die sich gemeinsam über die Auswirkungen eines nuklearen Winters austauschen. An die Stelle der quasimilitärischen Observationskräfte des Disney-Films treten nun internationale,

27 Thomas Brandstetter: *Der Staub und das Leben. Szenarien des nuklearen Winters*. In: Lorenz Engell, Bernhard Siegert u. a. (Hg.): *Archiv für Mediengeschichte*. Bd. 5 (Themenheft: Wolken), Weimar 2005, S. 149–156.

28 Zur Entstehung des »global imaginary« im Kalten Krieg vgl. Manfred B. Steger: *The Rise of the Global Imaginary. Political Ideologies from the French Revolution to the Global War on Terror.* Oxford, New York 2008, S. 134 f.

29 Die beiden Fernsehfilme *The Day After* (USA 1983, R.: Nicholas Meyer) und *Threads* (GB 1984, R.: Mick Jackson) lieferten erstmals vermeintlich »realistische« Visionen einer nuklearen Eskalation.

30 Brandstetter: *Der Staub und das Leben*, S. 152.

31 Margrit Tröhler: *Filmische Authentizität. Mögliche Wirklichkeiten zwischen Fiktion und Dokumentation*. In: *Montage/AV* 13.2 (2004), S. 149–169, S. 159.

32 Hannes Fernow: *Der Klimawandel im Zeitalter technischer Reproduzierbarkeit. Climate Engineering zwischen Risiko und Praxis*. Wiesbaden 2014, S. 371.

33 »When speech becomes prophetic, it is not the future that is given, it is the present that is taken away, and with it any possibility of a firm, stable, lasting presence.« Maurice Blanchot: *The Book to Come*. Stanford, CA 2003, S. 79.

34 Jean-Pierre Dupuy: *Pour un catastrophisme éclairé. Quand l'impossible est certain*. Paris 2002, S. 145. Übers. zit. n. Eva Horn: *Zukunft als Katastrophe*. Frankfurt am Main 2014, S. 386.

wiederum durchgehend männliche Forscherpersönlichkeiten, die sich als Kritiker des Kalten Kriegs und als unabhängig von nationalen Sicherheitsprotokollen ausgeben. Obgleich bereits in den 1960er Jahren wissenschaftliche Konferenzen stattfanden, die sowjetische und US-amerikanische Forscher*innen in Dialog brachten, suggeriert der Film somit auch auf dieser Ebene einen Paradigmenwechsel: Die erste Einstellung des Films zeigt eine gestrichelte Linie auf einer Weltkarte, die nicht, wie assoziiert werden könnte, den Flug einer Interkontinentalrakete, sondern die Satellitenverbindung zwischen den Konferenzorten Washington und Moskau darstellt. Die globalen Auswirkungen des nuklearen Winters werten so die Differenzen zwischen gesellschaftlichen Systemen (Politik und Wissenschaft) gegenüber jenen zwischen den politischen Blöcken auf.

Wie *Eyes in Outer Space*, so widmet sich auch *On the Eighth Day* in der ersten Hälfte allgemeineren Erläuterungen zum Stand der – hier vor allem historischen – Wetter- und Klimaforschung, die etwa die Auswirkungen vergangener Vulkanausbrüche auf die Vegetation nachzuvollziehen sucht. Der zweite Teil ist wiederum hypothetischen Szenarien gewidmet, die jedoch nicht mehr als fiktionale Darstellungen von Handlungen der staatlichen Autoritäten vorgeführt werden können, da, wie die Erläuterungen der Wissenschaftler kenntlich machen, der nukleare Winter jede Handlungsoption auslöschen würde. Gerade die Technik, deren Überlegenheit über die Natur die Disney-Produktion noch ausspielte, käme dabei als Erstes zum Erliegen: Strom, Zug- und Luftverkehr, die gesamte Infrastruktur stünden vor dem Zusammenbruch.

An die Stelle des militärischen Szenarios tritt daher eine Folge kühler Berechnungen künftiger Handlungsunfähigkeit, die durch dokumentarische Bilder belegt werden: Ein Experiment zeigt, dass Getreide in anhaltender Dunkelheit verkümmert; Aufnahmen isländischer Eiswüsten illustrieren das Klima, das in England nach einem Atomschlag herrschen würde; Bilder von Mähdreschern und Lastkraftwagen machen deutlich, wie sehr die amerikanische Landwirtschaft von Maschinen und Benzin abhängt. Eine Strategie visueller Evidenz richtet sich so gegen die fiktionalen Imaginationen der Kontrolle, die bis dahin mit der Darstellungspolitik des Wetters assoziiert waren, und zielt auf deren »Entfiktionalisierung und Entnarrativierung«:[31] Man mag einen Feind vernichten können und damit für einige Tage oder Wochen davonkommen, so erklärt einer der Wissenschaftler, doch schlussendlich würden die »environmental effects« jeden Akteur im nuklearen Spiel einholen. Die Entwicklung von Szenarien militärischer Wettermanipulation bleibt in den 1980er Jahren aufgrund dieser Totalabsage an die politische Handlungsmacht dem Spielfilm vorbehalten. Hatte dieser zuvor sporadisch fantastische Technologien der Wetterkontrolle entworfen, die allerdings tendenziell – etwa in *Our Man Flint* (USA 1966) – als Waffen feindseliger Terrorist*innen und somit als Metaphern politischer Bedrohung konzipiert wurden, beginnt er nun damit, die Geschichte der meteorologischen Entmachtung des Menschen selbst nachzuvollziehen.

Das Wetter als dritte Gewalt

Dies lässt sich etwa am Abschlussfilm Roland Emmerichs illustrieren: In *Das Arche Noah Prinzip* (D 1984) finden sich nahezu alle Elemente von *Eyes in Outer Space* wieder, nur in vollkommen anderer Verknüpfung. Der Film setzt erneut ein Szenario der Wettermanipulation ein, um Aussagen über einen möglichen Atomkrieg zu treffen, ohne dass dieser dabei direkt gezeigt würde. Die Handlung findet zu großen Teilen auf der fiktiven amerikanisch-europäischen Forschungs-Raumstation »Florida Arklab« statt, die in der nahen Zukunft des Jahres 1997 mittels gezielter Strahlung vom Weltraum aus das Wetter erforscht. Erneut erinnern die zum Einsatz gebrachten Instrumente stark an Waffen; immer wieder werden etwa die radioaktiven Strahler gezeigt, deren Klappen denen von Raketensilos ähneln (Abb. 3).

Das Militär findet heraus, dass die Wärmestrahlen, die das Florida Arklab von sich gibt, in der Atmosphäre ein Phänomen erzeugen, das in Anspielung auf den aus der mittelhochdeutschen Epik bekannten, eine Tarnkappe tragenden Zwergenkönig »Laurin-Effekt« genannt wird: Die Strahlung wird von der Atmosphäre in den Weltraum zurückreflektiert, so dass für militärische Aufklärungssatelliten alles, was sich innerhalb des bestrahlten Gebietes abspielt, unsichtbar bleibt. Als in Saudi-Arabien eine Revolte ausbricht, soll die Raumstation qua Fernsteuerung dazu eingesetzt werden, eine militärische Geiselbefreiung zu vertuschen. Die zweiköpfige Besatzung des Florida Arklabs bemerkt den Vorgang und erkennt die Gefahren, die sich daraus für das Klima ergeben: »Die USA haben aus einer friedlichen wissenschaftlichen Arbeit eine Waffe gemacht«, beschwert sich der leitende Wissenschaftler der Mission. Ebenjener militärische

Abb. 3 Filmplakat *Das Arche Noah Prinzip* (1984): Die Raumstation vermisst und bestrahlt die Erde.

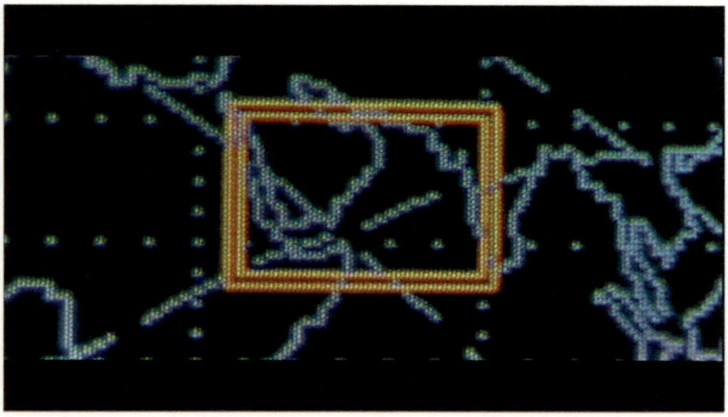

Abb. 4 Ein Ziel ist ausgewählt. Die wissenschaftliche wird zur militärischen Karte; Screenshot von DVD: *Das Arche Noah Prinzip* (KNM Home Entertainment GmbH 2006).

Subtext, den die Wetter-Experimente in *Eyes in Outer Space* besaßen, wird nun freigelegt; der Film selbst wird zu einer Investigation der eigentlichen politischen Bedeutung, die den scheinbar harmlosen Wetterphänomenen innewohnt.

Die Zweckentfremdung der Station wird infolge der Sabotage durch die beiden Wissenschaftler der Öffentlichkeit bekannt, woraus eine internationale Krise resultiert. Als eine neue Mannschaft auf die Station entsendet wird, um eine weitere Bestrahlung Saudi-Arabiens mit Waffengewalt durchzusetzen, eskaliert die Situation vollends: Die Reaktoren laufen heiß, und die Station explodiert. Nur zwei der vier Wissenschaftler*innen überleben. Zugleich löst die Bestrahlung eine Flutkatastrophe in Indien aus, die der Film allerdings nicht visualisiert.

Die biblische Geschichte, auf die der Titel des Films anspielt, wird in Emmerichs Film mithin invertiert: »Das Ingenieursprojekt der »Arche Noah« rettet nicht mehr die Menschen vor der Sintflut, sondern verursacht allererst diese Sintflut.«[32] Ebenso invertiert wird der Zusammenhang der Ereignisse aus *Eyes in Outer Space*: War der Sturm dort Grund der Wettermanipulation, ist er nun ihr Resultat; wurde dort Amerika verteidigt, wird nun ein anderes Land angegriffen; war der militärische Konflikt im Disney-Film der unausgesprochene Subtext der wissenschaftlichen Imagination, rückt das Wetter nun als System der Tarnung in den Fokus. So wird die meteorologische Weltkarte des Forschungsprojekts in jenem Moment als politische Weltkarte kenntlich, als das Gebiet der vorgesehenen Bestrahlung als Krisengebiet erkannt wird (Abb. 4). Einer der beiden Wissenschaftler versucht, mehr Informationen über diese Bestrahlung zu erhalten, und generiert das Passwort, das er dazu benötigt, schließlich aus den Anfangsbuchstaben einer Fehlermeldung, die er im Zuge seiner Bemühungen immer wieder erhält: Die verborgene geheime Wahrheit kommt im Begriff »INVASION« auf den Punkt.

Die Freilegung einer versteckten militärischen Bedeutung, die offene Aussprache einer tabuisierten Wahrheit ist mithin das eigentliche Thema des Films, der in einem paranoiden finalen Plot-Twist noch andeutet, dass auch die beiden Überlebenden aufgrund ihrer Kenntnisse vom US-Militär beseitigt wurden. Die Pointe besteht darin, dass das Wetter sich gerade als Tarnkappentechnologie nicht eignet. Der alles zerstörende Sturm, eigentlich nur ein Seiteneffekt, übertrifft in seinen Auswirkungen alle intendierten Folgen der Wettermanipulation. Ebenso wie im Falle des nuklearen Winters schlägt das Wetter als entsublimierte eigentliche Gefahr zurück und weist die militärische Ratio als Wahnsinn aus. Im Gegensatz zu anderen Paranoia-Plots aus der Zeit des Kalten Kriegs wird dabei gerade nicht die Übermacht einer alles kontrollierenden Verschwörung, sondern die Unkalkulierbarkeit klimatischer Zusammenhänge verschleiert. Weather Engineering wandelt sich von einer Metapher der Macht zu einer der Ohnmacht des Staates. Die entscheidenden Minuten auf der Raumstation, in welchen die Überhitzung des Reaktors »kontrolliert« in Kauf genommen wird, bis die Station dann schließlich doch explodiert, macht diesen Kontrollverlust evident.

Im Zuge dieser Demetaphorisierung des Wetters verschiebt sich zugleich die Rolle des Wissenschaftlers, der vom operativen Leiter einer quasimilitärischen Operation zu einer oppositionellen Kassandra-Figur wird. An die Stelle einer Simulation, die Handlungsspielräume eröffnet, tritt die Prophezeiung, die von der Unumgänglichkeit kommenden Unheils kündet: Die beiden Forscher wollen live im Fernsehen die Gefahren darlegen, die aus der Manipulation des Klimas resultieren, werden aber kurz vor Eintritt der Station ins Empfangsgebiet des Satelliten daran gehindert. Der Zweck der prophetischen Rede liegt nach Maurice Blanchot nicht in der Ankündigung einer berechenbaren Zukunft, sondern in einer radikalen Verunsicherung der Gegenwart.[33] Die Vorgehensweise des Militärs entspricht bei Emmerich jener aus der Frühphase des Kalten Kriegs, doch im Angesicht eines neuen Wissens über die Zukunft erweist sie sich als nicht länger tragbar.

Das Tempus der prophetischen Rede ist dabei das Futur II: Der Prophet blickt wie aus einer fernen Zukunft auf das, was sich als Konsequenz des Gegenwärtigen schon bald ereignet haben wird, zurück. Die gleiche Struktur besitzt Emmerichs Film, der von der Katastrophe des Florida Arklabs in Rückblenden erzählt, während *Eyes in Outer Space* den Flashforward benutzt: Die Katastrophe ist in *Das Arche Noah Prinzip* bereits eingetreten, allein ihre Unausweichlichkeit kann noch erzählt werden. Die Tonbandaufzeichnungen des die Rahmenhandlung bildenden Gesprächs, in dem die politischen Hintergründe der Mission durch das Motiv des Apfels ikonografisch als Sündenfall dargestellt werden, werden am Ende des Films vernichtet. Diente die Wissenschaft in *Eyes in Outer Space* der Imagination staatlicher Kontrolle in einer Zeit unaussprechlicher Gefahren, wird sie nun zur Sprachlosigkeit verdammt, da sie eine Wahrheit auszusprechen wagt, die vom Staat selbst nicht geglaubt werden darf, will dieser das Imago seiner Souveränität aufrechterhalten. Am Ende des Kalten Kriegs, in Filmen wie jenem Emmerichs, wird damit das alte Paradigma der Feindschaft zwischen den beiden Supermächten abgelöst durch ein neues Dispositiv, in dem menschliche Handlungsmacht als solche auf dem Spiel steht – und das bis heute die Klimaproblematik grundiert. Im Angesicht dieser Bedrohung verleitet es uns – in den Worten Jean-Pierre Dupuys – beständig dazu, gerade dasjenige nicht zu glauben, »von dem wir doch wissen, dass es der Fall ist«.[34]

SOLVEJG NITZKE ist Literatur- und Kulturwissenschaftlerin an der Technischen Universität Dresden. Seit ihrer Dissertation über das Tunguska-Ereignis (*Die Produktion der Katastrophe*, 2017) beschäftigt sie sich mit Phänomenen an der Grenze zwischen Wissenschaft und Fiktion. Dezeit arbeitet sie an dem von ihr geleiteten Forschungsprojekt *Making Kin with Trees / Fremde Verwandtschaft. Eine Kulturpoetik der Bäume.*

Freiheit der Gestaltung. Klima, Kunst und Künstlichkeit bei Dietmar Dath

SOLVEJG NITZKE

Die metaphysische Exklusivität des Naturbegriffes hat [...] den legitimen Spielraum des authentisch menschlichen Werkes eliminiert, oder richtiger: unvorhergesehen gelassen; am Ende des gewaltsamen Gegenzuges ist der Natur selbst durch den absoluten Anspruch des Werkes in Technik und Kunst der Geltungsbereich bestritten.

HANS BLUMENBERG[1]

»ach! wissenschaft ist pubertät. die kunst ist das erwachsensein. begriffe sagen nichts ohne sie: das höchste ist die welt sehr lebbar machen. sie ist in uns drin.«

RONALD M. SCHERNIKAU[2]

Auf der Suche nach dem Klima steht das Wetter oft im Weg. Einzelne Wetterereignisse – selbst in ihrer extremen Form – lassen noch keinen Rückschluss darauf zu, welches Klima »herrscht«. Klima als »Geschichte des Wetters«[3] entzieht sich der direkten Wahrnehmung durch menschliche Sinne, weil es sich um ein statistisches Mittel aus Einzelereignissen und -daten handelt, deren Zahl und komplexe Zusammenhänge für Menschen nicht einmal mehr vorstellbar, geschweige denn berechenbar sind. Das ist mittlerweile wohl ein Gemeinplatz. Ebenso die Tatsache, dass die *Herrschaft* des Klimas nur noch unter extremem Aufwand zu leugnen ist. Die Erkenntnis, dass die Menschheit bereits ungewollt zum Agenten einer globalen und tiefenzeitlichen Klimamanipulation geworden ist, scheint das Klima endgültig zur bestimmenden Kraft materieller, soziopolitischer und diskursiver Umwelten gemacht zu haben.

Das ist aus Perspektive der Science-Fiction enttäuschend. Denn insbesondere in ihren fortschrittsenthusiastischen Zweigen hat Science-Fiction mit großer Energie an der Imaginationsgeschichte des *Climate Engineerings* mitgeschrieben. Das Ziel, die Menschheit von der Herrschaft des Klimas zu befreien bzw. unabhängig zu machen, bildet den roten Faden der Geschichte der Klimamanipulation innerhalb und außerhalb der Science-Fiction.[4] Nicht erst angesichts der katastrophalen Klimaerwärmung liegen Bedrohungs- und Rettungsszenarien hier nahe beieinander. Die Möglichkeit einer globalen Kontrolle des Klimas ist vielmehr, dem Motto von Hans Blumenberg folgend, eines der Schlachtfelder, auf denen der schöpferische Anspruch menschlicher Technik und Kunst gegen die metaphysische Exklusivität des (nicht weniger menschlichen) Naturbegriffs behauptet bzw. verteidigt werden soll – nicht zuletzt auf Kosten der »Natur«. Dass nun zwar die Tatsache eines anthropogenen Klimawandels unleugbar ist, während die Möglichkeit einer intentionalen Manipulation des Klimas mehr denn je infrage steht, erfordert eine Relektüre *Künstlicher Klimata* in Literatur und Kultur, die nicht von bloßen Abbildungs- oder Extrapolationsverhältnissen zwischen intra- und extradiegetischem *Climate Engineering* ausgeht. Exemplarisch soll das hier anhand der Science-Fiction Dietmar Daths mit einem Exkurs auf Stanisław Lem erprobt werden.

Ziel ist es, zu zeigen, welche Verhältnisse zwischen »der Menschheit« und »dem Klima« durch die Imagination von *Climate Engineering* Science-Fiction sichtbar machen kann. Dabei tritt zu Tage, dass die epistemische Arbeit der Science-Fiction nicht auf das literarische Genre beschränkt, sondern als Modus des »worldmaking« auch in anderen Feldern wirksam wird.[5] Daths Romane, allen voran *Feldeváye* (2014), konzentrieren und überspitzen Verhältnisse von Klima und Mensch, indem sie *Climate Engineering* zum poetologischen Prinzip machen. Hier wird deutlich, dass und wie Klimamanipulation im Modus der Science-Fiction operiert und umgekehrt, Science-Fiction *Climate Engineering* betreiben muss, um plausibel Welten zu erzeugen.

Klimamanipulation und Science-Fiction

Ebenso wie die Science-Fiction differenziert sich die Klimatologie um die Wende ins 20. Jahrhundert aus. Paul Edwards zufolge markiert der Erste

Weltkongress der Meteorologie, der 1871 in Wien stattfand, die entscheidende Wende von einem qualitativ-narrativ verfahrenden Teil der Meteorologie zu einer quantitativ statistisch arbeitenden, eigenständigen Klimatologie.[6] Deren Gegenstand löst sich zunehmend von erfahrbaren Größen ab und tritt schon in den ersten Jahrzehnten des 20. Jahrhunderts in Form mathematischer Modelle auf den Plan. Während die Meteorologie vor allem die Vorhersage konkreter Wetterereignisse fokussiert, scheint die Manipulation des Klimas – zunächst in Form ihrer Modellierung – der Klimatologie eingeschrieben zu sein. Kurz, um über »das Klima« als planetares Phänomen sprechen zu können, ist die Klimatologie auf »künstliche Klimata« in Form von Modellen angewiesen.[7] Hier lässt sich eine Perspektive einnehmen, die nicht mehr von den Ausschlägen und Auswirkungen individueller Phänomene abgelenkt wird, sondern Tendenz, Wiederholung und Verlässlichkeit und Vergleichbarkeit einzelner Klimata in den Blick nimmt. Aber nicht nur in diesem Sinne hängen Klimatologie und »künstliche Klimata« untrennbar zusammen. Schon in den Klimatheorien des 18. Jahrhunderts verlagert sich das Interesse am Klima von einer Beschreibung und Begründung des Gegebenen auf seine Veränderbarkeit – allerdings in einem reziproken Verhältnis zum Menschen.[8] Die im späten 19. Jahrhundert entstehende Disziplin der Klimatologie hingegen ist bemüht, sich dieses Erbes zu entledigen und durch »harte Wissenschaft« den Menschen aus dem Klima hinauszudrängen.[9] Was dadurch entsteht, mag paradoxerweise nicht unschuldig am gegenwärtigem Dilemma sein: ein wissenschaftlich validierter, völlig abstrakter Klimabegriff, der Stabilität und Beherrschbarkeit suggeriert, indem er Menschen weder zeitlich noch räumlich und nicht einmal der menschlichen Vorstellung zugänglich ist.

Dass sich die Großprojekte der Klimamanipulation, so bemerkt es Rodger Fleming in seiner Geschichte *Fixing the Sky*, »wie Science-Fiction« anhören und in einigen Fällen »in der Sphäre der Science-Fiction«[10] bleiben müssen, ist nicht nur ein dankbarer Anstoß für eine literaturwissenschaftliche

1 Hans Blumenberg: *Nachahmung der Natur. Zur Vorgeschichte der Idee des schöpferischen Menschen* [1957]. In: Ders.: *Ästhetische und Metaphorologische Schriften*. Hg. v. Anselm Haverkamp. Frankfurt am Main 2001, S. 9–46, hier S. 16.

2 Motto des ersten Teils »Ursprung«, in: Dietmar Dath, Feldeváye. Frankfurt am Main 2014, S. 7.

3 Paul Edwards: *A Vast Machine. Computer Models, Climate Data and the Politics of Global Warming*. Cambridge, MA 2010.

4 Vgl. Solvejg Nitzke: *Magie und Technik. Die Produktion und Manipulation der Atmosphäre bei Stanisław Lem*. In: Urs Büttner, Ines Theilen (Hg.): Phänomene der Atmosphäre. Ein Kompendium Literarischer Meteorologie. Stuttgart, Weimar 2017, S. 68–82.

5 Nelson Goodman: *Ways of worldmaking*. Indianapolis 1978. – Vgl. auch Thomas Macho, Annette Wunschel (Hg.): *Science und Fiction*. Frankfurt am Main 2004 sowie Solvejg Nitzke: *Die Produktion der Katastrophe. Das Tunguska-Ereignis und die Programme der Moderne*. Bielefeld 2017, S. 177–192.

6 Das zeigt eindrücklich Debora Coen: *Imperial Climatographies from Tyrol to Turkestan*. In: *Osiris* 26 (2011), S. 45–65.

7 Solvejg Nitzke: *Das große Unsichtbare. Die Modellierung von Klima zwischen Wissenschaft und Literatur*. In: *Forum Interdisziplinäre Begriffsgeschichte* 5.1 (2016), S. 90–101.

Überprüfung dieser Behauptung, sondern trifft den Kern der programmatischen Beziehung von Science-Fiction und *Climate Engineering*. Zunächst scheint der Verweis auf das Genre hier, wie so oft, eine Markierung für den mangelnden Realismus eines »utopischen« Vorhabens zu sein. Fleming spielt mit dieser Erwartung und bricht sie, indem er programmatische Affinitäten zwischen Wissenschaft und Science-Fiction bestimmt, die in der »Trinität aus Verstehen, Vorhersage und Kontrolle« bestehe und »das Fundament der dominanten Fantasien sowohl der Wissenschaft als auch der Science-Fiction« bilde.[11] Während die Rede von »Fantasien« in beiden Diskursen das Potenzial der Imagination von Klimamanipulationen empfindlich einschränkt, verweist die strukturelle Gemeinsamkeit der Fantasien sowie des Fantasienhabens auf paradigmatische Gemeinsamkeiten von Wissenschaft und Science-Fiction: Beide Diskurse streben nach Erkenntnis, indem sie experimentell Welten erzeugen.[12]

Ende der 1970er Jahre definiert Darko Suvin Science-Fiction als erkenntnisorientiertes Genre, dessen Technik der kognitiven Verfremdung es ermögliche, die empirische Wirklichkeit auf ihre Potenziale hin zu erkunden, anstatt sie bloß wiederzugeben.[13] Auch wenn Suvins Drang, die Science-Fiction als (wertvolle) Literaturform zu rechtfertigen, heute obsolet erscheinen mag, ihr Erkenntnispotenzial und mit ihr das der Literatur scheinen nach wie vor zur Debatte zu stehen.[14] Sie wird – auch bei Fleming – zur Stichwortgeberin oder Testphase »echter« wissenschaftlicher Ideen, aber nicht als eigenständiger Modus des Erkenntnisgewinns akzeptiert. Dabei geht es gerade nicht nur darum, ob sich ein Zukunftsszenario *after the fact* als machbar oder nicht, wahrgeworden oder nicht erweist. Vielmehr erhebt Science-Fiction den Anspruch selbst Wirklichkeit zu produzieren. Wenn man sie also nicht als Genre im Sinne einer fixen Gattung, sondern als narrativen »Modus der Formgebung«[15] versteht, kann man *Climate Engineering* als Gegenstand einer erkenntnisorientierten Arbeit im Potenzialis betrachten. Das heißt hier, Science-Fiction als Modus unterscheidet zwischen Fakt und Fiktion nicht in einer Weise, die auf der einen Seite wissenschaftliches und auf der anderen Seite literarisches Wissen produziert. Science-Fiction, so fasst es Seo-Young Chu zusammen, »ergibt die Produktion von Wissen. Diese Gleichung lenkt entscheidende Aufmerksamkeit auf die epistemologische Arbeit der Science-Fiction. Etwas der Repräsentation verfügbar zu machen, bedeutet, es wissbar zu machen.«[16]

Mit Blick auf das Thema dieses Bandes gewinnt dieser Gedanke besondere Energie, denn damit wird *Climate Engineering* notwendigerweise zu Science-Fiction. Schließlich »macht« es – zunächst allein in Szenarien und Modellen – Welten, die die epistemischen Bedingungen des Denkens selbst verändern. *Climate Engineering* ist also nie *noch* oder *nur* Science-Fiction, sondern immer schon und im emphatischen Sinne. Das heißt, unabhängig davon, ob ein Szenario, ein Projekt oder ein Plot im gängigen Sinne »Realität werden«, beruht das Vorhaben des *Climate Engineerings* als einer großangelegten Klimamanipulation durch Technik auf Science-Fiction. Die epistemologische Arbeit der Science-Fiction wird zur *techné*, indem sie, mit Blumenberg gesprochen, ihren Anspruch, ein »genuin menschliches Werk« zu sein, behauptet.[17] Das ist insofern kontraintuitiv, als Science-Fiction, insbesondere dort, wo sie als »hard« Science-Fiction besonders »faktentreu« verfährt, in ein enges Nachahmungsverhältnis zu Wirklichkeit gesetzt wird. Das heißt, gerade hier könnte die Mimesis-Falle – darauf ließe sich Blumenbergs Kritik zuspitzen – besonders effektiv zuschnappen. Denn die Science-Fiction liefe hier Gefahr, den trotzigen Werkanspruch von Technik und Kunst zu verdoppeln, indem sie sowohl das Mimesis-Gebot als auch den Absolutheitsanspruch des »gewaltsamen Gegenzugs«[18] reproduziert, ohne zu reflektieren, dass beide gleichermaßen »menschlich« sind und die Natur selbst weder für den Begriff, noch für dessen Bekämpfung relevant ist.

Mit und nach Suvin aber gibt es erstens keinen Grund mehr, Science-Fiction in einem Abhängigkeitsverhältnis zu beschreiben und zweitens ist gerade die von der Natur emanzipierte Imagination und Produktion »authentischer Menschenwerke« ihr zentraler Gegenstand. Weil die Produktion ihrer Gegenstände narrative und epistemologische Arbeit erfordert, anstatt allein inhaltlich verhandelt zu werden, reicht ein auf inhaltliche und stilistische Elemente beschränkter Genre/Gattungsbegriff also nicht aus, um Science-Fiction sinnvoll zu fassen.[19] Sie greift auf empirische Wirklichkeit

8 Vgl. Hanna Hamel, Eva Horn u. a.: *Zeit des Klimas. Zur Verzeitlichung von Natur in der literarischen Moderne*. In: Michael Bies, Michael Gamper (Hg.): *Ästhetische Eigenzeiten. Eine Bilanz*, Hannover 2020, S. 301–323.

9 James Rodger Fleming, Vladimir Jankovic: *Revisiting Klima*. In: *Klima*. Sonderheft der Zeitschrift *Osiris* 26.1 (2011), S. 1–15. sowie Mike Hulme: *Weathered. Cultures of Climate*. London 2017.

10 James Rodger Fleming: Fixing the Sky. The Checkered History of Weather and Climate Control. New York 2010, S. 9.

11 Ebenda. Übers. SN.

12 Vgl. Sigrid Weigel: *Das Gedankenexperiment: Nagelprobe auf die facultas fingendi in Wissenschaft und Literatur*. In: Thomas Macho, Annette Wunschel (Hg.): *Science und Fiction*. Frankfurt am Main 2004.

13 Darko Suvin: Poetik der Science-Fiction. Zur Theorie und Geschichte einer literarischen Gattung. Frankfurt am Main 1979.

14 Selbst Albrecht Koschorkes recht offene Definition – er bestimmt eine »Grauzone, in der sich künstlerische Fantasie und planerische Imagination wechselseitig befruchten« – zieht schließlich doch eine Unterscheidung zwischen Fakt und Fiktion / Wahrheit und Erfindung ein, auch wenn diese nur »after the fact« entschieden werden könne. Albrecht Koschorke: Wahrheit und Erfindung. Grundzüge einer allgemeinen Erzähltheorie. Frankfurt am Main 2012, S. 231.

zurück, ankert sich in ihr und entwickelt daraus keine zweite Natur als Nachahmung, sondern eine eigenständige neue, oder wenn man so will, dritte Natur. *Climate Engineering* im Modus der Science-Fiction denkt über planetare Maßstäbe hinaus und überkommt den »modernen« Klimabegriff, innerhalb dessen der Mensch keinen Platz (mehr) hat.[20] Vielmehr setzt sie Mensch und Klima in ein Verhältnis, das die Beobachtung dessen erlaubt, was die Historikerin Deborah Coen »History of Scaling« nennt.[21] Also eine Geschichte der Vermittlung von scheinbar unvermittelbaren Größenordnungen, die Gestaltungsräume nicht nur aufzeigen, sondern öffnen und schließen können.

Tatsächlich rekurriert die Vorstellung von Klima, die Entwürfen groß angelegter Klimamanipulation in der klassischen Science-Fiction zugrunde liegt, oft auf ein aus der Antike abgeleitetes Bild. Ziel der Manipulation ist dann ein Klima, das nicht mehr das dynamische Mittel einer Unzahl einzelner Wetterereignisse, sondern eine stabile und ortsgebundene Größe ist, mit der man rechnen kann. So beginnt beispielsweise Stanisław Lems Roman *Die Astronauten* (1951) mit der Beschreibung eines Bauvorhabens zur Abschmelzung der Pole.[22] Auf dem Höhepunkt der Begeisterung für Atomenergie sind es denn auch künstliche Sonnen, die über dem Polarkreis installiert den Permafrost schmelzen und für ein gleichmäßig mildes Klima auf der gesamten Erdoberfläche sorgen sollen. Die »Trinität« aus »Verstehen, Vorhersage und Kontrolle«[23] wird im Plot dieses Romans zur Waffe im »Frontalangriff gegen den Hauptfeind der Menschheit [...] die Kälte.«[24] *Utopisch* ist dabei nicht einmal die technische Machbarkeit des Großprojekts[25] oder gar dessen Wünschbarkeit, sondern die fantastische Vorstellung, ein solches Projekt ließe sich als gemeinsame Aktion einer vereinten Erdbürgerschaft durchführen. Entscheidend ist, dass die Vorstellung einer in jeder Hinsicht fortschrittlichen Gesellschaft durch die Explikation des antiken Klimabegriffs realisiert wird: Klima bezeichnet ursprünglich den Einfallswinkel der Sonne.[26] Je nachdem, wie dieser ausfällt, ergeben sich Zonen härteren oder milderen Klimas, welche um ein Zentrum idealer Bedingungen angeordnet sind. Die Bedingungen in den verschiedenen Zonen üben direkten Einfluss darauf aus, wie sich Kultur ausbilden kann. Folglich bildet das (gesetzte) mittlere, ideale Klima auch das politisch-kulturelle Zentrum der Welt.[27] In *Die Astronauten* wird nun der Einfallswinkel durch künstliche Sonnen festgesetzt, um so die »natürliche« Ungerechtigkeit bevorzugter Klimate auszugleichen, die politische Dezentralisierung der Welt wird also naturalisiert. Die einfache Gleichung dieses Romans – vereinte, freie Weltgesellschaft kann das Klima so verändern, dass die Weltgemeinschaft frei von Naturzwängen leben kann – setzt Freiheit und Einheit als Telos der Geschichte voraus, deren Teil eine Bezwingung des Klimas und mit ihm der Natur gleichermaßen ermöglicht, aber auch voraussetzt. Dabei geht einerseits die Freiheit zu gestalten in einer teleologisch gedachten Mensch-Natur-Geschichte unter, und andererseits stellt sich die Frage, welcher Fortschritt – wenn überhaupt – in diesem Zustand noch zu denken ist. Mensch und Klima hätten – endlich – den gleichen Maßstab. Damit wäre zwar ein Gleichgewicht erreicht, aber es wäre zugleich völlig starr und fragil.

Climate Engineering *nach der Klimakatastrophe*

Dietmar Daths Texte verweigern glatt aufgehende Zukunftsentwürfe. Daths vielleicht bekanntester Roman, *Die Abschaffung der Arten* (2008), bildet gemeinsam mit *Pulsarnacht* (2012) und *Feldeváye* (2014) eine lose verknüpfte Reihe posthumaner Zukunftsentwürfe. *Die Abschaffung der Arten* eröffnet diese Reihe mit einem Abgesang auf Natürlichkeit: Etwa 500 Jahre nach dem blutigen Ende der Menschen herrschen die Gente, eine Lebensform, die die Unterschiede zwischen den Arten zur bloßen Spielerei und »aus der Evolution das schlechthin Willentliche«[28] gemacht hat. Sie sind, wie Fabelwesen, nach Tieren benannt, zeichnen sich aber gegenüber menschlichen und nichtmenschlichen Tieren durch körperliche Wandelbarkeit, Langlebigkeit und Intelligenz aus. Machtwille und Konservativismus führen jedoch auch bei diesen Wesen, wie zuvor bei den Menschen, zur massiven Fehleinschätzung ihrer Kräfte, so dass die Gente einen Krieg gegen die Keramikaner – biotechnische Wesen, die sich in höheren Dimensionen bewegen können – verlieren und nur eine kleine Gruppe Überlebender zunächst auf den Mond, dann auf Mars und Venus fliehen kann.

15 Tanja Prokić: *Intermediale Konstellationen / Transmediale Annexionen. Harmony Korines Spring Breakers als transmediale Genre-Passage.* In: Ivo Ritzer, Peter Schulze (Hg.): *Transmediale Genre-Passagen. Interdisziplinäre Perspektiven.* Wiesbaden 2016, S. 301–321.

16 Seo-Young Chu: *Do metaphors dream of literal sleep? A Science-Fictional theory of representation.* Cambridge, MA. 2010, S. 75. Übers. SN.

17 Blumenberg übersetzt Aristoteles Begriff der techné als »das ins Reale wirkende Können des Menschen«, seine Kritik bezieht sich darauf, dass die »geltende Formel von der ›Kunst‹ als Nachahmung der Natur [...] unsere metaphysische Tradition so beherrscht hat, daß für die Konzeption des authentischen Menschenwerks kein Spielraum blieb«. Blumenberg: Nachahmung der Natur, S. 16.

18 Ebenda.

19 Vgl. Brian Stableford: *Science-Fiction before the Genre.* In: Edward James, Farah Mendlesohn (Hg.): *The Cambridge Companion to Science-Fiction.* Cambridge, New York 2003, S. 15–31.

20 Fleming, Jankovic: Revisiting Klima, S. 2 f.

21 Vgl. Deborah Coen: *Big is a Thing of the Past: Climate Change and Methodology in the History of Ideas.* In: *Journal of the History of Ideas* 77.2 (2016), S. 305–321.

22 Stanisław Lem: *Die Astronauten* [1951], Frankfurt am Main 1978. – Vgl. auch Nitzke: *Magie und Technik.*

Klima ist in diesem Roman zunächst nur als eine der ökologischen Krisen präsent, deren Lösung den Menschen in der »Langeweile« – so heißt im Roman die Epoche menschlicher Dominanz über den Planeten – aufgrund einer Mischung aus Fantasielosigkeit und Kooperationsversagen nicht gelang. Die Zivilisation der Gente lebt in drei Megastädten, in denen Verschmutzung, sozialer Unfrieden und Mangel kein Thema mehr sind. Sie sind also an einem Punkt angelangt, der auch in Lems Roman Bedingung und Konsequenz einer planetarisch angelegten Technisierung von Mensch und Um-Welt ist. (Bio-)Technologie durchdringt die Romangegenwart, so dass die Unterscheidung Natur und Nichtnatur zum zivilisationshistorischen Kuriosum geworden ist. Erst der Machtanspruch der neu entstehenden Keramikaner stört die Ordnung auf eine Weise, die sie als fragiles, künstliches Gebilde sichtbar macht. Fragil ist sie, weil die Gente die Künstlichkeit ihrer Ordnung und ihre Störungsanfälligkeit verdrängen; sie vergessen, dass es nach wie vor räumliche und epistemische Peripherien gibt, in die ihr Einfluss nicht reicht. Evolutionsprozesse in planbare Operationen umwandeln zu können, bedeutet eben noch keine Kontrolle über sämtliche Operationen, die auf der Erdoberfläche stattfinden.

Dass in dieser durchtechnisierten Welt *Global Warming* nicht durch *Engineering*, sondern durch eine einfache, wenn auch megalomane, landschaftsgärtnerische Unternehmung eingehegt wird, ist also programmatisch. Die Leichtigkeit, mit der der Klimawandel *abgestellt* wird, lässt sich kaum anders denn als lakonischer Kommentar in Richtung Menschenzeit verstehen. Klimamanagement wird zum Signal dafür, dass die *eigentlichen* Herausforderungen einer Zivilisation nicht in der Beherrschung des Klimas liegen. Hochkomplexe Systeme zu verstehen und dann auch gestalten zu können – darin teilt Daths Roman den Technikglauben der frühen Science-Fiction – ist eine Frage von Zeit, Kreativität und Kollaboration.[29] Die Herausforderung liegt also vor allem darin, Gestaltungsräume nicht durch Ideologie zu verschließen. Hier heißt das in erster Linie, menschliche Formen im engen und weitesten Sinn abzulegen. Das betrifft Körper, Körperschaften und sozialpolitische Organisationsformen gleichermaßen. Der Planet, den Gente und Keramikaner schließlich hinterlassen, ist ein Museum seiner eigenen Geschichte. Ein *künstliches Naturwerk*, in dem sich die Fantasie eines von seiner Umwelt vollkommen unabhängigen Systems zwar realisiert, das aber unbewohnbar geworden ist.[30]

In *Pulsarnacht* ist die Erinnerung an die Erde schon verblasst. Fremde

Planeten sind besiedelt, andere Zivilisationen der Milchstraße entdeckt und die Menschen selbst zu Technikhybriden geworden. *Terraforming* ist hier insofern obsolet geworden, als die Nachfahren der Menschen keinen terrestrischen Normen mehr folgen.[31] Die Beziehungen zu nichtmenschlichen Akteuren – ob technologische »Denk-Prothesen« oder andere »intelligente« Lebensformen – sind so eng geworden, dass die Durchsetzung solcher Normen absurd wirkt. Daths »in die Wirklichkeit gebrachte physikalische Fiktionen, die das gesellschaftliche Leben in *Pulsarnacht* verbessert haben, sei es in der Energiepolitik oder im urbanen Zusammenleben«,[32] reichen demnach über eine Manipulation von Umweltbedingungen hinaus. Sie verfolgen den Anspruch eines grundsätzlichen Neuaufbaus, der technologischen und soziopolitischen Fortschritt parallel entwickelt. Letzterer ist jedoch, wie so oft bei Dath, der Knackpunkt, denn der Machtwille einzelner Akteure bzw. sich als überlegen denkender Kollektive gefährdet das Fortbestehen des gesamten Zivilisationsverbunds. Interessant für die Imaginationsgeschichte des *Climate Engineerings* ist *Pulsarnacht* jedoch weniger wegen seiner beeindruckenden künstlichen Umwelten, sondern wegen seiner Problematisierung von Künstlichkeit und Natürlichkeit auf wahrhaft universaler Ebene: Die titelgebende Pulsarnacht, ein Mythos des absoluten Weltendes, lässt sich als Hochrechnung der Klimakatastrophe lesen. Sie erscheint als ein potenziell apokalyptisches Ereignis, dessen Unberechenbarkeit den Maßstab und die Komplexität kosmischer Beziehungen überhaupt erst sichtbar macht. An dieser »kognitiv verfremdeten« (Suvin) Klimakatastrophe lässt sich ablesen, dass die Gefahr, die von ihr ausgeht, nicht in ihrer Ursache, sondern in ihrer Instrumentalisierung liegt. Unabhängig vom *tatsächlichen* Maßstab eines Problems lässt es sich über eine unhinterfragbare Komplexitätsbehauptung erschreckend einfach in Bezug zu Individuen und Kollektiven setzen, um sie zu lenken. In diesem Sinne ist *Pulsarnacht* eine Parabel darüber, dass Klima nicht nur Gegenstand, sondern auch Instrument von Manipulation ist.[33]

23 Fleming: *Fixing the Sky*, S. 9.

24 Lem: *Astronauten*, S. 23.

25 Es gilt zwar als »unerhörte Kühnheit«, aber keinesfalls als undurchführbar (Lem: *Astronauten*, S. 23).

26 Franz Mauelshagen: *Ein neues Klima im 18. Jahrhundert*. In: *Romantische Klimatologie. Zeitschrift für Kulturwissenschaft* 10.1 (2016), S. 39–58.

27 Vgl. Lucian Boia: *The Weather in the Imagination*. London 2005, S. 17.

28 Dietmar Dath: *Die Abschaffung der Arten*. Frankfurt am Main 2010.

29 So auch in Dietmar Daths »Streitschrift« *Maschinenwinter*. Frankfurt am Main 2008.

30 Solvejg Nitzke: *A Whole Earth Monument. Planetary Mediation in Dietmar Dath's The Abolition of Species*. In: Solvejg Nitzke, Nicolas Pethes (Hg.): *Imagining Earth. Concepts of Wholeness in Cultural Constructions of »Our Home Planet«*. Bielefeld 2017, S. 155–170.

31 Timothy Clark: Ecocriticism on the Edge. The Anthropocene as a threshold concept. London 2015, S. 29–48.

32 Denis Senzel: *Die Physik kann uns erlösen*. In: *Die Zeit*, 21. 3. 2013.

33 Vgl. Benjamin Bühler: *Ökologische Gouvernmentalität. Zur Geschichte einer Regierungsform*. Bielefeld 2018.

34 Dietmar Dath: *Feldeváye. Roman der letzten Künste*. Berlin 2014, S. 14.

35 Ebenda, S. 12.

Klimamanipulation und Kunst – Feldeváye

Gegenstand der Parabel ist allerdings nicht »unsere« Gegenwart, sondern die des Romans *Feldeváye*: Der Protagonist Klemens Erikson schreibt den Roman im Roman als Gründungsmythos und stört damit die einfache Lesart als Verfremdung der Gegenwart. Die zweifach versetzte Spiegelbeziehung beweist einmal mehr die Fähigkeit dieses Erzählmodus, seine eigenen Produktionsbedingungen und die seiner Welten zugleich zu reflektieren. Feldeváye ist der Name eines Planeten in den »spät besiedelten Spiralarmen«[34] der Milchstraße. Klemens und sein Geliebter Severin Rukeyser wählen diesen Planeten als Ziel ihres Ausstiegs aus dem »System«.[35] Feldeváye verspricht etwas, das ihn unter den Welten der Milchstraße einzigartig macht: »Natur, nicht die Pragmabiotik, die in [Severins] Wohnwänden steckte«.[36] Der Mangel, der die beiden Männer zum Ausstieg reizt, ist kein materieller, sondern einer, der aus der Ablehnung regulierter Arbeitsabläufe und Hierarchien nach einer authentischen Natur außerhalb und innerhalb ihrer selbst sucht. Damit folgen die Männer einer klassischen Aussteigerroute in den Spuren Thoreaus. Klima und seine Künstlichkeit sind hier die entscheidende Markierung für das, was sie suchen:[37]

> Feldeváye: Jedes Klima war dort zu finden, vom Backofenzittern bodennaher Lüfte in Wüstenstrichen bis zu Gewittern in den Zonen, wo die größten der Urbeen standen, zwischen Toveyn und Travers, Ammar und den Atollen. Reguliertes Wetter überwölbte Ellemi, Deyra, Pachetum und Kaderum, Laischa, Barbizek und andere Städte für die Künste, über deren Marmorplattendächern sich morgens kleine Quellwolken bildeten, die rasch ambossartige Gewitterwolken wurden und am Spätnachmittag Blitze schleuderten, Regengüsse freiließen, von Donner bebten. Die Omphaloi dieser Städte waren Dreh- und Angelpunkte in komplizierten Systemen von Warm- und Kaltfronten, wie es sie auf klimakontrollierten Welten, also auch auf dem Schattenspiegel, seit ewigen Zeiten nicht mehr gab.[38]

Die »junge Welt«[39] umgibt ein Nimbus der Wildheit, der nicht nur selten ist, sondern – wie in Lems frühem Roman – eigentlich nicht als erstrebenswert gilt. Was dort also zu finden ist, ist die Möglichkeit eine Erfahrung zu machen, die nicht vorprogrammiert ist. Aber die Natur des Planeten ist alles andere als »natürlich«:

> Naturbelassen [...] sind sie auch auf Feldeváye nicht, sondern, wie alles dort, beschützt, geregelt. Vor vier-, fünfhundert Jahren [...] haben die Menschen und die Mennesker vermittelt durch die Lapithen, sich auf Konfigurationen geeinigt, die so schön sind wie zweckmäßig. Tiermigration, Waldleben, Wetter – auf Feldeváye Ergebnis von Verträgen. Ein gänzlich zivilisiertes, völlig gerechtes Gestirn.[40]

Die ziellose Ungerechtigkeit einer unkontrollierten Natur ist hier ausgeschaltet, ohne die Schönheit, die ein dynamisches Welt-Klima für eine Lebens-um-welt bedeutet, aufzugeben. Diese paradoxe Welt kontrollierter Wildheit lesen die Figuren des Romans selbst als aufgeklärte Apotheose globaler Naturschutzfantasien.

Feldeváye ist zunächst ein Beispiel gelungenen Designs. Zweckmäßig *und* schön lässt es sich in den vom Wetter überwölbten Städten gut leben, ohne den größeren Störungen oder gar Katastrophen seiner unkontrollierten Form ausgesetzt zu sein. Der gesamte Planet wurde in diesem Fall zum Objekt von *Terraforming*, das immer wieder in direktem Vergleich zum Aussehen der Erde »vor der Hidschra«[41] gestellt wird. Es handelt sich also um eine durchaus nostalgische Nachbildung irdischer Bedingungen für Wesen, die nach Jahrtausenden wieder zu einer humanoiden Form gefunden haben und sich erneut »Menschen« nennen. So gut sich diese in die optimal auf sie ausgerichteten »pragmabiotischen« Umwelten der ihnen zur Verfügung stehenden Lebensräume einpassen, es scheint ein Bedürfnis nach Kontingenzerfahrung zu geben, das ein Leben auf Feldeváye zu befriedigen verspricht. Auch hier steht, wie eingangs behauptet, das Wetter einem Blick auf das Klima scheinbar im Weg. Allerdings verkehrt sich die Perspektive, denn das Klima des Planeten ist von vornherein gestaltet, also zwar komplex genug, um kontingente Ereignisse zu produzieren, aber es ist nicht länger entzogen: »Der Park war jetzt eine Wetterinstallation: Nebel, Regen, Wind, unwirtlich, unbewohnbar, aber eben daher wirklich von großer Schönheit [...].«[42] Solche großflächigen Wetterinstallationen sind zwar nicht – wie auf dem Schattenspiegel, der »Heimat« Clemens und Severins – gleichförmig in ihrer generellen Erwartbarkeit und den fehlenden Ausschlägen ins Extreme, aber eben nicht *eigentlich* Wetter, sondern aufgrund ihrer Künstlichkeit *erfahrbares* Klima. Daths Roman setzt also etwas ins Bild, dessen Unmöglichkeit mittlerweile topisch geworden ist. Aber warum? – Langeweile und Verdruss angesichts der Gleichförmigkeit wetterloser künstlicher Klimata ist nicht nur für Severin und Klemens Grund genug, sich auf den Weg zu machen. Anders als die pragmatisch organisierten Welten, die sie kennen, weckt Feldeváye Gefühle – *Heimat*gefühle, wenn man so will. Die affektive Dimension dieser durchrationalisierten Welt scheint ins Sentimentale zu kippen, wo Kunst ins Spiel kommt. Denn Feldeváye inszeniert sich nicht nur als Bühne einer terrestrisch inspirierten Natur, sondern als »Planet der letzten Künste«. Abenteurerinnen und Abenteurer (und der Roman neigt programmatisch zu Ersteren) stoßen in Eiswüsten, tropischen Dschungeln und auf dem Meeresgrund auf seltsam deplatziert wirkende Kunstwerke. Deplatziert wirken sie deshalb, weil Kunst schon seit Jahrhunderten als überwunden gilt – welchen Platz sollte sie auch in Welten haben, die erfolgreich (d. h. nicht katastrophisch) von *techné* durchdrungen sind und sich ökologisch wie organisatorisch in gesättigten Gleichgewichten befinden? In der Gegenwart des Romans gilt Kunst also zunächst als schlechthin überflüssig, weil es keinen Unterschied zwischen Natur und Nachahmung mehr gibt. Die Suche nach den Kunstwerken führt zu der Frage, ob es noch möglich sei, Kunst selbst zu erschaffen, welche Räume und Zeiten sie benötigt und erzeugt und inwiefern sie neue Perspektiven auf die Welt zulässt. Was zunächst wie eine seltsame Marotte der Bewohner Feldeváyes erscheint, löst eine Kette von Bewegungen im Universum des Romans aus, die Kunst und künstlerischem Schaffen echtes Störungspotenzial zuschreibt und das sorgsam ausgehandelte Design des Planeten und seiner Umwelten zu kippen droht.

Die sich entfaltende Geschichte unterscheidet sich, was ihre Politik angeht, nicht grundsätzlich von anderen Texten Daths. Sie unterlegt jedoch einen – am Ende möglicherweise doch ironisierten – emphatischen Begriff von einer Kunst, die tatsächlich etwas bewegen und wissen kann. Künstliche Klimata sind auch hier Markierungen für Herrschaftsstile und die Rolle, die Komplexitäts- und Natürlichkeitsbehauptungen in Unterdrückungsszenarien spielen. Sie sind bei Dath aber immer auch ein Evolutionsschritt, der qualitativen, grenzüberschreitenden (Erkenntnis-)Fortschritt ermöglicht.

Kunst- und Naturerfahrung bedingen sich hier gegenseitig. Es wird ziemlich schnell klar, dass die Menschen des Planeten mit *ihrer* alten Kunst kaum etwas anfangen könnten, fehlte ihnen der Kontext biologischer Natur. Aber es ist eben keine authentische Natur, sondern eine künstliche, die den Kontext für die Wiederentdeckung künstlerischen, das heißt hier schöpferischen und experimentellen Handelns bildet. Der Roman verweigert sich jeder Essentialisierung – auch wenn Kunst- und Naturbegriffe letztlich romantisch bleiben –, um dafür Gestaltungsfreiheiten und Erkenntnispotenziale zu eröffnen. Künstliches Klima und Kunst, oder vielmehr Kunst in künstlichem Klima verweisen doppelt auf ihre Gemachtheit und Machbarkeit. Sie führen schließlich zur Reetablierung eines Kunstsystems, samt der Möglichkeit aus ihm auszubrechen, also die vertraglichen Gleichgewichte aufzukündigen. Der Ausbruch gelingt im Roman jedoch nicht den Avantgarden, die sich schnell in ihrem Kunstanspruch verstricken und sich mit ihrer Rolle als Antagonisten der Ingenieure und Organisatoren (im Roman »Prodisten« und »Admins«) zufriedengeben. Vielmehr sind es die im Modus der Science-Fiction denkenden Bastlerinnen, die Kunst zu etwas machen, das nicht nur Natur, sondern auch Technologie transzendiert, um nicht nur das Denkbare, sondern auch das Unvorstellbare aktiv zu gestalten. Damit wird *Feldeváye* durch seine Imaginationen von *Climate Engineering* zu einem Manifest des in jeder Hinsicht »Welt machenden« Anspruchs der Science-Fiction. Indem Roman[43] und Planet am Ende des Textes in eins fallen, zeigt *Feldeváye* wie kein anderer Text, dass Oscar Wildes Diktum, das Leben imitiere die Kunst öfter als die Kunst das Leben, erst in der Science-Fiction zu sich selbst kommt. Die Provokation, ausgerechnet in dem Genre, das – insofern es extrapoliert, popularisiert, inspiriert – lange in Abhängigkeit von beziehungsweise im Dienste der Wissenschaften verstanden wurde, die Kunst (und nicht die Natur) zur autonomen, geradezu »wilden« Größe zu machen, stellt auch die Frage nach dem *Climate Engineering* neu. Denn wenn es nicht mehr entweder als reaktives Instrument (Klimarettung) oder als Werkzeug der Kontrolle (*Geoengineering*) erscheint, dann öffnet die Science-Fiction den Blick auf das schöpferische Potenzial des *Climate Engineerings* als epistemische Figur der freien Gestaltung jenseits der Trennung von Natur und Kultur, Wissenschaft und Kunst. Sie erlaubt es also, offen die Frage zu stellen, in welchen Welten wir eigentlich leben wollen.

36 Ebenda, S. 14.

37 Diesen Weg beschreiten sie in einem Raumschiff, dass zu einem weiteren Gegenstand und Akteur von Climate Engineering wird, indem es seine Funktion als »Klimakapsel« vervielfacht und reflektiert. Künstliche Naturen und Klimate sind in diesem Roman so zahlreich vorhanden, dass sie hier leider nicht umfassend verhandelt werden können.

38 Dath, *Feldeváye*, S. 15.

39 Ebenda.

40 Ebenda, S. 16.

41 Ebenda, S. 15.

42 Ebenda, S. 677.

43 Im Untertitel heißt *Feldeváye* »Roman der Letzten Künste«.

Impressum

DRITTE NATUR erscheint zweimal jährlich.
Abonnementwünsche richten Sie bitte an
dritte-natur@matthes-seitz-berlin.de oder an
Matthes & Seitz Berlin, Göhrener Straße 7, 10437 Berlin.
Das Abonnement ist jederzeit kündbar.

Herausgegeben von Steffen Richter und Andreas Rötzer
Gastherausgeber des Heftes: Urs Büttner, Dorit Müller
Gedruckt mit freundlicher Unterstützung der
Deutschen Forschungsgemeinschaft

Erste Auflage Berlin 2021

Göhrener Straße 7, 10437 Berlin
info@matthes-seitz-berlin.de

UMSCHLAGABBILDUNG
Ilkka Halso, Kitka River, 2004

LAYOUT UND SATZ: Pauline Altmann, Berlin
HERSTELLUNG: Hermann Zanier, Berlin
Gedruckt in Deutschland
ISBN 978-3-7518-0701-2
ISSN 2625-98857
www.matthes-seitz-berlin.de